大億財金 04

主力控盤操作學

謝佳穎 著

大億出版有限公司

國家圖書館出版品預行編目資料

主力控盤操作學 / 謝佳穎著. -- 初版. --
　新北市：大億出版, 2011.07
　　面；　　公分--（大億財金：4）
　ISBN　978-986- 86561-3-0（平裝）
　1.股票投資　2.投資分析　3.投資技術
563.53　　　　　　　　　　　100011883

大億財金 04

主力控盤操作學

作　　者　謝佳穎
主　　編　王孝平
發 行 者　大億出版有限公司
地　　址　新北市板橋區溪崑二街13號4樓
　　　　　電話：(02)2687-8994　　傳真：(02)2687-5183

總 經 銷　易可數位行銷股份有限公司
地　　址　231新北市新店區中正路542-3號4樓
　　　　　電話：(02)8219-1500　　傳真：(02)8219-3383

定　　價　590元
初　　版　2011年7月
　　　　　2011年8月初版二刷
I S B N　978-986-86561-3-0（平裝）

✦ 目 次 ✦

瞬息萬變的股市在2010年底隨著五都選舉緩步上升，最終在2011年站上9000點大關，然而，好景不常，僅維持了幾天行情，接著一年來的行情在歐債危機、美國舉債上限紛擾中起起伏伏。年初，有人獲利了結，似乎又可看到萬點時五星級飯店裡一位難求的盛況；但也有來不及下轎慘遭套牢的投資人，抱著股票希望能鹹魚翻身，癡癡望著期望跳出潛力股的財經節目，這就是股市人生，永遠是幾家歡樂幾家愁！正因為如此，投資人為了尋求其他方法，市面上股市行情分析的書籍又火紅起來，但仔細看看，汗牛充棟的投資書籍中，能使人獲益者屈指可數。

所以，在這裡鄭重推介佳穎老師的大作《主力控盤操作學》。佳穎老師累積多年經驗，深感主力控盤這個分析領域的重要，整合了技術分析與控盤原理，前後歷經八年，終於成書。本書是相當專業的技術分析見解，它更揭開了主力操作的精要，尤其是提出一般書籍少有的以開盤判別當日多空、從價量察覺主力意圖等等，承繼前人智慧與個人心得、見解。看了他詳盡的解說，會令人有豁然開朗的驚嘆，即使，像我以基金投資為主投資人，相信本書的讀者也會深有同感。

如同我個人著作：《幸福‧投資‧333》一書中，提過買基金也要設停損，追漲殺跌的積極投資，是維持獲利的不二法則！賺錢其實並不容易，投資人一定要做功課，吸收資訊，要抓住市場的脈動。如果能夠具備技術分析的知識，相信投資將更如虎添翼。如同我接觸過眾多股市操盤人之中，維持認真研究並與市場同步成長的老師並不多，於是我們總是見到諸多傑出人才推落前浪，但也如流星只是瞬間閃亮。初閱《主力控盤操作學》後，感佩書中內容深入學理涉獵範圍相當浩瀚，相當佩服佳穎老師執著的精神，堅持了八年才出版第二本技術分析專書，除了體會佳穎老師的用心，也不愧能維持技術分析領域的長青樹。在此更渴望期待佳穎老師的下一本書盡快問世。同時也希望在未來被不少國內外法人看好的台灣金融市場，朝向健康與良性的脈絡發展！

中天電視新聞主播 周玉琴
2011年7月19日於台北

亞股開盤與謝老師連線解盤是一件愉快的事;他總會有條不紊地從台股開盤強弱、盤面板塊的結構、技術面的優劣勢…等,在極短的時間解說盤勢預測,不需要主持人的導引,便能提供投資人瞭解台股的走勢。總會期盼謝老師如能將他的經驗彙集成書,想必相當精采。2010年底,謝老師終於在大陸股友的期盼出版了以內地股市為主的簡體字版《主力控盤操作學》。又禁不住臺灣股友的催促,謝老師重新校勘了前版錯誤之處,針對臺灣股市與內地股市不同生態,重新改寫部份內容,增加全新分析。繁體字版《主力控盤操作學》終於要出版了,換句話說,短短一年內出版兩個版本,與印象中解盤認真的謝老師如出一轍,在繁忙的證券投資工作中實在難得。

投資是一項魅力無窮的活動,如果一個人固定每年提撥一筆錢,買一支績優股,幾年後它的獲利是相當驚人的。當然!這個前題是你必須是理性的,不會受到小道消息盲目跟從。亞洲股市即使南韓或臺灣,甚至大陸的上深股市而言,都已跟國際接軌,受國際情勢影響不免。例如:1997年亞洲金融風暴、2007年的雷曼事件引發的金融風暴等等。一本內容詳實極具投資理財參考價值的書籍,會讓觀眾或股友更有信心,能擬定操作策略。《主力控盤操作學》是謝老師多年操盤經驗累積之作,它不吝於分享全球股市的脈動與公開一些股市中主力(莊家)洗盤、作價的技巧,使散戶投資人不致損失,更進一步瞭解如何先掌握生存再累進獲利。

進行投資時清醒的頭腦是必備的條件,甚至巴菲特都不能保證在投資市場穩獲全勝,因此要想清楚自己為什麼買?為什麼賣?每一次操作都應該是深思熟慮的。所以一本能引導你正確看清楚股市變化的書籍和一位專業的股市領航員,才能讓投資人抓住真正的機會,獲得投資成功。《主力控盤操作學》正是如此佳作,更是值得我們財經與新聞性節目專業人士推薦的好書。

香港鳳凰衛視主播　楊　舒

2011/7/18

筆者常想：如果線性幾何、拓樸邏輯能夠解釋股市脈動，那麼牛市與熊市就不會同時存在，混沌與秩序也不會同時存在。投資人往往在多頭趨勢勇於追高，因此容易在短線高點慘遭套牢；停損後，認為自己判斷錯誤又反手放空，卻遭到多頭力道軋空。在經歷失敗後，常常為了掌握股市獲利方法，遍訪名師搜尋密笈，以期短線獲利，使得自尊在多空上下震盪中給折磨殆盡、理性在漲跌之間折騰得蕩然無存。可惜！終究未能把過去的操作重新檢視，找出錯誤決策。

大學時，筆者承老師李教授帶領，進入技術分析領域，1989年筆者轉換第二份工作，從科技業跳巢到證券軟體業發展，因緣巧合成為證券技術分析課程的講師，在1995年將教育訓練講義集結出版了《技術分析教戰原理》。這些編寫文章的經驗，使筆者體會到如何以投資人的心態，琢磨研判指數或股價的波動時是依據哪些邏輯。也激勵筆者將《K線理論》《波浪理論》與《盤中主力即時控盤》的技巧整合的心念。不久，轉任證券投顧擔任研究員、分析師等職，與投資人面對，更深深體會主力控盤這種分析領域的重要，以及投資人解讀主力叫價與作價等諸盤態謬誤之處。因此在2002年編寫《主力控盤操作學》講義，用以整合技術分析與控盤原理，並提供投顧會員操盤時作為參考資料。該書未曾在市面上出版，因為編寫時是以提要的講義形式為編輯架構，省略實戰範例與個股走勢的邏輯分析。雖然期間多家出版社商研該書出版事宜，因工作繁瑣諸多干擾乃予婉拒。但由於網路發達，導致拷貝版本無處不見，讓筆者深感困擾，遂有重新編寫本書的心念。

筆者開始編寫本書時，是美國網路科技泡沫化後第三年的2003年，至

今歷經八年。歷史上所發生過的金融危機，事後皆可研究出它內在基因，當指數面臨腰斬重挫，投資人心中充滿徬徨猶疑之際，總體經濟或個股獲利本益比等基本面失效，使得技術分析顯得相對重要。如果我們能在事件發生前，從技術面獲知多頭趨勢扭轉對空方有利時，自然可以避免災難，就像要下雨前經常先烏雲密佈，而烏雲密佈便是我們研判可能下雨的邏輯。傳統技術分析研判有其先天缺陷，往往事後跌破關鍵頸線或形成頭部形態才得以驗證，本書有別于傳統技術分析方法，筆者力求從美、日控盤手法，闡述主力控盤法研判的技巧，惟傳統技術分析仍為基礎不宜偏廢。

本書得以完成，筆者首要感謝眾多不認識的股友們多年來股股催促！期間，感謝我的好友北京和訊證券資訊研發中心胡任標老師，以及推廣《主控戰略操盤法》不遺餘力的黃韋中老師鼓勵，讓筆者雖忙碌於投顧工作未敢或忘。最後能將《主力控盤操作學》編輯成書，多虧大陸張劍輝（寧劍）與陳漢生（演義）兩位同學於公餘補充上證與陸股範例與部分解說；才有機會在2010年9月於北京出版。

而臺灣讀者股股催促聲不停，乃將簡體版原書部分範例改以台股取代，並重新校對修正堪誤。由於兩岸在ECFA簽訂後，證券資訊交流頻繁，更密切且互通有無。繁體字版仍保留部分滬、深股市的範例，以增進讀者對大陸股市瞭解。本書多承陳奕銘、洪繼學、胡秉諄三位同學幫忙校對，才能讓繁體字版有機會盡快問世。編撰期間，王孝平主編及諸位出版業的先進敦促，是這本書能順利出版的重要推手。

最後，感謝寶來證券總經理彭一正、寶來投顧姚亞承總經理與前日盛投顧褚延正總經理的支持，及引領我進入投顧領域的中華民國投信投顧公會首任理事長陳明智先生，並承各財經台主播推薦序，及博庭科技提供飛狐證券分析軟體讓本書圖文並茂。讀者們如對本書有意見也望不吝指教。

謝佳穎 謹識

2011/07/15

璀璨流星盤態學

在探討主力控盤法之前,讀者必須先瞭解 **K 線盤態**的觀念是所有研判邏輯基礎;因為股價波動是由最基礎 K 線所構成,再從盤態理論推衍到《**波浪理論**》的浪潮推動,因此《**波浪理論**》才有預測分析的功能,精通**盤態**可破除技術界總是批評《**波浪理論**》都是事後諸葛的弊病。

　　筆者與李教授、韋中老師2004年共同出版《主控戰略K線》一書,蒙讀者愛戴,至今已發行14刷,簡體字版亦持續再版。很多讀者對於書中講解K線理論引用**K線盤態**多不甚瞭解。筆者特別藉由本書的出版,說明這些主控操作模式的理論與實際應用。除了第一章將主控K線的精神**N字理論**操作模式明確定義外,並配合圖解範例說明,期望讀者更容易體會諸如:N字突破與倒N字跌破,六種盤態模型的分辨,以及出頭與落尾法則與股價止漲、止跌的關係。並且詳細說明如何運用**K線盤態**邏輯對股價波動的推導深入闡述。2010年7月筆者在北京出版簡體字版的《主力控盤操作學》時,多以陸股取材,本書則是重新編寫,並以臺股範例為主要探討標的。

趨勢分析

　　將K線圖取出**波段**高點與低點並予以連接,稱為**高低折線**,接著由最高點或最低點開始找出波段研判上的關鍵點位。波段關鍵點位便是空方趨勢的**末跌高點**與多方趨勢的**末升低點**。

一、**正反轉**:股價由下跌趨勢轉成上漲趨勢。如圖1-1所示,標示L0〜L8的位置都稱為正反轉,所謂正反轉是指短期趨勢由空翻多的現象,不

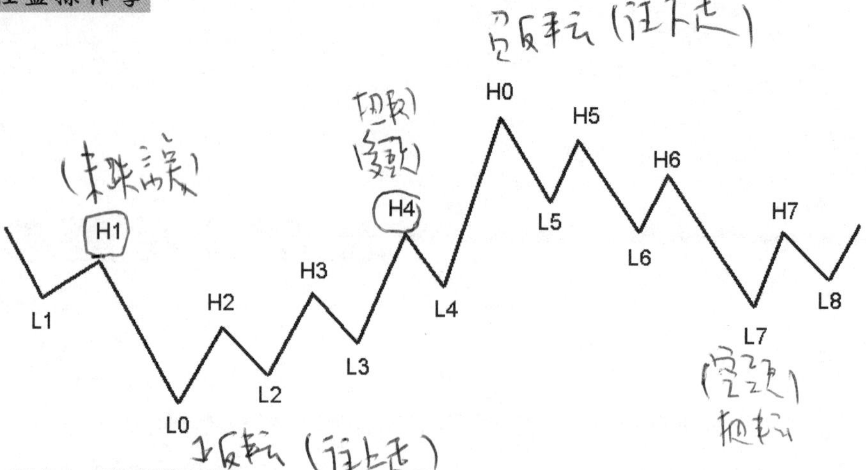

負反轉（注下走）

[切取]（？數）

（未跌誤）

反轉（往上走）

（空跌）反轉

圖1-1　高低折線圖

代表趨勢的多空方向已經易位。

二、**負反轉**：股價由上漲趨勢轉成下跌趨勢。如圖1-1所示，標示H0～H7都稱為負反轉，所謂負反轉是指短期趨勢止漲的現象。

　　圖1-1是說明股價波動模式，讀者可用超短線的觀點，或是日線波段的觀點來看；其取捨的角度，取決於讀者是以五分鐘線圖來看待股價波動，或期望以小波段的日線型態觀察。當然以五分鐘的觀點和日線的觀點是不同，就如日線圖將波段高低點連接，與週線高低點連接圖，這兩個等級是不同。簡單來說，一檔上漲趨勢的個股，在日線可能會產生一至兩日的拉回修正，但週線或許是一個連續上漲的K線，其低點一路墊高，週線的折線便是連續向上。

末升低點

　　當股價創新高時，請注意從前面數第一個正反轉的低點。這個正反轉的低點稱為**末升低點**，在未跌破前，趨勢仍為多方掌控，理應逢低作多。

　　因此多頭趨勢顯示：本波高點創波段新高，回檔（回調）低點沒有跌破前波低點，如圖1-1所示，當H0＞H4且L5＞L4時，自然沒有跌破**末升低點**L4的疑慮，趨勢就是多頭。

末跌高點

當股價屢創新低時，請注意從前面數第一個負反轉的高點。這個負反轉的高點稱為**末跌高點**，末跌高點未突破前，趨勢仍為空方掌控，理應逢彈出脫。

因此空頭趨勢顯示，本波高點未創波段新高，拉回低點跌破前波低點，如圖1-2所示，日線波段沒有突破**末跌高點**25.2以前，趨勢仍是空頭。雖然並未再跌破20.2而創波段新低，也僅僅在末跌段高點25.2以下收斂整理。

圖1-2　偉銓電2436tw小波段高低折線圖

多空扭轉

多頭扭轉

一、**翻空為多**：當突破下跌趨勢的**末跌高點**，暗示最後一次的前期高檔套牢籌碼已經被主力吸納，回檔後可以找買點！如圖1-1所示，當H4＞H1時，就稱為**翻空為多**，波段有止跌機會，拉回可以先嘗試作多。

二、**空多交替**：當發生**翻空為多**現象，並出現**強勢以下**的回檔（即非強勢回檔，　請查閱第二章說明），那麼H4-L4突破後的拉回這段就稱為**空多交替**，通常這段拉回都是三波回檔行進，暗示這裡只是在修正前一波漲幅。當出現日線再度K線轉強訊號，應逢低介入佈局。

空頭扭轉

一、**翻多為空**：如圖1-1所示，當L7＜L4時，股價跌破最後起漲這段的正反轉點（末升低）就稱為**翻多為空**，暗示波段已有止漲現象，反彈後宜先找賣點。

二、**多空交替**：如圖1-1所示，只要是**強勢以下**的反彈，那麼L7-H7這段就稱為**多空交替**，暗示反彈只是在修正前一波跌幅。因此當日K線一出現轉弱訊號，逢高應先賣出。

　　圖1-3是瑞儀光電在2009年8月短線來到49元的高點後的日線圖。49元以前自然是多頭格局。當圖中從42來到最高點49**末升段**的末端，出現高檔連三黑的**黑三兵**型態時就要小心，因為後兩根黑棒都是**落尾**弱勢走法。分析如下：

(1) 49高點黑三兵的最後1根是增量黑K。

(2) 拉回過程跌破前期頸線7/9的46.5。

(3) 次筆向下跳空亦為弱勢走勢，所幸多頭力守43.3，並強力反彈到本波次高點48.95。

圖1-3　瑞儀6176tw2009年8月的股價位置圖

　　由上述可知，即使高檔是多麼弱勢，甚至出現向下跳空的型態，但守住末升低點42元，多方仍未轉弱，代表向上趨勢未變。

　　可惜！此波反彈的過程無法突破新高49元，在48.95見高點後拉回，又在8/6跌破末升低點42（來到41.9），形成**翻多為空**型態。接著，因為跌破末升低點而出現**多頭抵抗**的走勢，次筆K棒隨即以十字線形成**陽母子**先求止穩。再以**跌深反彈**的走勢反攻。而這波反彈的走勢卻僅僅來到46.5，未及46.7以上，也就是強勢反彈的要求目標。

　　當股價在46.5反彈高點附近震盪，並在8/17出現落尾走勢（圖中46.5的次兩根的黑K棒），之後出現盤跌走勢；便可大膽推測此波反彈是**多空交替**的型態。並暗示後市不宜再跌破41.9，如果跌破41.9便可能讓未來的

趨勢成盤跌或追殺的模式。事後也證明1.9-46.5這段只是**多空交替**的最後逃命波而已。這個例子是我們從微觀的K線行為擴延至宏觀的趨勢研判，採用了下一章闡述的力道規則研判；讓我們循序漸進逐步揭開這些神秘的面紗。

突　破

趨勢轉強的關鍵就在於「突破」！

這句話是說處於空頭趨勢的股價要進行空方扭轉，勢必出現一個向上的攻擊訊號；讀者從上一節應該已經瞭解：沒有突破最後一個**起跌點**（末跌段高點）以前的上漲，只能視為**下跌過程中的反彈**，因此必須先突破最後一個**起跌點**才有可能將空頭趨勢扭轉。

所以**突破**這個向上攻擊訊號，也就是對前波的套牢籌碼進行清洗，以便消化那次下殺的力道，趨勢才有進行扭轉的機會。突破有很多種，任何越過前波頸線而創新高都可以稱為突破，但最基本的突破就是股價整理後的N字突破。

N字突破

何謂N字？N字重視的是針對底部頸線或末跌高點進行的突破模式，其兩個技術面的必要條件：
一、收盤價創新高：**實過**。
二、最高價創新高：**虛過**。

當股價完成了實過且虛過的現象，就稱為**N字突破**。上述的文字已經解釋除了最高價必須創新高以外，收盤價也要創新高，必須滿足這兩項條件時，才可以稱為**N字突破**。

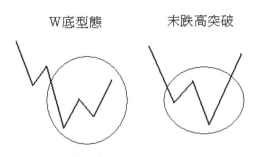

W底型態　　　　末跌高突破

N字的兩種基本型態

圖1-4　N字突破的折線圖

空頭抵抗

　　股價突破前波頸線（或創波段新高）時，當然經常是出現長紅突破，接著便會遭遇前波高點套牢籌碼釋出的壓力，因此次日往往出現**開高走低**黑K棒或上影線極長的**避雷針K棒**，甚至直接開低的走勢都可能出現。這種突破前高遭遇空頭反撲的行為稱為**空頭抵抗**。也有少部分情況發生在當日突破，隨即留下較長的上影線，次日直接開低，顯然當日便遭逢空頭抵抗，且代表前波高點壓力相當沉重。

　　從圖1-5我們觀察到盛群這檔股票在2009年1月至3月的走勢。2009年1月底持續進行反覆打底，在23.7高點拉回分做三段修正，即折線呈現23.7-20.65-22.4-20.5的行進，1/14從翻空為多前的最後末跌段22.4開始下跌到20.5這段，分成更細微的三波，即22.4-21.0-21.95-20.5的走勢。當2/3出現第一根長紅底部突破21.95的高點時，突破了極短線的**末跌高點**，即滿足**N字突破**的定義。接著觀察到次筆開高隨即遭逢空頭抵抗，也就是這根有上下影線的**高腳十字**黑K棒，說明股價突破後逢空頭抵抗這種標準型態。

圖1-5　6202tw盛群N字突破與突破之K線圖

　　請看圖1-6深證成指（深圳證券成分指數）在2004年6月到9月間的日
線走勢。在此之前股指為空頭掌控，一路下跌至3217.57 最低點當日隨即
收中陽棒線，且與前一日小陰線構成**子母**K線組合，而且是多方有利的**陽
子母線**，暗示股價不想跌了。次日倒槌子黑K棒為空頭抵抗！就K線行為
而言：突破母子時該筆或次筆K棒遭逢空頭抵抗，所幸盤中有過**子母線**
的母高，所以先確認短線母線低點3217.57為短多支撐。

　　隔日（第三筆）借助母子過的延續攻擊力道形成一過三價**寶塔翻白**
的長陽棒線，同時一舉攻到母子K棒的第一量度目標3360.54以上。並突破
末跌段高點3333.39，形成**N字突破**。這根突破K棒的長紅**虛擬低點**3268.28
就是**軋空低**，後市不宜跌破。假設跌破，這個N字攻擊也就宣告失敗了。

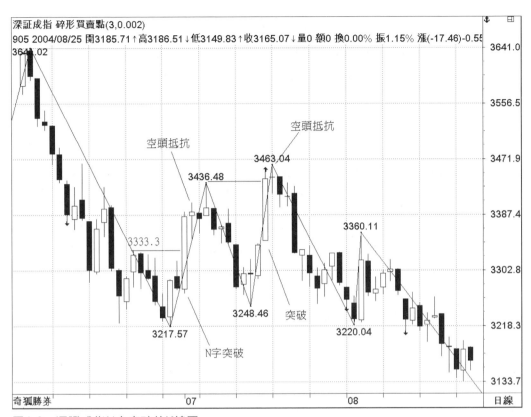

圖1-6　深證成指N字突破的K線圖

　　圖1-6中的可惜之處在於攻擊過程中沒有順勢突破，從圖左開始數的第9根**類避雷針**的線型壓力，這是下跌折線的高點；也是後續多頭能否脫穎而出的關鍵。更可惜的是，在3436.48後的拉回過程中，不幸又跌破軋空低3268.28，導致N字失敗，多頭攻擊前功盡棄。

　　跌破軋空低後，次日出現多頭抵抗合理，因此在最低3428.46這裡出現**上十字轉機線**，且與前筆小陽線形成**子母**的K線組合。隔筆開平走高出現**該回不回**走勢短空棄守，確認3428.48為支撐的同時，也確認超短線強軋空盤態。因此再隔筆出現長紅**高飛盤**突破前波高點，再度形成突破訊號，這就是拜**子母**的強軋空攻擊力道所賜！

　　接著我們思考為什麼長紅盤的隔筆出現**十字線**。

一，長紅這筆突破，其隔筆出現空頭抵抗這是合理的。

二，再度兵臨，圖左開始數第9根**類避雷針線型**壓力。這是下跌過程第1
　　根出現嘗試止跌的**出頭K棒**，後市繼續盤跌，這根K棒造成套牢籌碼。

其三，由於子母測幅的力道已經用盡，其第二量度目標為3462.33，就在
　　十字線這1根最高點為3463.64滿足。

　　以上三種情況都表明這根十字線已進入到空頭表態區間。就中線輪廓
而言，這裡只是一個下跌中繼站的反彈形態而已。

該回不回

　　當任何一個壓力被突破，次筆K棒出現**空頭抵抗**的現象為合理；假設
空頭抵抗失敗，多方自然會趁勝追擊，長驅直入空方另一個陣地，這種行
為稱為**該回不回**，盤態將會出現多頭的**軋空**或**強軋空**。

　　圖1-7的上證指數在2004年8月到10月間的日線走勢。指數一路下跌到
1259.43最低點的中黑K棒，由於是開低走低，便與前一個交易日的多頭抵
抗小陽線收盤價留有一個即時的低開缺口，說明超短線當日盤態為追殺或
強追殺。接著次日開高收高的這根**日出K棒**（出頭且收高陽線），不但留有
高開缺口於1260.3-1266.2之間，而且還強勢填補了前筆的低開缺口，暗示
超短線在這1根形成扭轉！

　　再隔筆是高飛的長紅線，同時突破左方的末跌高點，形成**N字**突破，
攻擊是否有效？端視後續股價能否出現該回不回，或是合理拉回，即使拉
回守住軋空低1300.36，多頭仍有機會發揮N字的攻擊力道，向其合理目標
1488.65挑戰了。

　　事實上，N字隔筆果然遭遇空頭抵抗，報收1根**類十字**的小防線，然
而需留意類十字的收盤是收高且盤中曾續創新高，可見空頭抵抗的力道略
顯薄弱。因此當第4筆長紅棒出現**該回不回**時，空頭抵抗失敗；自然就是
N字攻擊力道的直接宣洩。後續股價也是直接攻抵目標滿足點1488.65後，
股價衝到1496.21滿足目標後才開始拉回。

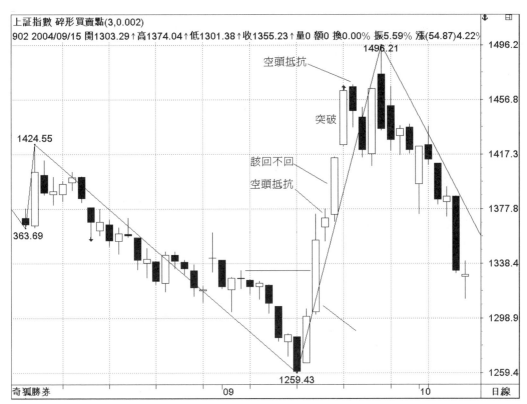

圖1-7　上證指數該回不回的K線圖

跌　破

趨勢轉弱的關鍵就在於「跌破」！

　　這句話是說多頭趨勢要進行扭轉，勢必出現一個下跌攻擊訊號；讀者應當瞭解：沒有跌破最後一個**起漲點**（末升段低點），以前的任何拉回僅視為**上漲過程中的回檔**（回調），因此必須先跌破**最後一個起漲點**才有可能將多頭趨勢扭轉。

倒Ｎ字跌破

　　何謂**倒Ｎ字**？倒Ｎ字重視的是針對前波頸線（或稱創當時短線波段新

低）進行兩個驗證：

一、收盤價要創新低：**實破**

二、最低價要創新低：**虛破**

　　當股價完成了我們稱為**實破**、**虛破**的現象，也就是必須滿足上述兩項條件，這個主力控盤的行為就稱為**倒N字跌破**。

多頭抵抗

　　當股價以中長黑K棒跌破前波頸線（或波段低點），便會遭遇前波頸線支撐，因此次日往往出現**開低走高紅K棒**或**直接開高**的走勢。這種多頭呈現支撐的行為就稱為**多頭抵抗**。

　　也有少部分情況發生在當日跌破後，隨即留下較長的下影線，次日直接開高，代表前波低點支撐力道相當強。

　　圖1-8是錸德在2010年4月到8月間的走勢圖。圖左側最高價那根為9.05的高檔巨量倒槌K棒，上影線長且收盤收在最低點的實體線，表明當日高檔壓力極大，且逢高遇到壓力強勁，導致次日直接開平**落尾**形成**巨量破**格局。**巨量破**的理論殺盤力道是往下至少倍幅。這一波連3根黑K棒直接殺到8.26滿足8.55以下目標，暗示空頭力道直接釋放。

　　我們觀察**倒N字**跌破後，此筆K棒是一筆跳空開高止跌的小紅字十字線，暗示多頭抵抗。股價接著出現震盪後，開始反彈到4/27以中紅K棒試圖挑戰殺多高點，可惜！次日居然開低，雖然盤中拉高形成1根開低走高的長陽棒線，但因低點8.15跌破前低8.26，自然又是**跌破**的K線盤態的模式，當日開低紅K棒已可視為多頭抵抗，雖然次筆是小黑K棒，但多頭暗示止跌企圖明顯。自8.15至9.04這段自然是跌深反彈的走勢，並且是強勢反彈的表現。

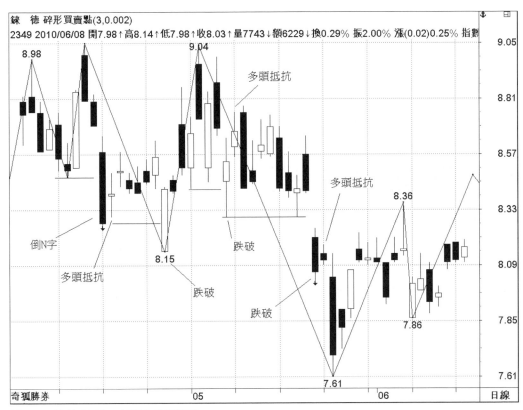

圖1-8　鍊德2349tw倒Ｎ字的Ｋ線圖

　　5月中旬過後是整個趨勢轉折的關鍵，5/21這根跳空下跌的中黑Ｋ棒（圖中最後一次跌破），跌破前期8.42低點，次筆是根跳空開高的小黑Ｋ棒，企圖做多頭抵抗的走勢，只是這次跌破是伴隨著跳空格局，暗示殺多高點在8.41缺口上緣，再次筆的Ｋ棒造成停損單退出，因此是一根多頭棄守的長黑Ｋ棒。這種盤勢並非之後就一定會讓盤態形成追殺格局，主要的原因是3月仍有一個底部的低點7.87支撐。但是不論當時情況如何，暗示趨勢轉為空方有利的格局是無庸置疑，除非後市能夠再度挑戰8.41的殺多高，才有機會再度扭轉空頭優勢的線型。

該彈不彈

　　當任何一個支撐被跌破，次筆理應出現多頭抵抗；假設多頭抵抗失敗或多頭根本就放棄抵抗，放任空頭恣意橫行！代表空方力道長驅直入直抵

多方更後方的防地，多頭抵抗失敗的情形便稱為**該彈不彈**，盤態將會出現空頭的**追殺**或**強追殺**。

　　請看圖1-9的新奇美電在2010年1月到5月間日線走勢。首先請看圖中最高價57.5那根十字棒。第二日出現開小高盤56.6隨即下殺，形成1根破前兩日低點的長黑K棒，雖然這3根K棒的組合不是跳空的夜星十字，不過也是屬於**三川型態**中偏空的格局。最高點十字線之後的3根K棒，更形成高檔三烏（黑三兵）的走勢，宣告多頭走勢暫停行進，將進入高檔震盪。這十字後1/21的第3根黑K棒也跌破十字線前兩根的小紅K棒低點53.2，因此造成盤態跌破，1/22出現開低走高的紅K棒，多頭抵抗的走勢是預期中；只可惜它未能突破1/21的殺多高點54.7。當1/26出現1根長黑再度創波段新低來到49.3，宣告頭部形成。盤態走勢至此，當反彈始終未能突破殺多高點，

圖1-9　新奇美電2010年1月-5月盤跌的K線圖

逢彈應當都站在賣方。可能讀者有疑慮的是：「如果後市未發生重挫，並且整理幾週後再度突破時該如何？」其實投資人往往難以克服的心態是殺多高點無法突破時，逢彈應先出。假設後市要形成未來的多頭格局，勢必會出現：**上撞壓力（殺多高點）→解套→逢壓拉回→再攻擊**的型態，因此等到再攻擊的訊號出現後，再行介入不遲。

從圖1-9可見，2/5跌破49，次筆K棒來到47.0且進行多頭抵抗，因此都有一段適當的反彈波，2/25跌破47，次筆K棒來到45.4，也續創新低，但這根K棒僅僅是小黑K，因此再觀察次日3/1的盤態型態時，結果是1根**出頭**的紅K棒，暗示前1根多頭抵抗有效，將進行跌深反彈。於是整體2月至4月底的走勢就是盤跌的盤態。

2010年5月5日這根跌破前期波段45.0低點的K棒則是相當關鍵，讀者應發現這根K棒是跳空低開走勢，同時又是1根爆量跌停的長黑K。因此次筆K棒走勢相當關鍵，從圖中發現：次筆是1根下跌6.25%將近跌停的長黑，暗示多頭放棄抵抗的意圖。到了第三天的5/7雖然開低走高，並出現爆量換手的型態，但未宣告它的紅K棒就是波段低點。因為從5/5的跌破，次日5/6是放棄抵抗的長黑，便可以直接判斷後市將是：追殺或強追殺的格局。這種多頭抵抗失敗的情形便稱為**該彈不彈**。我們在判斷跳空時，需留意依下一節提示，取捨正確的殺多高點，用以判斷後市。5/5之後的連續下殺走勢，只是在說明當多頭放棄抵抗後，空方力道必須獲得宣洩，若不是以更長的整理時間換取空間，便是快速的下跌完成空間的滿足。

軋空低點與殺多高點

軋空低點

N字突破代表主力一種積極攻擊行為，可能是**拉高進貨**，當然也可能是**拉高出貨**！此N字突破的攻擊K棒，大都是呈現紅K棒且量增的現象。此棒線的虛擬低點就稱為**軋空低點**。軋空低點是否力守便是判斷主力是進

貨還是出貨行為的關鍵！

如果主力操作偏向短線來回做價差，N字突破的次日隨即逢高調節，形成空頭抵抗，在拉回過程中，軋空低點便容易跌破，暗示主力是拉高出貨。跌破軋空低點後，股價模式就可能只是多頭**盤堅**或轉為空頭的**盤跌**或相對弱勢的**追殺盤**。

如果主力操作偏向中長線，甚至只不過是該股的底部佈局階段，當N字突破後，次日逢高只會遭遇到零星的短線獲利調節，或空頭抵抗的力道不強，那麼軋空低點便不容易跌破，未來只要出現該回不回的盤態，就會形成相對強勢的**軋空盤**或**強軋空盤**。

殺多高點

倒N字跌破也是代表主力一種積極攻擊行為，只不過這種行為是空方的走勢；可能是**壓低出貨**，當然也可能是**壓低進貨**！這種倒N字跌破的空方攻擊K棒的虛擬高點就稱為**殺多高點**。殺多高點是用來判斷主力是進貨還是出貨的關鍵！

我們思考：如果主力是故意摜壓，為了要壓低進貨成本，倒N字的次日**多頭抵抗**應當是一個有效的止跌訊號，那麼這個殺多高點便是檢驗主力真實意圖的關鍵。

倒N字跌破次日隨即逢低遭逢多頭抵抗，接著多頭力道轉強開始反攻，那麼殺多高點便容易突破。突破殺多高點後，這個下殺的力道就被化解，後市股價模式就可能只是空頭**盤跌**，或有機會轉為多頭的**盤堅**，甚至相對強勢的**軋空盤**。

如果主力只是為了壓低出貨，並無意再拉抬股價，我們可留意倒N字跌破後，次日逢低只會遭遇到弱勢的多頭抵抗，那麼這種弱勢的多頭抵抗無法轉換成有效的向上攻擊，殺多高點便不容易突破，這種形成該彈不彈

的盤態，後市就容易演變成空方力道強勢的**追殺盤**或**強追殺盤**。

　　從圖1-10可見佳士達2352tw在2009年12月至10年1月的走勢都是維持沒有突破21.2高點的高檔震盪型態。直到1/22出現跳空開低的走勢，這根跳空跌4.6%的黑K棒，因為跌破1/8的19.5，當然是跌破的盤態；同時也跌破09年12/10的低點19.1。因為1根棒線同時跌破前期的兩個低點支撐，稱為**一破二倒N字**

　　接著跌破次日1根開低的十字線，雖然有多頭抵抗意圖，但多方尚未出現積極止跌，在沒看到出頭K棒之前，次兩日1/26出現跌停的長黑，便已宣告多方完全棄守；後市走勢將會全被空方掌控，出現連續下殺走勢。

圖1-10　佳士達2352tw於2010年1月的K線圖

主控K棒

虛擬低點

主控棒線的實際低點與前一根棒線的收盤價取較低者，就稱為**虛擬低點**，是我們設定的主力進貨成本區，也是股價的支撐區。

為什麼要考慮前一日收盤與今日的K棒關係；如果一檔股票主力已經在頸線壓力關卡之前一日吃飽貨，次日便容易出現直接跳空高開的走勢，並攻擊前波頸線壓力。因此實際主力成本理應在前一日的收盤，我們便稱昨日的收盤與今日的開盤都是主力的作價行為。

而次日開高只是主力的叫價模式，便於快速突破壓力，同時讓前一日收盤前未進場的投資人以更高的成本買進，這就是主力以跳空開高的叫價行為表態。

虛擬高點

主控棒線的實際高點與前1根棒線的收盤價取較高者，稱為**虛擬高點**，是主力出貨成本區，也是未來壓力參考區。觀念上只是與虛擬低點相反。如果前一日已經出貨，次日主力自然把其餘不多的籌碼不計代價釋出，所以容易出現跳空向下的走勢，因此我們取前一日的收盤當做主力的出貨價。

K線盤態

透過**六種盤態**理解關鍵波動對趨勢的影響，對股價的波動就能豁然而解。六大基本盤態指的是：盤堅、軋空、強軋空、盤跌、追殺、強追殺。請看圖1-11的盤態。

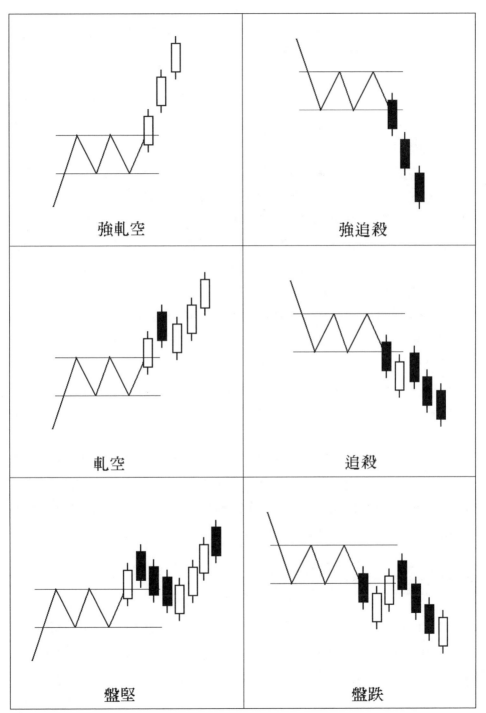

圖1-11　六大盤態圖

一、**強軋空**：當股價創新高時，股價出現空頭完全沒有抵抗的情形，且股價一路不回頭，並持續出現連續上漲的走勢。即：**突破＋該回不回**的現象。

二、**軋空**：當股價創新高時，股價出現空頭抵抗但是抵抗失敗，且股價不回頭或是壓回不破軋空低點，並持續出現持續上漲的走勢。即：**突破＋空頭抵抗失敗**。

三、**盤堅**：當股價創新高時，股價出現空頭抵抗並且抵抗成功，股價壓回沒有跌破正反轉的低點支撐，當股價獲得支撐後再度轉強的走勢。即：**突破＋空頭抵抗成功**。（盤堅的定義：波段低點墊高）

四、**盤跌**：當股價創新低時，股價出現多頭抵抗而且抵抗成功，股價反彈沒有突破關鍵壓力點，當股價受制於壓力之後仍有創新低的走勢。即：**跌破＋多頭抵抗成功**的現象。

五、**追殺**：當股價創新低時，股價出現多頭抵抗但是抵抗失敗，且股價不反彈或是反彈不過殺多高點，並持續出現下跌的走勢。即：**跌破＋多頭抵抗失敗**。

六、**強追殺**：當股價創新低時，股價出現多頭完全沒有抵抗的情形，且股價一路不反彈並出現連續下跌的走勢。即：**跌破＋該撐未撐**的現象。

　　以上六種盤態，可以看出盤堅、軋空、強軋空三種是多頭的操盤模式；盤跌、追殺、強追殺則是空頭的操盤模式。從這六種模式可以將多空趨勢區別出主力控盤的強弱力道，並瞭解主力作手的意圖。同時這種研判觀念又可應用在任何突破與跌破。

實例一討論──盤堅模式

　　從圖1-12可以發現5月初該股在24.6落底後，從5月到6月中旬的盤堅模式，6月中旬過後有一次軋空模式，7月有一次盤跌模式，關鍵是能否守住關鍵的支撐。

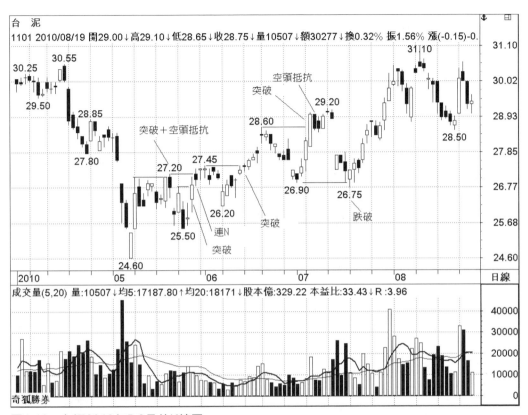

圖1-12　台泥2010年5-8月的K線圖

一、雖然第一次突破看到長紅棒，當日收盤27.1（也是高點）已經是收盤
　　價突破，因此待次日27.2創新高，才完成突破的條件。突破當日是1根
　　黑K棒，說明當日突破伴隨著空頭抵抗，我們等到第三日直接開低便獲
　　得驗證。

二、圖標示5/27出現第二次突破，當日實過且虛過當然是正式突破，次日
　　則是對27.2高點的突破，連續兩天突破，這種行為就稱為**連N模式**，代
　　表當日與次日對前期壓力都是突破。差異只在第一日是N字破，第二日
　　僅僅是突破。

三、第三次6月中旬的突破，是對27.45高點的突破，次日是中紅K棒，因
　　此盤態由盤堅轉為軋空盤。

實例二討論——翻空為多

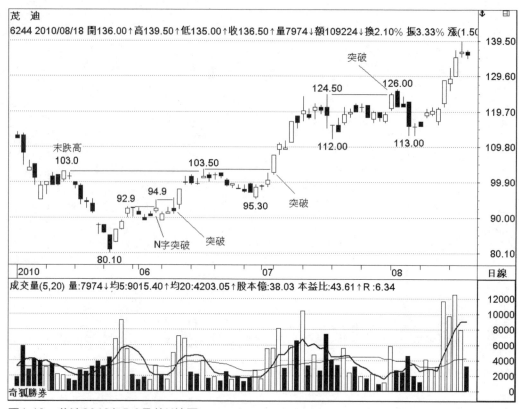

圖1-13　茂迪2010年5-8月的K線圖

一、茂迪6244tw股價5月之前當然是空頭的追殺（殺多）盤，在80.1落底後，第一次的突破發生在6/4這根帶長上影線的小紅K棒，這個盤態的第一次出現N字突破。次日隨即低開，雖然收紅仍是下跌行情，所以仍然是空頭抵抗成功。

二、第一次發生在6/9以小黑K棒突破，但次日卻是開高的長紅K棒，暗示這個突破的空頭抵抗是失敗的，並且是該回不回的線型。因此這根重要的突破和該回不回的長紅，往往對後市有關鍵影響力。我們在後市突破**末跌高點**後觀察拉回的走勢，發現空多交替的回檔位置，就是來到這裡獲得支撐。

三、6/17這根避雷針的倒吊紅K棒,雖然不是非常強勢的突破,但它的意義
　　在於突破末跌段高點,形成趨勢的翻空為多訊號,說明了前期的空方優
　　勢已終止。等待拉回做空多交替成功後,就暗示趨勢已經轉為多方掌控。

四、圖標示7/5這根突破,讓盤態轉為軋空模式。至於7月中旬到8月這段
　　走勢,只說明股價處於高檔震盪而已。

實例三討論——盤堅轉盤跌

圖1-14　台達電2010年3-6月的K線圖

一、台達電2308tw在末升段低點98.8未跌破前,維持在98.8-105之間高檔
　　震盪。直到5/5出現1根跳空向下的長黑K棒,才讓整個多方的盤勢出現
　　變化,這根跌破的棒線,不但跌破100元頸線,產生倒N字的跌破,同
　　時也跌破98.8末升低,造成趨勢的翻多為空。

二、利用兩天整理在95.5止跌後，開始進行極短線的跌深反彈，這段反彈
　　便是多空交替的過程。所幸這個反彈過程有突破殺多高101，讓盤態在
　　見到105高點後，從盤堅轉為盤跌格局。

三、至於在跌破95.5之前的走勢只是跌破後的整理格局，所以6/2當1根帶
　　下影線很長的黑K棒跌破97時，這個意義是不大的，理由是趨勢的型態
　　為105-95.95-102-96.5連線之間的整理盤。當然6/8這根創新低92.4的長
　　黑意義重大，因為它再度跌破95.5的低點，並留下97.3殺多高，也讓盤
　　跌趨勢持續；後市如要止跌必須先突破這個最後的殺多高97.3。

實例四討論——盤堅轉殺多

圖1-15 立錡2010年3-6月的K線圖

一、立錡6286tw在4月前的盤堅格局，最重要的觀察指標便是末升低點
319，多方只要守住末升低點，即使在高檔出現震盪整理，都無礙多方
趨勢行進。所以當圖上出現4/16這根高檔的倒N字時，次筆來到326，
第三筆隨即反彈，甚至守住325.5頸線，就是多方力守的宣示。

二、這裡要說明最高點375的次兩筆也是倒N字，只不過這個倒N字是超短
線型態，影響層面只是讓超短線的目標往325目標前進。但實際走勢來
到前述的326就止跌，所以這個倒N字的動作被多方化解。

三、整個盤勢扭轉關鍵是5/5這根跌破的棒線，這根跳空的長黑不但跌破
326，也跌破325頸線，為一破二格局。同時次筆的多頭抵抗線卻出現
長黑，這根長黑也將末升低點319跌破。同時跳空的虛擬高點336形成
多方必須克服的殺多高。因此當後市再度跌破291時，多頭抵抗失敗，
盤態形成強追殺（強殺多）。

出頭與落尾

出　頭

　　當筆高點比前一筆高點還高時稱為**出頭**，所以當我們看一檔股票是在
下跌過程中，只要沒見到出頭的型態，跌勢就永遠不會止跌。有了出頭才
有止跌機會。

　　如圖1-16網龍3083tw在2009年底前一路走空，但也只是盤跌格局，到
了10年1/22這天出現跌破412頸線的向下跳空倒N字，次筆K棒則是一根開
平收跌停-7%的長黑K棒，說明多頭抵抗失敗，盤態將是空方最強的強追
殺模式。雖然在1/28出現1根紅K棒，可惜並沒有出頭的線型，到了2/2最
低點297.5的次日2/3才出現第1根出頭紅K棒的止跌訊號。因此跌勢盤中必
須見到出頭線型才是止跌必須的第一要件。

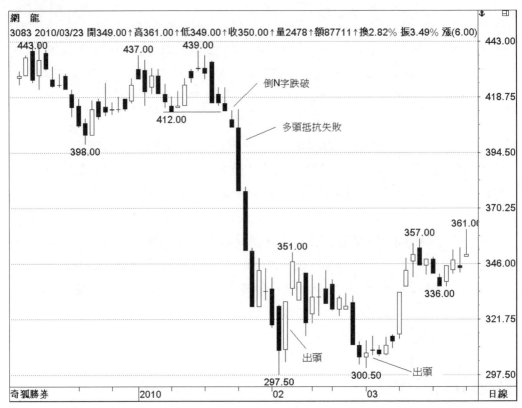

圖1-16 網龍2009年12月-2010年3月的K線圖

　　由於出頭的暗示，說明本波下跌趨勢可能終止，股價有機會跌深反彈，所以也是極短線操作者應留意的啟示。因此我們在選股時可以利用這種觀念，筆者整理如下與讀者分享：

一、**短線選股：** 當股價在下跌過程中，低值創新低且不出頭，當出現第1根出頭時，將當時K線最低點視為支撐，未跌破此價位以前，宜逢低介入作多。停損：出頭下一檔。

二、**長線選股：** 當股價在下跌過程中，首先觀察長線是否有出現出頭情形，若長線出頭，再觀察中線是否有出現出頭。若中線出現出頭時，再視察短線是否又出頭。若短線出現出頭時，再觀察極短線是否有買進訊號，若極短線出現買進訊號，則宜逢低介入。

落　尾

　　當筆低點比前一筆低點還低時稱為**落尾**，所以我們關注的是上漲過程中，只要沒有落尾就永遠不會止漲，除非見到落尾才有止漲回跌的機會。當然也暗示本波上漲趨勢可能終止，股價有機會漲多回檔，所以也是極短線作多者必須留意獲利了結的契機。選股時可以利用這種觀念，善設作多停利點或逢高放空。我們在長線做波段獲利了結與否，就可以利用以下的判斷：

一、**短線選股：**股價在上漲過程中，高值創新高且未落尾，當出現第1根落尾時，將當時K線最高視為壓力，未突破此價位以前，宜逢高放空。停損：落尾上一檔。

二、**長線選股：**股價處於相對高檔，上漲過程中，觀察長線是否有落尾，若長線落尾，再觀察中線是否有出現落尾。若中線出現落尾時，再視察短線是否有落尾。若短線出現落尾時，再觀察極短線是否有賣出訊號，若極短線出現賣出訊號，則宜賣出了結或逢高放空。

　　圖1-17是福壽1219tw在2010年7月的走勢圖，從13.5拉回分三段整理，即13.5-12.1-13.15-12.05的走勢。當12.05落底後，盤勢自7/14出頭後開始拉升，一路上漲，雖然上漲趨勢中往往見到多頭信心不足的黑K棒，卻維持沒有落尾的走勢，直到最高點15.45的次日出現母子K棒，暗示趨勢有機會進入整理，等到8/10（高點的次兩筆K棒）出現落尾K棒，說明了這段漲勢可能結束。

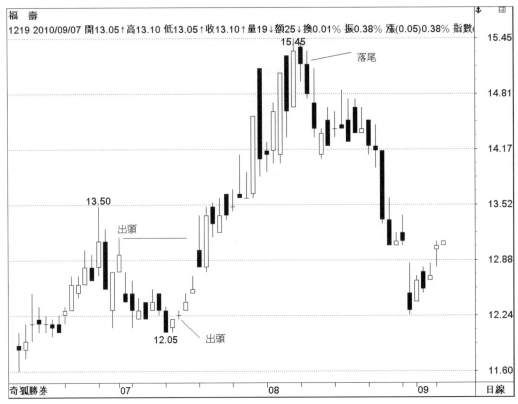

圖1-17　福壽2010年6-8月的K線圖

　　當然，可能讀者會發現，6月高點的13.5後第三筆不是出頭？要留意的是出頭後次日不能再出現**隨即跌破**的落尾K棒（跌破出頭的低點），這有可能主力當日故意以出頭棒，拉高出貨卻製造超短線進貨的假象。

　　建議讀者：即使採用出頭與落尾法則，研判短線趨勢是否出現止跌或止漲現象時，仍要留意弱勢趨勢中的出頭最好伴隨收盤收高，如果是收盤收高的出頭K棒，又是1根中紅的棒線時，我們常常稱它是**日出線型**。反之，高檔落尾收黑，稱為**日落線型**，已可先確認轉弱訊號。

波段洗盤規劃

底部洗盤

　　請看圖1-19的實例，當**突破壓力A**時，依**主控盤**原理，軋空力道將股價推升至一倍B以上（進貨成本加上獲利成本），七成以上的機率讓主力先在二倍C以下出貨。此種手法即為控盤法之**多頭一飽二吐**。因此其回檔至A附近將再次發動另一次多頭攻擊，這個回檔稱為**多頭壓低進貨**的**洗盤手法**，即市場派稱為**追殺誘空盤**。

　　主控盤**追殺誘空**為了兩個目的：
　　一是透過殺盤清洗前波跟轎浮額，
　　二是誘使空頭誤以為該股將再探底而融券放空。
　　當股價開始止跌回升，並出現N字突破，原先放空的融券因被迫回補，回補相當於買進多單的力道，便將股價順勢推升，主力不需過多的成本便可將股價拉升到更高的水平。

　　圖1-19是益航2601tw在2010年1-6月的走勢圖，當時的背景正逢人民幣升值，沿海薪資大幅提升，中國各地政府大力提倡內需產業。益航在中國因為擁有大洋百貨，所以被投資人視為通路股，而不是以一般的散裝貨輪看待。該股在1月間來到波段新高56.7後出現大幅度的修正。2/6來到波段低點39.35後開始進行底部整理，3/1出現底部N字突破，這根長紅K棒高點是46.35，緊接著股價出現盤態上的軋空，一路震盪盤堅到57.5後才出現倒N字與跌破末升低點的修正波，這個位置正好滿足在一飽與二吐之間，已經來到合理的目標區。

圖1-19　益航2601tw波段洗盤-底部洗盤模式

　　之後出現大幅度的修正走勢，股價一直修正到46.15才止跌，也剛好回測到3/1這根N字突破的位置。而這段從57.5修正到5/21的6.15低點正好也是在原上漲段39.35-57.5這段回檔的對分位1/2的48.49與強勢回檔2/3的45.5之間。

　　當整理完畢後，6/8再度出現一根價量同步的N字突破，這個N字發動說明了整理波已經結束，股價開始進行另一波起漲。而從57.5修正到5/21的46.15低點這段幅度不可說不大。這種型態稱為**波段洗盤**。讀者可以發現從底部39.35到波段高點57.5合計上漲51天，而從高點修正回到46.15是15天，大約1/3弱的時間，亦符合波段規劃的時間波。

頭部洗盤

請看圖1-20實例，反之，如果頭部要形成前，主力在頭部做震盪出貨，出現**倒N字**跌破訊號，當跌破頸線A時，其追殺力道將其摜殺至一倍等幅B以下，七成以上的概率主力在B與兩倍等幅C以上做短線補貨，此種情形即為**空頭一飽二吐**。其反彈至A附近會出現**拉高出貨盤**，為二次出貨手法，隨後股價將再次發動另一次空頭攻擊。

這個反彈稱為空頭拉高出貨的洗盤手法，市場派稱為**誘多軋空盤**，當然誘多且軋空成功後，主力可以從容出貨，緊接的便是再次追殺。然後伴隨的便是追殺盤態。

圖1-20　波段洗盤-頭部洗盤模式

討　論

　　辨識**盤態**不是舉些範例幾張走勢圖就能充分理解，當中更牽涉到軋空低點和殺多高點的認定，除了準確掌握到軋空低點和殺多高點，還需分辨虛擬K線與實過、虛過的關鍵。再搭配**成交量**研判法則，就能使整個**K線盤態**的邏輯趨近於完整，然後才能再延伸至所有商品的走勢研判。

　　從六大盤態可以推演出《波浪理論》中的**推浪關鍵點**，本章所闡述的重點，是希望幫助讀者跳脫理論進入實戰，在金融市場中，開關進入**波浪**與**道氏理論**的入門之道，架構完整的操作邏輯與技巧！同時，期望讀者從理論基礎，進而到嚴密推演股價波動至實際操作時，都能經得起實戰考驗。尤以本章探討的波段洗盤的股價調整過程，細心的讀者應當可以發現這是波浪研判的基礎。如果能夠掌握K線的關鍵，進而推倒波浪的形成，將讓研判邏輯向上提升更高層次。當然，筆者也希望《主力控盤操盤學》得以神佛歸廟、鬼魅歸墳，並期望端正控盤理論之視聽。

　　關於K線戰法的論述，可參考由筆者與另兩位老師合著的《主控戰略K線》，以及從學於筆者的林清茂教授於2004年出版的《操盤K線》。

趨勢盤態斷力道

我們在研判一波上漲或下跌時，常思考：究竟回檔（或反彈）的多空優勢如何判斷？一般來說，上漲波後的回檔，常態往往回測波段1/2的位置，當然這種拉回的走勢不一定是一波到底的回檔，也可能分成幾個次級波動拉回；主控盤提供強弱的研判便是採用**三分力道**法則。假設一段上漲波開始拉回，然後在之前上漲段的1/3前即止跌，接著再進行反彈，就屬於**弱勢回檔**，依此類推，這就是**常態回檔**或**強勢回檔**的定義。

以上三種情況皆屬於拉回的正常走勢，也就是說，每一波上漲後的拉回只要不超過整段的2/3，都有機會經過次級浪整理後，再度回復上升走勢，甚至再創新高。這個觀念也見諸於市場上採用的黃金分割率0.382、0.5、0.618的應用，只不過黃金分割率的計算有點麻煩。

這種力道的觀念不但可以用在波段研判，在觀察即時走勢時，與**開盤九式**的研判也有密切關連。日本技術分析界是最早研判開盤強弱對當日走勢的預測，利用前盤走勢變化來預測尾盤的結果。換言之，開盤如屬多方優勢，那麼開高盤後持續走高的概率便相對高了。

一般當日即時走勢區分為**前盤戰、中盤戰、尾盤戰**，也就是將當天走勢劃分三個交易時段；在開盤至前1小時10分鐘稱為前盤，尾盤一般都是指收盤前1個半小時左右。例如：臺灣股市目前為9:00開盤，13:30收盤，因此10:10以前稱為前盤，12:00以後稱為尾盤。

多空力道

有關K線型態的力道測量方法有許多種，型態測量是一種，金比率也是。而利用**三分法**的好處是可以很簡便的參考三等份價位作為力道強弱的研判標準，以掌握波段支撐與壓力關卡，適合習慣技術分析的投資人採用。

型態完成與否（如M頭或W底）是技術分析最大困擾之一，如果可以在股價行進過程中，知道股價在某個關鍵位置已經產生多空轉換，就可以先採取必要措施，進行買賣的動作！

在《主控戰略K線》書中曾經提到一些觀念及可能轉折的型態，引用書中一段敘述：「當思考K線的涵義時，宜先從比較、時間、位置、路徑的角度進行思考。」所謂**比較**是指：今日與前一日K線的開、高、收、低與關鍵價位之比較。簡單來說，就是今日開盤的位置是在昨日K線的哪一個黃金比率的位置。

在右圖中，我們把昨日K線的最高與最低切割成黃金比率的關鍵價位，就可以從今日開盤看出主力企圖心的強弱。並就收盤解讀主力作手的企圖。

這些價位的取得可以利用下列公式計算：

$\frac{2}{3}$ 多頭強勢值＝（ H － L ）× 0.618 ＋ L

$\frac{1}{2}$ 多空均衡值＝（ H － L ）× 0.5 ＋ L

$\frac{1}{3}$ 空頭強勢值＝（ H － L ）× 0.382 ＋ L

H 　黃金分割

61.8%　　多空均衡

50.0%

38.2%

L

三分力道

三分力道的應用對於波段強弱研判相當重要，在前文趨勢分析時曾談到**強勢**、**中勢**、**弱勢**幾個名詞。首先在此定義波段的強弱如何分辨。

假設一個下跌趨勢形成，多方必然期望再度上漲，把空頭下殺力道化解，在反彈過程中，因反彈力道強弱利用六分法可自然區分為超強勢反彈、強勢反彈、中勢反彈、弱勢反彈及超弱勢反彈六種可能，看圖2-1。

一、**強勢反彈**：下跌趨勢中，波段反彈的幅度超過下跌波的2/3以上稱之；屬於強勢走法。

二、**中勢反彈**：下跌趨勢中，波段反彈的幅度超過下跌波的1/2以上，但未達2/3稱之；強弱力道屬於一般走法。

三、**弱勢反彈**：下跌趨勢中，波段反彈的幅度超過下跌波的1/3以上，但未達1/2以上；力道屬於弱勢走法。

四、**弱勢回檔**：上漲趨勢中，波段回檔的幅度小於上漲波的1/3，屬於相對強勢。

五、**中勢回檔**：上漲趨勢中，波段回檔的幅度達到上漲波的1/2附近止跌，屬於一般中勢。

六、**強勢回檔**：上漲趨勢中，波段回檔的幅度達上漲波的2/3，由於回檔過深支撐較弱，屬於相對弱勢。

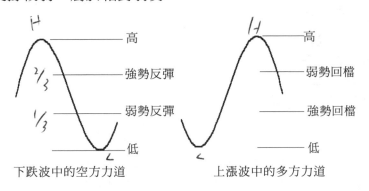

下跌波中的空方力道　　　　　上漲波中的多方力道

圖2-1　三分力道示意圖

趨勢正扭轉

底部型態＝(1)強勢以上的反彈＋強勢以下的回檔
(2)突破次級浪最後兩高點下降連線

在**翻空為多**現象發生之前，股價處於盤跌或殺多盤態中，如果反彈波達末跌段2/3以上，才有**正扭轉疑慮**，暗示下跌波似乎將反轉成為**盤整**或**上漲**的機會。若又出現強勢以下的回檔時，應逢低嘗試買進。

圖2-2是勝華2384在10年5月底的正扭轉型態，這段自20.1反彈到25.45很明顯對末跌段26.7-20.1是屬於**強勢反彈**。接著自25.45拉回到22.4僅僅是**強勢以下**的回檔。造成後市翻空為多形成趨勢正扭轉。

圖2-2　勝華底部扭轉圖

趨勢負扭轉

頭部型態＝(1)強勢以上的回檔＋非強勢以上的反彈
　　　　　(2)跌破次級浪最後兩低點上升連線

　　在翻多為空之前，股價正處於盤堅或軋空盤態時，如果回檔仍未超過末升段2/3，暗示上漲浪潮仍持續進行。因此當多頭出現強勢回檔，緊接著反彈力道只是強勢以下的反彈，那麼便有機會轉為趨勢負扭轉。

　　假設某次回檔幅度超過末升段2/3以上幅度時，或跌破末升低點，代表上漲過程中遭逢空頭抵抗力道較強現象，甚至有主力逢高出貨的現象；緊接著出現了反彈無力的現象，則有負扭轉疑慮。暗示上漲浪潮似乎即將反轉成為**盤整**或**盤跌**或**殺多**的浪潮，除非未來又有買進訊號產生，才有可能是另一個上漲浪潮的開始；否則要留意出現**頭部疑慮**時，應逢高賣出。

圖2-3　鴻海頭部扭轉圖

　　圖2-3是鴻海2317在2010年5月頭部形成負扭轉走勢，從最高點154.5拉回到137這段，就末升段136.5起漲這段而言是**強勢回檔**，雖然沒有跌破末升低點，但回檔幅度太深，緊接著從137開始的跌深反彈，這段只反彈到144.5，未達強勢反彈的條件148.7，隨即出現落尾拉回的走勢，也暗示了這兩段走勢可能讓盤堅的格局在154.5這裡出現趨勢負扭轉訊號。

趨勢盤態

開高盤為峰耀星、峰輝星、峰淡星或峰暗星
開低盤為谷輝星、谷淡星、谷暗星或谷夜星

　　我們之前曾說趨勢盤態在即時走勢研判相對重要，開盤後產生的高點後回折稱為**峰**，所以往往開高震盪產生第一波峰後，拉回整理後再攻，產生第二波峰，這種峰與峰之間力道強弱的對比，便可應用力道的觀念分辨上漲氣勢強弱。峰的強弱，區分為**耀星、輝星、淡星、暗星**等趨勢盤態。當然這種觀念在盤後波段研判也適用。

　　假設開低盤，便產生**波谷**，如果反彈無力再壓回，便容易破開盤附近的低點再創當日新低，並產生第二波谷；比較這些峰、谷的強弱，區分為**輝星、淡星、暗星、夜星**等空方的趨勢盤態。

多頭氣勢的峰星

　　多頭格局往往容易出現開高盤的情形，但開高後多方追價力道不繼，便會產生高頓點後拉回，因此判斷多方力道強弱便可採用峰星的研判原則，利用三方力道法則用以研判當日盤勢是屬於**多方攻擊盤**，一路持續盤堅走高。或是多方獲利了結後，產生的開高走低。

峰耀星：**強軋空模式**	峰輝星：**軋空模式**
峰淡星：**盤堅模式**	峰暗星：**盤堅變盤跌模式**

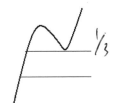

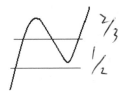

峰耀星：弱勢回檔＋強勢反彈　　　　峰輝星：非強勢回檔＋強勢反彈

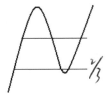

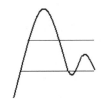

峰淡星：強勢回檔＋強勢反彈　　　　峰暗星：強勢回檔＋弱勢反彈

圖2-4　多頭優勢之趨勢盤態

峰耀星：當開盤開高後（開盤法：以五分鐘K線收盤價**連線**研判即可），
　　　　回折後再度創新高，為**強勢－高**格局。創新高的第二峰後的拉回，如果
　　　　只回落到上升波段的1/3以上就是強勢止跌，屬多方超強勢，稱為峰耀
　　　　星，請看圖2-4。

峰輝星：當開盤開高後，多方力道回折不深再度創新高，為**強勢－高**格
　　　　局。第二峰的拉回如果只回落到本峰起漲波谷的1/3後，但守於1/2以上
　　　　便止跌，仍屬多方強勢。並且能夠再度正反轉向上，突破下跌段之2/3
　　　　以上，稱為峰輝星，請看圖2-4。

峰淡星：強勢開高後逢壓拉回，回折不深再度創新高，定義**強勢－高**格
　　　　局。但是第二峰拉回幅度較深，超過本峰起漲波段的2/3以上時才做止
　　　　跌，此時要留意：低點與前波低點相近，才回折向上。固然趨勢規則仍
　　　　屬多方優勢，但暗示衝高後調節賣壓較重。

如果多方仍要掌控當日盤勢，除非向上轉折時，多頭的力道再度把下跌段的2/3壓力位置化解，後市才有持續走高的機會，否則將可能成為**強一高弱雙星**殺尾盤格局。所以當回檔較深時，其後伴隨的強勢反彈是必要的，如此多方才能優勢掌控當日盤勢。此開盤的趨勢盤態稱為峰淡星，請看圖2-4。

峰暗星：如上開盤為**強勢一高**格局，第二峰回幅超過2/3以上，才開始反轉向上。由於向上的弱勢力道使其反彈僅達下跌波的1/3以內，暗示高檔空方力道優勢，是標準的**強一高弱雙星**格局。如股價在漲幅已大，並且月線正乖離過大時，宜防高檔獲利了結的賣壓湧現，請看圖2-4。

從圖2-5可看出，當日線趨勢為多頭走勢時，開出幅度不小的一高盤，於9:05開出上漲34.4的高盤，五分鐘收盤價來到6149.8，9:10拉回，可稱為**一高盤**。

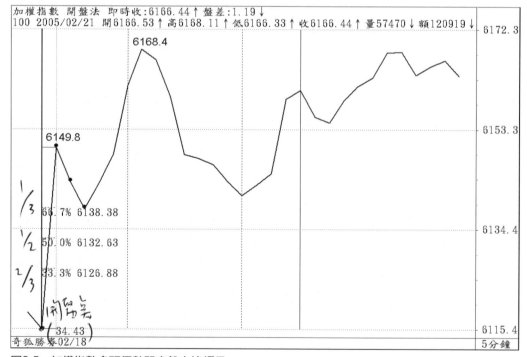

圖2-5　加權指數多頭優勢開高盤之峰耀星

　　當出現開高盤時，前一日搶短的多單容易在開高後下車，走勢便因此出現**負反轉**回折。在尚未判斷出是否能夠再創新高前，可先取關鍵支撐點觀察，如圖2-5將平盤與負反轉的高頓點之間依**趨勢盤態**的力道先畫分成三等分，拉回後，出現正反轉向上的低頓點為觀察關鍵，圖中開高6149.8，拉回於1/3的6138便出現止跌的低頓點，再度反轉向上。此次的拉回相當明顯為**弱勢回檔**，可見下檔的支撐力道頗強勁，我們大概可以預測後市有機會再創新高。

　　一般取9:30前的正反轉的低頓點為支撐，如圖中標示6138之處。緊接著我們便要觀察多方再往上攻堅的力道究竟強不強勢？可再從6149至6138這波下跌段，仍依三分力道法則做標記，觀察若多方能夠再度往上攻堅，突破下跌段的2/3以上時，為上述定義的**強勢反彈**。

　　因此**峰耀星**闡述開高後隨即遭逢空方襲擊，而從高頓點的拉回卻遭逢多方強力防守，那麼開高盤後下跌的空方力道幾乎被上漲的多方力道再度化解，因此容易再創新高。在**開盤法**中，9:05開高後隨即拉回，但於9:30便能夠再度突破開盤高點，稱為**強一高盤**，簡稱為**強一高**。

　　當指數處於多頭趨勢中，盤態出現**強一高盤**時，只要關鍵支撐點都沒有跌破，尾盤容易維持與當日盤堅一樣的走勢持續上漲，因此收盤上漲且K線是紅K棒線。但如果趨勢出現在空頭走勢時，雖然當日出現強一高格局，但僅能以反彈看待，次日更容易出現直接開低盤的走勢。

空頭氣勢的谷星

　　谷淡星和谷暗星是利用三方力道的強弱來研判當日盤勢，究竟屬於低檔有支撐力道的**多方承接盤**，或是盤跌走勢的**空頭持續盤**。

谷輝星：軋空模式　　　　　谷淡星：盤堅變整理模式

谷暗星：盤跌模式　　　　　谷夜星：追殺模式

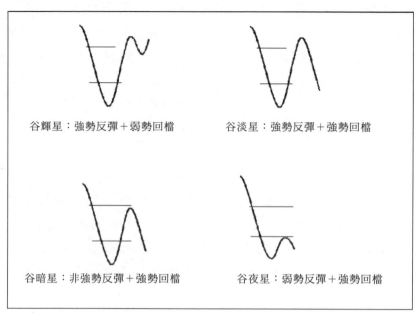

谷輝星：強勢反彈＋弱勢回檔　　　谷淡星：強勢反彈＋強勢回檔

谷暗星：非強勢反彈＋強勢回檔　　　谷夜星：弱勢反彈＋強勢回檔

圖2-6　空頭優勢開低盤之趨勢盤態

谷輝星：當開盤開低走低後，待波谷出現，並且有**強勢**以上的反彈，當做波峰再度回折，其下跌幅度僅為反彈波之**弱勢回檔**，隨即出現止跌正反轉向上時，此種開盤盤態暗示低檔有多頭積極承接買盤，當日盤勢亦成震盪格局，或買均單連續大於賣均張三盤以上，亦有機會收紅，看圖2-6。

谷淡星：開盤出現一低重挫、或兩低以上的格局，第二盤必須出現強勢反彈，才有機會出現止跌盤！所以當第二盤為強勢以上的反彈，但緊接著出現強勢以上回檔，這種開盤盤態暗示低檔雖有多頭消極的承接買盤，但反彈逢高亦有調節賣壓，代表開低後僅有搶短買盤，因此壓低回檔又近開盤低點附近，至9:30前幾乎成**震盪格局**。因為當日多空並未明確表態，因此當日以觀望為宜。除非在09:30-10:10之間出現多方、空方五分鐘線**行進間換手**，此時暗示趨勢的轉變，應順勢操作，看圖2-6。

谷暗星：當開盤開出低波谷，並出現反彈波，如果無法出現強勢以上的反
彈，暗示空方力道強盛，便容易在9:30前就跌破開盤的低點，成為**一低
破低盤**，當日空方力道使盤勢為**盤跌**以上的格局。理應掌握第二盤高
點，指數逢高空單避險，請看圖2-6。

谷夜星：當**開低盤**的任一種盤勢出現，在低檔止跌反彈，如果反攻力道僅
為**弱勢反彈**，當在做波峰後回折時，極容易再創當日新低點，而跌勢尚
未出現終止。這種盤態在**開盤強弱法**中為**一低破低盤**或**兩低盤**。以上的
極弱勢格局暗示：波段尚未出現止跌訊號。開盤趨勢盤態屬於追殺或稱
為**殺多模式**，請看圖2-6。

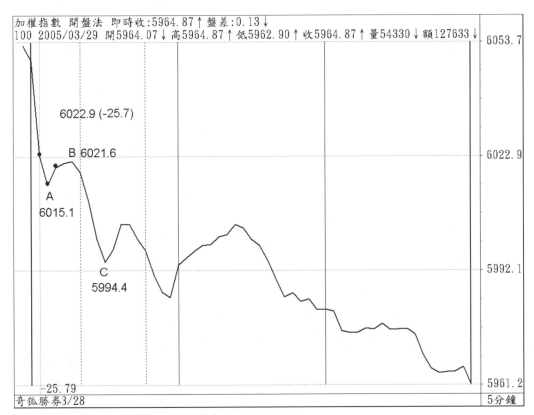

圖2-7　加權指數空頭優勢開低盤之谷夜星

請看圖2-7的實例，任何反彈應以放空為主，並留意最後一盤末跌段高點位置，除非盤中突破**末跌段高點**才有止跌的機會。

關鍵研判點

即時走勢研判在盤中走勢除留意其多空強弱外，更需要留意臨界**關鍵點**的走勢變化。即時走勢來到關鍵點時，經常被稱為**轉折點**，有時亦需考慮前幾日折線對當日盤勢的影響。

就技術面而言，有型態或趨勢線研判觀念的投資朋友都知道有幾項關鍵點是型態上要留意的支撐或壓力。我們先以多頭走勢來分析，所謂對多頭而言的支撐，一般有幾項可供研判的依據，先列舉，再逐項闡述：

一、向上跳空缺口的支撐與壓力。（以即時盤而言開盤開高，其缺口就是開高點與平盤之間的距離）。

二、前波低點頸線（或前波高點被突破後所形成支撐）自然是此波支撐的觀察重點。

三、型態滿足的關鍵點。這是說明某個型態已到達預測目標。

跳空缺口：如果當日延續前一交易日上漲的走勢而開高，既然開盤開高，代表多頭延續上攻的意圖。尤其在空頭走勢的反彈初期，前盤開高之後，很容易在中場因前一日獲利了結或前波解套賣壓出籠，造成股價回跌。但往往回測平盤時，便產生多頭的支撐作用。

因為在五分鐘線的K線型態，開高就產生開盤時向上的跳空缺口，所以當盤中拉回並跌破平盤時，便是型態上所稱的**補空**，理應出現多頭抵抗的支撐作用。因此投資朋友應留意當股價回跌破平盤，該筆五分鐘K棒即為**跌破**或**補空**，次筆五分鐘K棒應當會出現**多頭抵抗**，且開始回升走高。

圖2-8是台股加權指數在2005年8月2日的即時走勢，可見當日雖然開高，但半小時內跌破開盤附近的低點，之後一路盤跌到了中午過後跌破平

圖2-8 跳空缺口的支撐作用

盤，這種跌破平盤的動作就視為**盤中補空**，也就是回補上升缺口的意思。既然已經補空，這個開盤的跳空缺口便將提供支撐作用。

前波頸線：開高盤經常是屬於多方優勢的開盤盤態，如果開盤的幅度不算
　　小，首先開高震盪後的第一波拉回，往往在跌破開盤點與平盤之間的**對**
　　分位，也就是開盤與平盤之間1/2的位置將會遭遇支撐。這便是盤中相
　　當重要的**關鍵點**！

　　圖2-9是加權指數2005年8月10日的走勢。當日於11:05跌破6393.4重要
的盤中頸線，次筆K棒為帶下影線的**多頭抵抗**，再次筆則跳空下殺，形成
多頭抵抗失敗的盤態，這是第二章K線盤態中的**強殺多盤**，所以一路盤跌
的走勢無法扭轉，尾盤不但跌破平盤，甚至收在當日最低點附近。

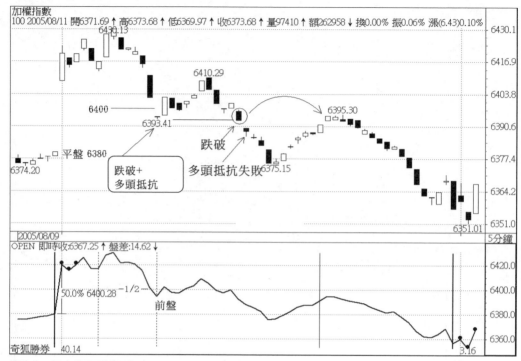

圖2-9　盤中的頸線觀測

　　從圖2-9股價回測**對分位**6400後開始反彈，便會在這個位置留下一個正反轉的轉折低點6393.4，這個低點是研判尾盤強弱相當重要位置。既然是回檔的低點，便是型態上的頸線。假設盤中再度回測，並跌破這個低點的支撐，就成為**盤跌盤**。尾盤往往收低，當日K棒形成開高走低的黑K棒。

　　一般情況在**開盤多空法**中，關於**強一高盤、二高盤、氣勢盤**，讀者要特別留意二分之一的對分位。

型態滿足點：技術分析在《道氏型態理論》中，探討過多種型態的目標測
　　量，例如：M頭、頭尖頂、V型反轉等型態，當股價跌破重要的關鍵點
　　時，預測未來走勢向下滿足其等幅距離。其中最重要的無疑是**V型反
　　轉**。

　　在《道氏型態》分析中，研判多頭行情結束，通常是觀察在第二章說明的**末升段**的低點是否跌破作為確認。也就是說，當一段行情創新高後經常出現漲多後拉回的現象，只要這個回檔整理沒有把創新高這段的起漲點跌破之前，股價待整理完畢後，短線再度轉強仍有續攻的力道，甚至再度創新高的表現。

　　V型反轉便是跌破**末升段**起漲點，形成上漲趨勢結束後，後市開始下跌的前兆。以《道氏型態理論》測量，跌破末升段低點，未來走勢理應向下滿足末升段低點至本波高點往下負一倍的距離。

　　而當股價來到這個預測的滿足點時，往往在次筆K棒出現多頭抵抗的走勢，多頭抵抗的型態如：開低走高的紅K棒，或出現下影線的棒線，甚至滿足目標的次筆K棒直接跳空開高成**母子線**或日出K棒，最弱的多頭抵抗至少會有1根留下下影線的上十字線等等。

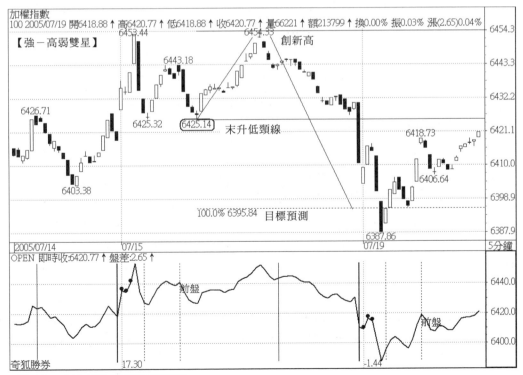

圖2-10　末升低點頸線觀盤要領

　　圖2-10是加權指數2005年7月15日的走勢，當日開盤的盤態是五分鐘漲跌漲的**強一高格局**，拉回a-b-c三波6425.3-6443.1-6425.1回檔，於10:35開始發動多頭攻勢，並創短期新高來到6454.33。因此末升段低點即6425.1。

　　股價創新高後，多頭獲利了結，賣壓造成後市出現盤跌走勢，並拉回到6425.1的**末升段**低點頸線。在尾盤收盤最後一筆空頭攢殺出現長黑，直接跌破末升低點的頸線。當天正好是週末。

　　由於這樣的尾盤下殺使得多頭措手不及，讓還在觀望來不及出脫持股的投資人提心吊膽整整兩天，7月18日週一台北股市又逢海棠颱風停止開市，心急的投資人在7月19日週二開盤便急於殺出，造成當日出現直接開低走低的走勢。

　　依《型態學目標測量理論》，6425.1的末升低跌破，符合型態理論中的Ｖ型反轉，理應向下滿足一倍的幅度，即6425.1×2-6454.3=6395。當日開盤法為**一低破低盤**，明顯開低後反彈越過平盤遭逢空頭抵抗壓力，弱勢拉回再創開盤低點。一路盤低9:25來到五分K棒6387.8，該筆K棒因跌破6395即滿足型態目標，所以次筆K棒隨即跳高往上成為**陽母子**，符合多頭抵抗的K棒表現。

　　同時6387.8就是當日最低點，尾盤則收於平高盤附近，小漲6點。可見如果能將五分鐘型態的目標測量應用在盤中關鍵點研判，使得多單不至於隨著空頭起舞，而殺在最低點。

行進間換手

　　不論是盤後分析，或是盤中即時走勢的五分鐘線圖，走勢變化極多又不可能完全掌握當時的利空與利多消息，只能依開盤的強弱趨勢盤態與價量做合理的尾盤預測。

　　盤中影響走勢的變化，往往是在於一些關鍵的轉折點。因此投資朋友只要掌握**開盤法**的研判要領，再加上盤中觀盤時留意關鍵點的瞬間變化，當這些關鍵點被突破或跌破時，根據瞬間即時走勢的反應，就足以研判當日走勢是屬於強勢或是弱勢走法。因此讀者利用開盤法研判當日強弱前，應需具備觀察盤中每一段漲跌力道與轉折變化基本技巧。

　　前文談到對多頭走勢而言，假設當日開盤為對多方有利而開高，盤中股價開高後卻一路盤跌走低，即時走勢依據的支撐研判關鍵點常用的三種技巧，不外乎：(1)跳空缺口的支撐、
　　　　　　　(2)頸線、
　　　　　　　(3)型態滿足之關鍵點等。

　　實戰操盤中，往往盤中急殺是因為同為亞洲股市的鄰國出現重挫，或大型股走弱，甚至出現盤中重大利空，近日強勢的主力族群指標股出現主力逢高出貨後的急殺，導致多頭信心危機，散戶也跟著追殺所致。因此上述盤中研判的支撐便有可能出現失效的現象。

　　如先前提過：「**盤勢最簡單的型態是跳空開高的一高盤格局**」，五分鐘K棒回測平盤，即出現**補空**，次筆五分鐘K棒會出現幾種狀態：
一、**止跌**：一般K線型態如：帶下影線的上十字線（鎚子）、直接開高或開低走高的紅K棒。後市開始回升，視為多頭抵抗的型態。
二、**該撐未撐**：多頭抵抗失敗是指補空的次筆五分鐘K棒雖然出現上述一、的型態，但反彈無力，無法突破殺多高點的關鍵壓力，股價繼續向下沈淪。
三、**追殺**：補空後的次筆五分鐘K棒直接跳空大跌，出現所謂的追殺盤。在關鍵缺口還未回補前，股價將出現大幅度的急殺下挫。

　　當大盤來到關鍵支撐點的瞬間也是以上述三種觀盤的要領應對。如果走勢來到關鍵點卻出現**該撐未撐**，可以將此種走勢稱為空頭的**追殺**現象。這裡會用到兩項物理學的研判方法：**翹翹板原理**與**槓桿原理**。

這兩種用法有所差異，必須根據當時K線走勢不同選用。比如說：在多方壓回到關鍵支撐點時，有的要用翹翹板，有的要用槓桿原理。原因在於指數或個股股價來到關鍵點有不同表現。

這關係著我們對於下跌**滿足點**的研判，也就是說當跌破一個關鍵支撐時，出現**該撐未撐**的現象時，取其**一飽二吐**，這是**翹翹板原理**。

而**王子復仇記**說明的是：股價很清楚的已經做成底部整理完畢將發動攻擊盤；主力已介入過深，卻因大環境不佳出現破底後追殺的走勢，主力也慘遭套牢。此時主力只好等待賣壓減緩，利空鈍化或股價、指數自然落底後，再伺機拉升突破**末跌段**高點，雖然測量目標亦可採用一飽二吐研判方法。但其目的不同，原理都是採用翹翹板原理。

一飽二吐的應用方法是多頭**攻擊盤態**定義，如同N字突破，一般翹翹板都是針對**王子復仇記**而言，代表主力作解套的行為，往往出現直接急攻二吐的行為。

如果是對股價上漲過程而言，來到了前波的壓力帶，自然會出現解套的欲望，這股欲望已經過長期的谷峰谷的無形折磨而形成一股宣洩；其行為是長線跌勢短線漲勢的自然表現，形成上漲過程中的行進間換手！

槓桿原理

物理學所稱的**槓桿原理**是指：以槓桿為平衡的條件式，作用在槓桿上順時鐘方向的力矩必須等於逆時鐘方向的力矩。

槓桿是兩端需用到一個支點，在槓桿的一端所施的力會作用於另一端；此時所作用的力，與支點和施力點之間距離成正比。槓桿的一端所施的力，作用於另一端是希望可以省力，達到四兩撥千斤的功用。

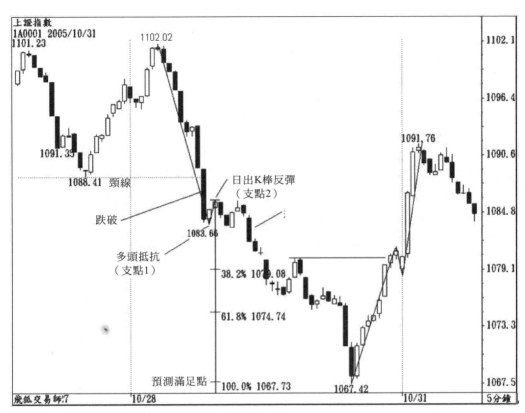

圖2-11　上證指數2005年10月28日盤中追殺模式

　　圖2-11是上證指數從2005年最低點988.2反彈到05/09/20時的1223.57，日線出現倒N字後拉回，指數在極低迷悲觀的氣氛中，於10月28日壓回到低點1067.4作出底部第一隻腳。

　　上證於10月27日日線是1根小紅K棒，次日28日開小低盤後延續前一日反彈走勢，多方反攻突破前一日K棒的1101.27高點來到1102.02，隨即出現**空頭抵抗**而拉回。

　　此時分線拉回的支撐關卡自然是以前一日收盤前的頸線1088.41為支撐觀察點。走勢直到10:40很明顯出現1根五分鐘長黑急殺跌破頸線，次筆K棒測試長黑K棒的低點後，於1083.66隨即拉升，形成小紅K棒的**多頭抵抗**型態。其次一筆K棒持續反彈，形成第2根小紅K棒，並且反彈到

1086.09，緊接的5根K棒出現**高不創新高、低點破新低**的盤跌走勢，這時便要留意多頭抵抗有可能失敗。果然空方見到多方支撐力道薄弱，無法突破關鍵的壓力——殺多高點，便於11:20發動追殺。

此種空方追殺的模式，可以應用槓桿原理，利用兩個支點的力矩對應，預測《波浪裡論》中的等浪的量度目標。由上述的關鍵位置，我們可以得到幾項數據：

(1)高點：1102.02

(2)多頭抵抗的支點1：1083.66

(3)反彈日出K棒的高點支點2：1086.09

從1102.02到支點1的距離為：1102.02-1083.66=18.36點，所以目標測量從支點2的1086.09取等幅測量，減18.36得到1067.73。當目標滿足於這個測量距離時，就要開始留意是否出現**多頭抵抗**的現象，以及多方是否開始出現攻擊的走勢。

翹翹板原理

翹翹板就物理學的定義：支點兩端的因素、資料，必須相等。一端上升了，另一端就得下降。如果你要保持翹翹板平衡，那麼兩端重量必須有對比程度和選擇好支點的位置。如果支點選在中點，則兩端的重量只要是相等，就可以保持平衡了。

所以我們將翹翹板原理應用於幅度測量。當熊市優勢時，股價必須突破末跌段高點，才有止跌的期待。當然突破末跌段高點也是一種N字的攻擊行為。如果突破末跌段高點，接續著空頭抵抗失敗，那麼多方只要守住末跌段高點的頸線，多頭從底部攻擊的力道便可長驅直入空頭陣地。我們便可直接預測目標，先畫出一飽二吐的位置。

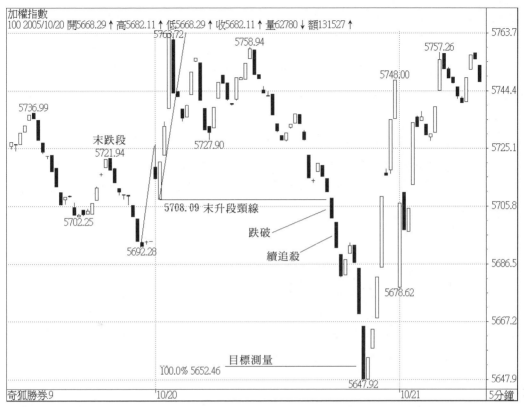

圖2-12　加權指數2005年10月20日即時走勢

　　加權指數自2005年8月6481點開始空頭優勢的格局，一路盤跌兩個多月到10月28日最低點5618後，才開始中期反彈。該波次低點即圖2-12的10月20日5647.92；底部也是在這個低點附近震盪止穩後醞釀而生。

　　從圖2-12可知，當日以小高盤開出，隨即突破前一日分線末跌段高點5721.94後，遭逢空頭抵抗，使K線呈現避雷針黑K線。其次筆五分鐘續創新低後多方隨即反攻，並突破開盤黑K棒的高點，一路盤堅來到5763.72。因為這裡來到前幾日分線震盪後下殺的位置，因此有解套賣壓。

　　指數固然跌深，然而因盤中追價買盤意願不高，呈現震盪盤跌的走勢，並於12:20前出現連續3根黑K棒急殺，並跌破當日盤中的低點5708.09的關鍵頸線（末升段低點）。跌破頸線之次筆K棒繼續跳空黑K，呈現多頭

該撐未撐的現象。

我們當下即可研判：因為指數跌破關鍵支撐頸線，並且出現**多頭抵抗失敗**的訊號，所以直接採用**開盤判多空**中，**強一高弱雙星**的峰谷對照盤。

所謂峰谷對照，就是以5708.09為翹翹板的支點，上下以等幅預測滿足區。因此從當日高點到末升段低點的幅度為：5763.72-5708.09=55.63點。在股價出現直接下殺且多頭抵抗失敗的型態，指數無法迅速突破頸線的情況下，直接以5708.09下扣55.63點，就可預測當日有機會來到5652.46的滿足區。

軋空盤（王子復仇記）

實戰操盤中，多空往往是一體兩面，聰明的讀者其實只要真正瞭解空方的追殺模式。反過來說，主力用於多方攻擊的手法與模式都是一樣。

之前談到臺灣股市指數的走勢往往受亞洲鄰近國家股市出現重挫或急漲的聯動，尤以電子、金融等大型股的強弱，各國之間都會相互影響。甚至本地近幾日的強勢股走弱導致多方崩潰急殺。當股價開始反彈，我們一定先預測未來反彈的壓力區。

而上述盤中研判的壓力，也可能出現失效現象。但實際上是否真的失效呢？其實是主力拉抬不是只要解套而已，而是要拉大空間大賺差價，形成**王子復仇記**。

實例一討論

所舉的例子是延續圖2-11的上證指數的走勢（第59頁）。日線上，短線底部第一隻腳落底於1067.4之後，震盪壓回第二隻腳的1074.33分線走勢。我們特別以多方攻擊的方向來探討，讓讀者能夠清楚瞭解多空應用的都是相同方法。

從實際上證指數的圖2-11五分鐘圖，可見到10/28的追殺盤，是採用槓桿原理的**潮汐模式**，往下滿足1070以下的目標（實際低點1067）。

圖2-13的日線圖，可見第二隻腳位於11/1的1074.33，就是圖2-11的後兩個交易日即時五分鐘走勢。當日即時走勢於午盤14:00多方開始發動尾盤奇襲，出現帶量攻擊訊號，一舉突破1085.5五分鐘線的末跌段高點，並

圖2-13　上證指數於2005/11/01的短線第二隻腳日線圖

出現突破後空頭抵抗失敗的現象。接著我們回到當日即時走勢圖2-14，看看王子復仇記的完全走勢。

在圖2-14中，本來我們對多方攻擊盤的研判，應當是當末跌段高點1085.5被突破時，次筆K棒出現開高走低或直接開低的空頭抵抗現象。實際上卻是連續紅K棒，即空頭抵抗失敗且為**該回不回**，因此應當直接預測：應來到一飽的位置──1096.68。

在實際走勢中，我們觀察指數在次日開盤後滿足1096.68，滿足的次筆K棒居然又是長紅棒；直覺的，我們預測空頭抵抗的K線型態出現異常現象，空方應當要提高警覺，也就是主力的手法將不僅僅是一飽便會滿足，更有機會來到二吐位置，也就是1107.85以上。事實上，如預測般走勢，股指

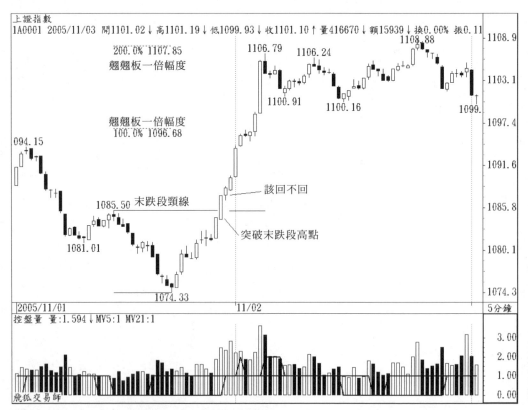

圖2-14　上證指數於2005/11/01的多頭反攻型態

持續在高檔震盪，待滿足二吐以後才開始進入拉回整理。

實例二討論：連續走勢研判技巧

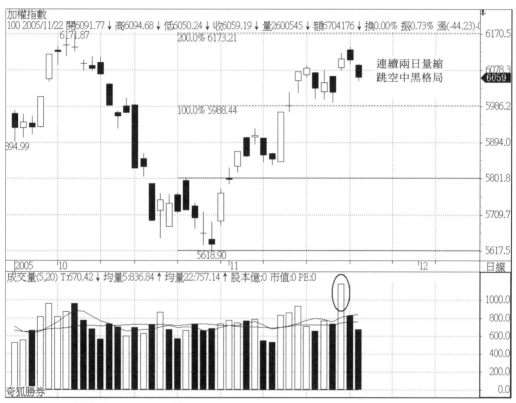

圖2-15　加權指數2005年11月22日的日線圖

<某證券分析>「一旦跌破持股應做減碼」……「週二大盤在前一日上攻半年線無效後，指數以低盤開出，盤中雖然賣壓不重，但電子股回檔頗深，尤其高價電子股殺盤力道很強，多空則在年線附近屢屢出現攻防，終場則下跌44點，而以6059點收盤……年線若再失守，將不利於日後攻盤，尤其季線也將走平……」

請看圖2-15，上面這段是關於加權指數在爆量1182億，連續兩日量縮，並且出現跳空下跌的中黑K，市場又出現一片逢高減碼、謹慎小心的

氣氛，甚至很多分析師研判要成交量回升千億才有可能續漲。那麼是不是後市真的如分析師看法偏向保守的論調？往往在此轉折時，特別要留意盤中即時走勢的變化。實際上，次日開高，但當日成交量僅778億，卻將指數推升了64點。

　　從圖2-16看到11月23日開盤也不是很樂觀，因為前一日的黑K棒，次日出現開三高盤來到6112.7，這個位置正好是前一日黑K的高點與向下跳空缺口之間，所以利多開高反而讓前一日套牢的籌碼解套。由於開高即一路盤低至11:55，指數來到6074.33當日新低價，產生了圖中標示(A)的末跌段高點6095.9。

　　從**開盤多空研判**當日開盤為**三高弱雙星**格局時，往往當日容易出現開

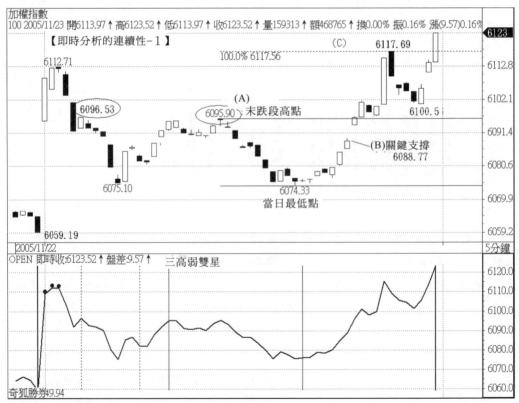

圖2-16　加權指數2005年11月23日的即時五分鐘線圖

高走低收黑K棒的型態；甚至賣壓重時，有殺尾盤的現象。但在盤中關鍵b高，即6096.53被突破時，便有可能出現逆轉盤！反向收紅的機會。

當指數於12:35開始突破末跌段高點6095.9，也就是**三高弱雙星**的關鍵壓力6096.53，此時只要守住圖中標示(B)的關鍵軋空低點6088.77，便有機會挑戰**翹翹板原理**的1X＝6117.42。

果然在13:00滿足此預估區間，來到6117.56；接著出現**空頭抵抗**的拉回整理。這種研判技巧便是觀察盤中新低點後，視盤中走勢突破末跌段高點後，預測當日尾盤或次日的滿足點，這就是翹翹板原理的應用。

尾盤前整理後走高收高，並突破原規劃滿足之K棒高點6117.69，這時研判要留意：
(1)末跌段低點倍幅業已滿足。
(2)同時突破當日開盤高點頸線6112.71。
(3)收盤收最高。

因此讀者要瞭解：守住6100.59，可擴大幅度預測。由於尾盤業已收最高，次日容易出現多方續攻的走勢。在滿足翹翹板原理的同時，又突破開盤高點的頸線6112.71（圖2-17的D點），來到6117.69並拉回6100.5，呈現**多方換手**再度攻擊，並收當日最高點。

一般收盤收在最高，除非第二日出現利空，否則往往次日再度開高走高的機會相當大，因此需要預測次日多方持續優勢後的滿足點。若次日果然如預期持續開高，並呈現盤中低點一路墊高的震盪盤堅走勢，由於守住6100.59的關鍵支撐點，因此理應滿足到6143.93。我們可以從圖2-17觀察當日盤中走勢的變化。

我們看11月24日開高後的完整走勢，開**強一高**開盤格局來到6128.76，雖然前盤出現6120.79次高點後，呈現拉回的態勢，但跌破6111

頸線，於6104.11呈現多頭抵抗多方防守的現象。緊接著於10:55突破關鍵的分線末跌段高點6120.79，尾盤前來到原先規劃的6143.93附近，請留意：實際高點僅達6143.87。

這時要從兩方面探討，第一種格局稱為**多頭異常**。往往當日高點來到原先規劃的滿足點附近，且未突破滿足點。緊接著出現頭部形態，並跌破頭部頸線後出現追殺。讀者應當還有印象，在第一章談到突破滿足區後，應該出現的是空頭抵抗的現象；因為主力將於滿足區出貨，如果空頭抵抗失敗，或是直接順勢再軋空，那麼便稱為**該回不回**。

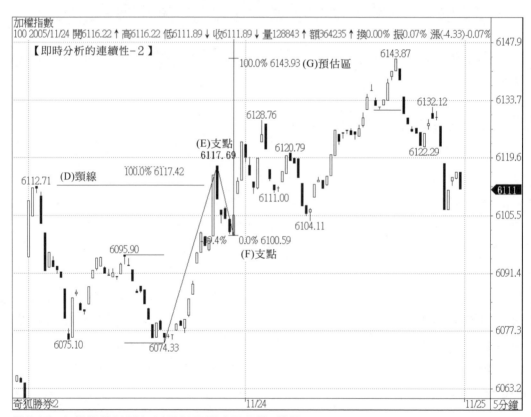

圖2-17　加權指數2005年11月24日即時五分鐘K棒圖

　　反向思考：如果應來到滿足點的盤勢，卻在滿足點面前隨即拉回走弱，便稱為**多頭異常**，暗示多方的力道受到空方牽制，主力無法將多方的力道發揮到滿足區，便出現竭盡。會出現這種多頭異常的型態，往往是出現盤中主流族群利空，或是權值大型股出現重挫。這時必須研判原先規劃的**滿足點**到底會不會來？研判的關鍵便在於波浪的理解，對《波浪裡論》不是非常熟悉的投資朋友們，只要牢記一個關鍵點：**突破壓力之後拉回的低點是否跌破？**就圖2-17來看，突破6112.71頸線D點之後，指數拉回的F低點是6100.59。

　　所以多方只要守住6100.59換手點，那麼多頭仍有機會滿足到原來計算的6143.93滿足點。我們從第三天（11月25日）的走勢觀察：果然又是**強一高**多方優勢的開盤，並於9:25突破原先計算的滿足點：6143.93，來到6145.01當日的高點。

　　當筆突破滿足點的五分鐘K棒是1根長紅K棒，緊接著，我們研判應該出現**空頭抵抗**的行為。果然，次筆五分鐘出現直接跳空低開的小黑K，形成短空優勢的**陰母子線**，其後緊接的K棒則為跳空下殺幅度增長的長黑K棒，並跌破長紅母線的低點。盤勢至此，多單需要謹慎，隨時準備獲利了結。

　　圖2-18是第三天（11月25日）的走勢，僅供大家參考。這是整個三日的連續即時走勢，應用了下一章將要討論的**開盤法**與本章**槓桿**、**翹翹板原理**的綜合研判技巧。

　　當然圖2-18之後，並非暗示多頭已經結束，因為最後創波段新高來到6145.01的起漲點，末升段低點（圖J標示點）的6106.94尚未跌破，多方仍有機會利用震盪再度製造出多空換手機會，往更高幅度邁進。

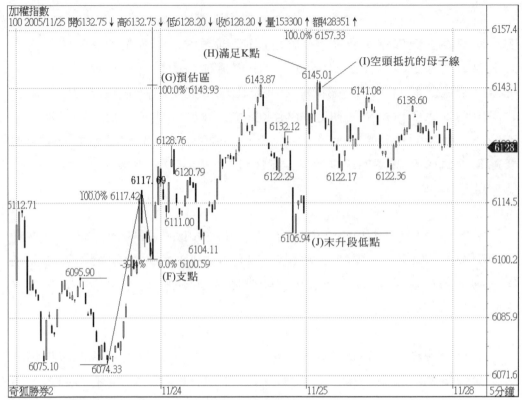

加權指數
100 2005/11/25 開6132.75↓ 高6132.75↓ 低6128.20↓ 收6128.20↓ 量153300↑ 額428351↑

圖2-18　加權指數2005年11月25日即時五分鐘K棒圖

討　論

　　筆者寫本章的目的是為了提供讀者對盤勢的思考方向，同時闡述一個重要觀念：**盤中即時走勢是主力連續幾日的作價意圖與進出貨的行為，如同我們在日K線上研判K線轉折點一樣重要**。因此在應用下一章講解的開盤法預測當日多空與尾盤變化時，本章的技巧是需要加入考量。

　　換句話說，N字攻擊是一種K線研判上重要基礎，因此**K線盤態**構築了K線多頭攻擊或空頭攻擊，以及未來目標測量的研判基礎，這是K線力道的展現。當股價出現拉回（或反彈）時，多方的支撐力道（或空方的壓制力道）就依據三分力道的觀念研判強弱勢，這種研判強弱型態稱為**趨勢盤**

態。只要能先正確的研判N字六種盤態,瞭解股價在短線頭部或底部的攻擊架構,再依據趨勢盤態的走勢,就比較容易預測未來股價走勢。

在圖2-19中,我們將以日線圖與分線圖的趨勢分別研判再做整合。大盤自2009年歷經雷曼風暴後,從3955起漲整整漲了一年來到2010年初1/19見到波段高點8395之後,才出現首度拉回跌破季線。並在2/6見到波段低點7080後,開始反彈到4/15高點8190的走勢探討。

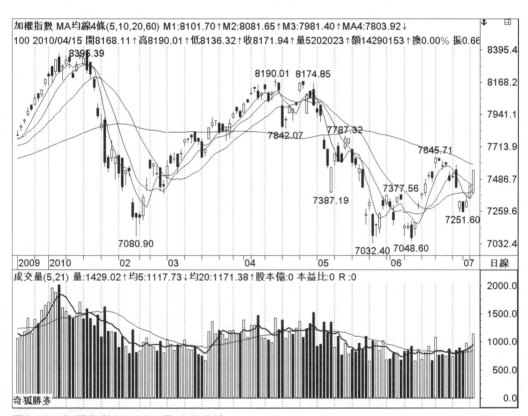

圖2-19 加權指數2010年4月15日日線

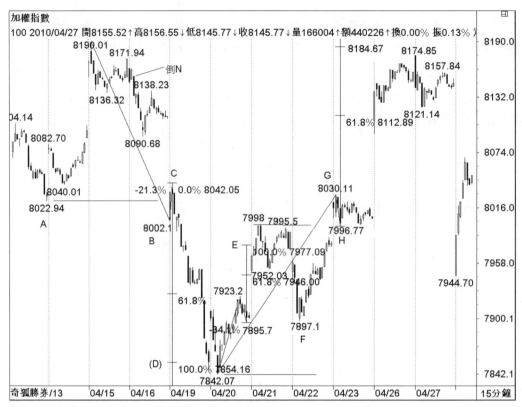

圖2-20　加權指數2010年4月15-28日15分鐘圖

　　從圖2-20可見到4/15跳空開高到8190.01後，首度在4/16才見到9:45出現倒N字跌破，雖然次筆是小紅K棒的多頭抵抗，可惜緊接著10:15這筆紮實的黑K棒已宣告多頭抵抗失敗的命運，從這張走勢圖可以發現高檔至少已經出現三波拉回修正，換句話說，8190.01-8136.32-8171.94-#1，這裡至少是一個a-b-c的三波回檔。又暗示c浪這波8171.94的倒N一飽將滿足在8093.8以下，我們觀察到回檔到8090.68已滿足8093.8以下的目標後，並伴隨立即反彈，這時我們的研判邏輯必須有反彈力道是否能夠出現**強勢反彈**的思維。理由是先想辦法克服c浪的下殺力道，再思考整浪的下殺力道。

　　為什麼這麼說？因為c浪的下殺力道較強，原因是：

(1)a浪下跌53點，c浪卻下跌81點，顯然是一個下跌**擴大浪**的走勢。

(2)c浪才發生倒N的K線盤態。

　　所以先想辦法克服c浪高點壓力，才有機會挑戰新高。這裡該如何挑戰c浪的高點8171.94呢？趨勢盤態告訴我們，c浪的下跌已經產生幾個壓力：殺多高點8161.6、b浪高8171.94等。因此反彈的力道必須想辦法突破c浪**強勢反彈**8144.9以上，同時必須突破且克服殺多高8161.6的目標，才有機會挑戰b浪高8171.94關鍵壓力。

　　實際上，從圖2-20發現，反彈到**強勢反彈**8144.9壓力面前的8138.2隨即終止，並在12:00這根15分鐘K棒隨即出現落尾，接著收盤前又拉回在8090.6-8138.2整段的中勢回檔的位置，這是一個弱勢的收盤，趨勢盤態從**峰輝星**轉為**谷暗星**。也告訴我們除非次日能夠開高，並直接挑戰8138.2，否則要預防後市會形成盤跌或追殺的走勢。

　　很不幸的，4/19是一個開低盤的開盤，並且跌破前波8022.9的重要頸線（圖標示B低點8002.12），雖然隨即反彈，次筆9:30這筆續彈到8042.05（圖標示C），當再出現落尾，緊接著跌破8002.12，暗示後市若沒有突破高頓點8042.05，將防出現**下跌潮汐**的模式。利用槓桿原理計算下跌潮汐的波段目標，暗示空頭將往7854目標挑戰。所以大盤等到4/19收盤附近跌破7854後，才開始做嘗試打底的型態。

　　接著4/20的走勢說明股價滿足下跌潮汐後，開始進行的反彈動作。未來的壓力思考必須幾個方向：
　　(1)未跌高點7052.28必須先克服。
　　(2)整段在強勢反彈的位置8074壓力必須克服。
　　(3)尚必須克服8171.94次級浪高點。

　　可見一個頭部高檔K線盤態的關鍵影響後市多麼深遠，並造成未來多頭必須突破許多壓力才有機會再度挑戰8190高點，並形成盤堅的格局。至於其後的走勢筆者在此不再贅言，圖中已經標示一些研判關鍵，提供讀者作為腦力激盪的機會。

開盤九式判多空—1

在探討主力控盤法之前，筆者再次強調：**K線盤態**的觀念是所有研判邏輯基礎；因為股價波動是由最基礎K線所構成，然後從盤態理論推衍到《**波浪理論**》的浪潮推動，使得《**波浪理論**》才有預測分析的功能，精通盤態可破除《**波浪理論**》被技術分析界批評為事後諸葛的缺點。

股價當日的趨勢變化，與開盤氣勢有絕對關連，開盤的氣勢除了反應當日的利多與利空消息面變化，也代表主力的企圖心，更包含所有參與股市投資人對當日大盤趨勢的期盼。

在日本，早期多使用**開盤法**觀察開盤型態對股價所在的波段位置密切的多空連動性，並發展成為研判當日超短線多空變化的方法。臺灣早年參考日式操盤，也有多位分析師研究這種方法研判大盤指數趨勢，其中以林新象老師個人心得卓著，是推廣開盤八法不遺餘力的先驅。

當主管機關開放指數期貨操作後，大盤指數的掌握變得更重要，指數期貨是一種單一商品，優點是只需掌握近期主流指標股及權值股的強弱，可以免除個股難以掌握因素，諸如：行業特性、本益比、財務透明度等訊息困擾。因為即使投資人選定個股買賣點，當日指數走勢對個股的影響也是無可避免。

除對指數多空位置與開盤盤態的互相運用外，筆者有鑑於近年**五分鐘開盤量**與前一交易日的關係密切，因此歸納統計分析後，認為更應將此變動因素予以量化，納入開盤盤態的影響因子，以獲得更準確與客觀的依

據；並將日、臺技術分析界前輩研究心得，與筆者對趨勢盤態、實戰解析結合彙整，與讀者們分享。

研判定則

在應用開盤法研判大盤當日趨勢，其第一操作準則：**開盤以每五分鐘為一基本盤**。因此以9點00分開盤後的十五分鐘定義**基本盤**，當日趨勢則以10:10前盤為多空研判點。（上海股市在9:30點才開盤，10:00前決定了基本盤態，10:40研判當日多空）。開盤五分鐘後，**盤差7點**為分界。開盤量的研判必須配合當日盤態研判，不可單獨使用。

應用規則

一、必須確認日K線處於多空位置。以20日均線（20MA）決定多空，當股價高於均線的水準（下列以P>20MA取代），且20MA走勢向右上方移動，視為多頭走勢。當20MA走平，視為盤整走勢。當P<20MA，且20MA走勢向右下方移動，視為空頭走勢。

二、低檔轉折時，提防尾盤急拉。（如量小一低盤）

三、高檔轉折時，掌握高檔賣點或放空點。（強一高弱雙星、二高弱雙星、量大弱一高）

四、留意江波買賣均值連續兩盤的變動。

五、留意**氣勢盤**對多空轉折的影響

　　當日即時走勢大多分三個交易時段；台股9:00開盤至13:30收盤，因此以10:10為前盤，12:00以後稱為尾盤，10:10-12:00這段稱為**中盤**。

五分鐘為基本盤

開盤法以五分鐘折線圖（收盤價的連接線）作為研判依據，我們在定義時間的轉折時，以傳統時間切割即一盤五分鐘。前一營業日的收盤價為今日9:00開盤的平盤。以決定開盤後三盤的漲跌型態。

比較9:05時所公佈數據，為第一筆數據。並比較與平盤的正負值，決定漲跌。再比較9:10與9:05時指數之數據，作為第二筆漲跌數據。比較9:15與9:10時指數漲跌，成為第三筆數據。

如果是操作大陸股市，因為上證指數開盤是9:30，深證成指亦同。或直接操作滬深300股指期貨，也建議採用9:35的收盤價為開盤點。雖然臺灣股市早期定義日K線指數開盤價是以9:05為開盤價，近年已改為9:01分，因此在定義開盤究竟是開高或是開低，會產生研判差異。

臺灣加權指數的即時走勢圖都保留一分鐘與五分鐘可切換的連續圖，方便於研判。上證指數的軟件大都顯示一分鐘線收盤價連線。所以只能利用軟體五分鐘K線圖，自行觀察9:35收盤價視為開盤。

盤差：盤差以7點以上為分界。

盤差是在比對高點（以五分鐘收盤的值）時，差值要在7點以上，開盤時，前三盤的強弱程度不需用到盤差。因此可以分辨在開盤前三盤基本式之後出現創新高，所以至少要相差7點以上，才算是一個短線攻擊力道。

研判盤勢是屬於**強一高盤**還是**弱一高盤**？及研判**強雙星盤**或是**弱雙星盤**，其基本定義也會使用盤差的比較。這個關鍵點位代表突破的力道夠不夠，若是不夠視為假突破。盤中任何創新高價真假突破與否的判定也使用盤差。盤差的取法約為指數的千分之一。上證指數建議以3000點為分界，3000點以下以4點為盤差，3000點以上以7點為盤差，同時我們假設台股跌到3000點以下的機率相當低。

趨勢：以月均線與型態判定

由於開盤法是以研判短線多空方向為目的，因此宜留意只以20日移動平均線與型態為趨勢。當指數進入多頭反轉時，指數多數走勢是在盤頭階段，頭部可能經過幾星期才會成形，因此20日均線可能由上升而走平，處於上下箱型整理，我們將這種股價多翻空的前夕視為盤整。

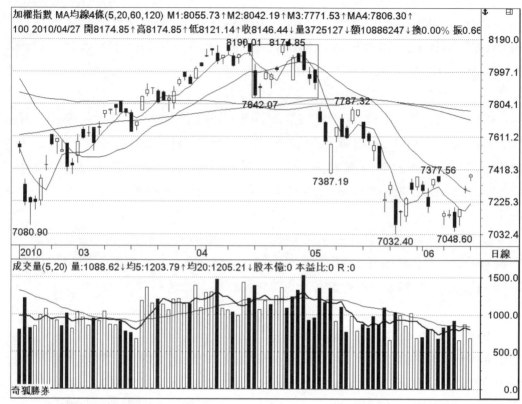

圖3-1　頭部的形成階段

　　從圖3-1我們清楚看見股價在多頭走勢時，移動平均線明確朝右上方
上揚，股價維持在月均線之上，維持拉回低點（正反轉）墊高，且高點持
續創新高的走勢。

　　指數將在頭部未確認前的階段，先維持一個箱子的上下整理，由於指
數跌破月均線，甚至造成月線走平，暫時無法明確建議多空方向，因此視
為盤整較佳。投資人要如此謹慎的原因是由於牛市有可能進入終點，緊接
著可能出現反轉疑慮，進入短期的熊市回檔，研判的方法除了以型態研判
外，月均線的方向與股價孰上孰下，都可以提供投資人作為操作的參考。

除非指數以一種倒V型（尖頭）反轉直接跌破月均線的支撐，爾後沒有出現反彈，讓月均線直接從上升反轉向下，這種走勢使得多頭來不及獲利了結的情況並不常發生，除非是在多頭走勢中出現重大的、連續的利空，由牛市直接翻空為熊市的機率不高。

所以在圖3-1的頭部運行階段，如圖標示箱型中，月均線逐漸走平，讓指數出現**盤頭**特徵，這種尚未確認階段都先視為盤頭或盤整的特徵。

圖3-2就是這樣的例子，我們將頭部未成形前先視為盤整是一種嚴守紀律的方法。相信只要進入股市一段時間的投資人都會遭遇一種誤判的情況，也就是看似頭部已經形成，M頭的雙頂都清楚的已經清楚的形成，指

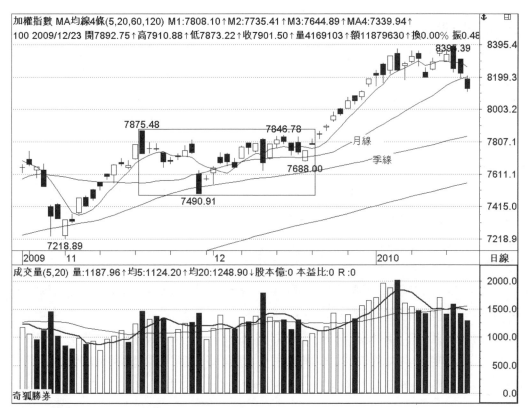

圖3-2　加權指數2009年12月作頭不成反成底的走勢

數也跌破月線支撐，一般人當然會利用反彈時將多單出倉。但指數卻在雙頭之後，緊接著打出雙底，又突破雙底的頸線，再度回復牛市的格局。因此在月線持平馬上研判空頭來臨，又似乎有點不切實際。

月均線從上升走平，甚至微幅下彎形成多頭疑慮時，只要1根中紅以上的K棒，頓時突破月均線的壓力，同時扭轉多頭劣勢的格局，這是投資朋友必須要謹慎的原因。其實只要深入體會筆者在第一章所說明的盤態應用，在圖3-2的7490這根跳空的黑K棒跌破月線且測試季線，但箱子裡的跌破，殺多高點很快的在一週左右被突破，便有機會造成**空頭疑慮**再度扭轉呈多頭走勢。突破殺多高只要拉回不創新低，便有機會出現打底的走勢。投資人這時再回到第一章看圖時應該能有更深入的體會。

九大開盤盤態

利用九大開盤盤態，可以推測當日尾盤漲跌，配合前一章翹翹板與槓桿理論，則可以掌握到當日最高點與最低點，作為指數或個股買賣時機的參考。

因此讀者仍須先瞭解第一章六大K線盤態原理，掌握操作基本方向，便可預測當日走勢，研擬指數多空方向、或加碼、停損等策略。同時開盤盤態力道也有延伸的特性，亦可預測次日走勢的發展。

六大基本盤態

這些基本盤態都定義其專有名稱，也有一些強弱顯著的走勢，但這種強弱的表現僅能合理推測，盤中影響走勢的變數相當多，例如：盤中關鍵點的支撐與壓力、支撐被跌破或壓力被突破等；所以讀者只要先分辨盤態的形狀與說明，並先運用基本開盤三盤的強弱比較，掌握這幾項觀念，一般就足以研判走勢是屬於強勢或弱勢表現。

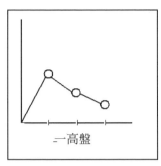

定義：一點高盤

型態：漲跌

說明：(1)9:05第一盤上漲

　　　(2)9:10第二盤下跌

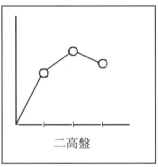

定義：二點高盤

型態：漲漲跌

說明：(1)9:05第一盤上漲

　　　(2)9:10第二盤續漲

　　　(3)9:15第三盤下跌

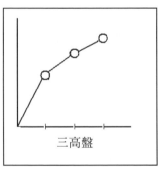

定義：三點高盤

型態：漲漲漲

說明：(1)9:05第一盤上漲

　　　(2)9:10第二盤續漲

　　　(3)9:15第三盤仍續漲

定義：一點低盤

型態：跌漲

說明：(1)9:05第一盤下跌

　　　(2)9:10第二盤上漲

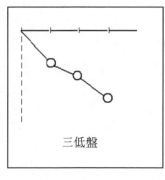

定義：二點低盤
型態：跌跌漲
說明：(1)9:05第一盤下跌
　　　　(2)9:10第二盤續跌
　　　　(3)9:15第三盤上漲

二低盤

定義：三點低盤
型態：跌跌跌
說明：(1)9:05第一盤下跌
　　　　(2)9:10第二盤續跌
　　　　(3)9:15第三盤續跌

三低盤

　　這是開盤法的六大基本盤態，稱為**開盤六式**。至於這六大盤態定義，首先看開盤的強弱勢：開盤自9:05至9:15共三個五分鐘盤，這是開盤法研判關鍵的開盤式。

　　從開盤式的基本三個五分鐘盤，可知開高後能夠出現連續拉抬走高，自然強過於開高後馬上出現拉回。因此**漲-漲-漲**的三點高盤要比**漲-跌**的一點高盤要強許多。當然也有例外情況，如果一點高盤是開出大漲的**氣勢盤**，自然**氣勢盤**要強於三點高盤。但一般情況，連續三盤走高的三點高盤要比只開兩盤走高的二點高盤強勢，二點高盤自然又比一點高盤又要略勝一籌。

　　開盤模式使用時，首先必須克服主觀偏見，充份利用開盤的強弱式，用以決定盤中操作策略。由於此基本六大盤態只需開盤前十五分鐘的收盤價。另外要留意盤中權值股轉強或消息面利空衝擊轉弱，則會產生**變盤**。逢此現象，只要掌握關鍵點位，並迅速調整心態。

　　一般情況下，如果二點高盤、三點高盤發生在波段漲勢中，為最強勁走勢，盤中往往大漲小回，只要掌握開盤後的高點，拉回與平盤之間1/2的**常態回檔**的位置，都先視為支撐。其次，如能續創盤中新高，壓回只要守住創新高該波的**末升低點**，配合**江波分析**平均賣單縮小時，理應逢低買進；當日容易出現大漲走勢。

　　所以應積極尋找主流類股介入作多。而出現三點高盤大漲，往往收盤在當日最高點附近，即使搶短，次日也常有高點可期。

　　圖3-3加權指數開高正好突破月線，短線轉強使觀望買盤積極介入，圖3-4是當日五分鐘走勢圖。如在跌勢中並非出現重大利多，則有波段先作止跌盤的機會。除非空頭中的反彈波開**三高盤**，但正巧遇到五大壓力區

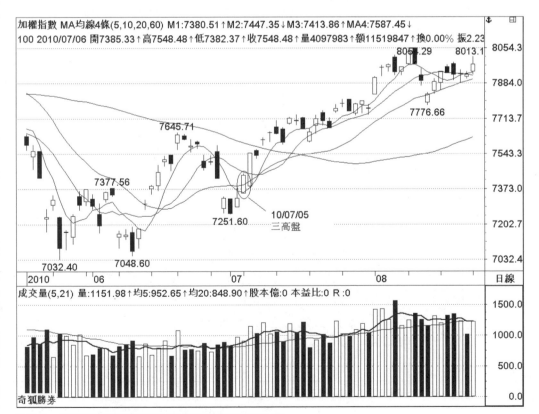

圖3-3　加權指數2010年7月5日三點高盤與K線位置

時，則另當別論；我們將在後文詳細解釋。因此空方優勢的格局，開高盤仍然對多方有利，當然三高盤要比二高盤強，二高盤又比一高盤相對強勢；除非遇到重大利多，一高盤開出氣勢盤，則視同強勢的三高盤一樣。

　　觀察圖3-4加權指數五分鐘圖，可發現大盤開三高來到7377，之後回檔到7351正好來到7330-7377的中值對分位的位置，開高遭逢賣壓這是合理的走勢，因為前一日是收紅K棒，前一日搶短的多單趁勢在大盤開高獲利了結，造成開高後的拉回。觀察的重點在於拉回是強勢的守住常態回檔的位置，或是弱勢回測平盤。如果在常態的支撐位置止跌，經過震盪後再度盤堅，當日的走勢可預期多方應該有不錯的表現。

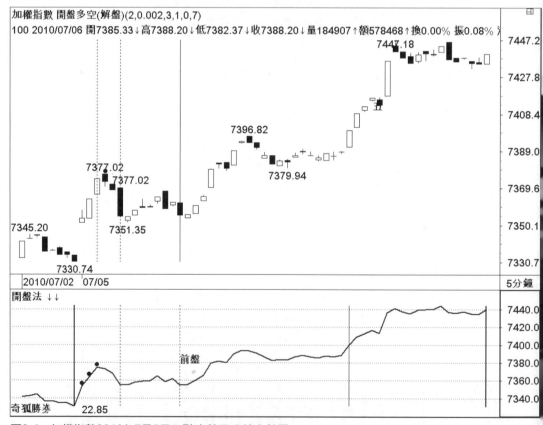

圖3-4　加權指數2010年7月5日三點高盤五分鐘走勢圖

四種延伸盤態

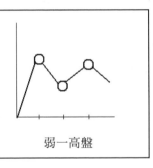

定義：強一高盤

型態：漲跌漲

說明：(1)9:05第一盤上漲

(2)9:10第二盤下跌

(3)9:30前，第三波上漲且能創新高 (突破)

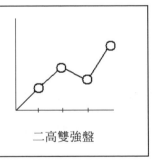

定義：弱一高盤

型態：漲跌漲

說明：(1)9:05第一盤上漲

(2)9:10第二盤下跌

(3)9:30前，第三波上漲但未創新高

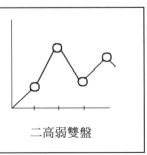

定義：強雙星

型態：漲漲跌漲

說明：(1)9:05第一盤上漲

(2)9:10第二盤下跌

(3)9:30前，第三波上漲但未創新高

定義：弱雙星

型態：漲漲跌漲

說明：(1)9:05、9:10第一、二盤上漲

(2)第三盤下跌拉回

(3)10:10前，上漲波未創新高

強一高盤與弱一高盤是**一點高盤**（簡稱為一高盤）的多方或空方優勢的研判依據，因此嚴格來說，一點高盤並不能單獨研判。

由於一點高盤是9:05開高後隨即拉回，往往前一日為上漲格局，本交易日則有短多單下車的現象，因此拉回以後能否再度創新高？將成為當日即時走勢強弱的關鍵。為了能夠分辨多方究竟有沒有突破開盤高點的企圖心，我們定義時間的關鍵在開盤前30分鐘。

也就是說：開高即回為強勢開盤中最弱勢的表現，多方如有企圖心持續盤堅，9:05開高後，9:10拉回盤中回檔力守平盤以上，並能開始上漲呈現多方反攻，於9:30前持續走高，突破9:05的高點，這樣的**強一高格局**代表多頭攻堅的決心。

如果一點高盤後的拉回雖然多方有反攻意圖，但卻無法突破9:35的開盤高點，型態上將產生**雙頭**或**M頭**的疑慮，我們當然就把這種開盤盤態定義為**弱一高**。

二高、三高的研判也是一樣，只是名稱定義為**強雙星**和**弱雙星**。強雙星顧名思義，可知如屬二點高盤或三點高盤格局，本來就是多頭攻堅強勢表現，才能在9:05開盤開高，9:10又持續上漲，既然多頭有上漲企圖，自然拉回修正後，接下來第二次上漲應當能夠在盤中創新高，這才是多頭企圖心表現。因此強雙星顯示的多方攻堅決心，往往使當日呈現大漲格局。

總之，我們綜合了六大基本盤態與四種延伸盤態；雖然共有十種型態，但是**一點高盤**無法單獨研判強弱，需分成**強一高盤**與**弱一高盤**；所以總共有九種研判依據，這九種組合便稱為**開盤九式**。

從辨明上述九大簡明圖形，瞭解了這些盤態的基本定義原則後，我們將開始進入研判技巧，並加入當日K線在波段與月均線所處的多空位置，用以預測當日的尾盤走勢。

　　所以開盤盤態研判仍受到日K線所處的多空位置影響，也受到均線支撐與壓力的結構左右；尤其當我們以當日五分鐘K線操作時，不可能偏廢基本的趨勢研判觀念，因此開盤法與日線的多空仍有密切關係。筆者要闡述的並非利用**開盤九式**於當日即時操盤（例如：操作期貨指數便可暢行無阻），《K線理論》仍然是研判強弱的基礎，多空趨勢更是研判買進或賣出的依據。如果認為《K線理論》有瑕疵，就以為開盤法能夠扭轉錯誤的操作而反敗為勝，無異是緣木求魚。就如同宮本武藏《五輪書》所言：「及時改變手段而能取勝，糾結難分時，則必改弦易轍，尋找新徑取勝。」讀友們自然可以廣學新知練就新境，當能精於一技時自可通萬技矣！

一高盤

　　開盤9:05分與昨日收盤比較是上漲，而第二盤9:10與第一盤9:05比較是下跌，就稱為**一高盤**。

　　開盤的點數強弱與當時指數相關，當台股在9:05開盤即超過80點以上為超強勢，稱為**氣勢盤**，大約是指數的1%左右。因此筆者建議台股加權指數在6000點以下為60點，6000點以上時為80點。（上證指數在3000點以下時，以上漲30點以上定義為氣勢盤，如果超過3000點-6000點之間則以60點以上為氣勢盤。此採用目前上證歷史以來高低點二分法。）

　　如果氣勢盤發生在空頭末期，因為跌深所累積的觀望買盤將會進場，因此容易出現大漲。當日將有止跌的機會。如果是在漲勢中，將可延續前一日上漲的氣勢。盤中拉回的支撐將以開盤高點與平盤畫出三等份與兩等份的多空力道。拉回守住平盤2/3以上為超強勢防守，拉回守住高點與平盤1/2為次強勢防守。**觀盤的重心要放在主流類股上。**

　　我們上節談過：一點高盤除了氣勢盤不可以強弱研判外。一般情況，盤勢將在9:30前產生創新高的**強一高盤**，或是不創新高的**弱一高盤**，研判強弱一高盤重點在於9:30前是否突破9:05的開盤高點7點以上。當出現一

高氣勢盤與強一高盤時，主流類股是盤中壓回後觀盤重點，亦即止跌點要比指數的低點相對高的位置，最好止跌的時間又比指數的時間提早。亦即**領先止跌股**，因為主流族群能夠凝聚人氣，容易在大盤未創新高時，已率先創波段新高，同時主流股也會帶領指數止跌回穩，並且向上攻擊。

強一高盤

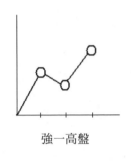

強一高盤

說明：9:05開高後拉回，止跌回穩後多頭反攻，9:30
前能再創新高。

研判：多頭、盤整期為多頭優勢格局。

尾盤預測：多頭行情中，尾盤收漲、中紅。但若至壓
力帶則要小心殺尾盤或收黑，留上影線（日K線上
的均線壓力、缺口、頸線壓力帶）。盤整行情時，
尾盤收漲、紅K棒；賣單大時逢低買。

空頭行情中，第二高點大於開盤第一高兩倍可望收紅，否則壓尾盤收跌，以黑K棒呈現，多方需守住正反轉低頓點可收小紅。

當開出一高盤之後，只要在9:30前突破開盤高點7點（盤差）以上，就可以稱為強一高盤。當出現強一高盤，一高後拉回一出現止跌訊號，當再度攻擊的**正反轉低頓點**為關鍵支撐。一般情況此低點會發生在9:30前創新高的起漲位。

由於多頭走勢開高，處於一片樂觀的氣氛中，多方防範心態較為薄弱，因此往往忽略股價處於相對高檔，主力經常利用大盤甫開高盤，便遭遇高檔短線出貨。

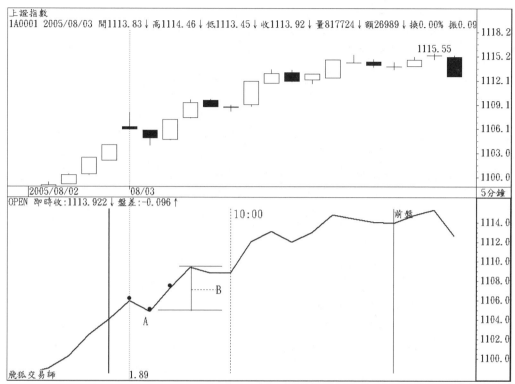

圖3-5　上證指數2005/8/3強－高盤的關鍵位置

　　因此開強－高盤時，創新高之正反轉的低頓點為9:30以後（上證指數10:00）以後盤中關鍵支撐，如圖3-5上證指數中標示A，再取此波上漲的1/2為強勢防守的關鍵，即圖中標示B。這是前盤我們要關心的多空位置。讀者可以發現一般狀態下的研判法則，通常取回檔對分位為觀察支撐的關鍵。

　　我們要先觀察多頭反攻的力道強不強？突破開盤高點以後是否拉開與平盤的幅度，而不是一突破9:05（上證指數9:35）的高點馬上回折，因此讀者請看圖3-6，可以先把9:05的開盤高點7633.2加上7點的盤差，作為強－高盤的判定依據。確認續漲到7653.3，開盤盤態為強－高盤之後，只要拉回不破前述的對分位則屬超強，即使拉回對分位，但守住A轉折低點7628.0，前盤乃至於前半場的走勢，以震盪盤堅的走勢居多，也不致於出現反轉大幅拉回的現象。

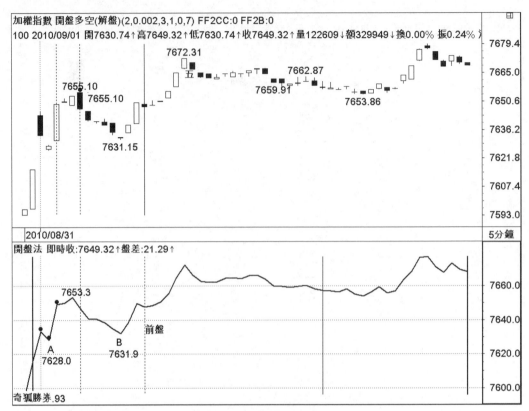

圖3-6 加權指數2009/9/1強一高盤的五分鐘線關鍵位置

　　當然尾盤的觀盤重心也是如此，一高盤往往在高檔容易出現當日短線調節賣壓，尾盤拉回也是要守住B為佳，最差的情況也要守住A點，假設跌破A即產生強一高盤的起漲位被跌破，那麼尾盤要使K線成為紅K的機會就相對低。

強一高盤──多頭行情

　　圖3-7是加權指數在多頭格局中，出現利多跳空開高的**強一高盤**的例子。台股從5618開始反攻，突破季線及6000點心理關卡，短線也已經急漲了近400點，自然多方的戒心增強，追高的意願降低；空頭利用時機於6090附近開始施以摜壓。股價連續三日回測季線，K線型態到了2005/11/17形成對多方不利的雙陰包陽或酒田戰法中**空頭戰車**格局及**陽子母破**的走勢。類似空頭優勢的走勢，一般分析師往往認為開低後洗盤走高

圖3-7　加權指數2005/11/18強一高氣勢盤的K線位置

較佳，但在開盤法的氣勢表態中，要止跌的條件就是奮力開高，才能表現出主力向上的企圖心。

17日當晚美國股市大漲，次日逼使主力早已在6090高檔調節倉位後，不得不順勢進場再度介入建倉拉抬，而前一日留倉的指數期貨空單部位也只得趕緊於8:45開盤平倉回補。因此9:00開盤極容易造成跳空大漲的走勢。

我們看圖3-8在11/18當日的即時走勢圖，很清楚9:05開盤為6085.4，隨即弱勢回檔的極小幅壓回到6095.3，並於9:30前再度創新高來到6095.6，由於6095.6高於6085.4將近10點，符合盤差所要求的7點，故為強一高盤。之後才開始比較大幅度的回檔。

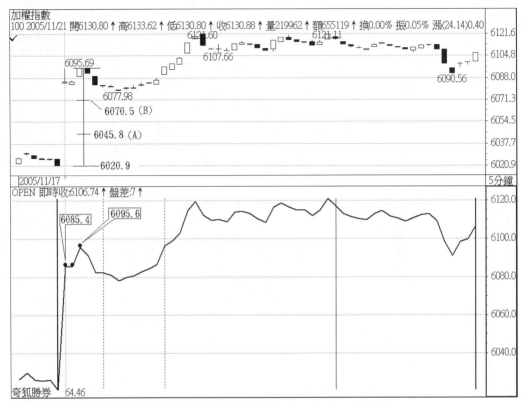

圖3-8　加權指數2005/11/18大盤五分鐘折線圖

　　前文我們談過加權指數氣勢盤的定義需開盤上漲80點以上，故11/17收盤價6020加80點即7000，因此上述這個開盤尚未符合氣勢盤的條件。其次，如果是屬於二點高盤、三點高盤的格局時，有可能9:05第一盤僅上漲50點，9:10第二高點再度持續上漲30點，9:15或9:20才開始回折下跌。因為從開盤即為漲勢，且上漲的走勢是持續漲至80點才開始拉回，這種型態亦歸類到**氣勢盤**的格局。

　　大盤經常在看似應當回檔的K棒型態，卻遇到極大利多而成強勢開高盤，盤勢不但突破前波頸線，並且暗示波段將上推至新高的位置。因為主力再度進場，並且空手的投資人急於介入建立倉位，再利用已經佈局空單的投資人反手回補空單所形成的三方買盤，推升指數到達更高的位置。

　　當指數出現氣勢盤，空手的投資人既怕當日追高，但又預期大盤將會往波段新高邁進，因此心情是既期待又怕受傷害；往往想逢低承接的買盤相當積極，筆者依據以往的實戰經驗，建議投資朋友可以利用**多空力道**的三分位分批往下逢低承接。

　　從圖3-8的五分鐘K線的型態，我們可以將強一高盤後所產生的高點6095.6與平盤6020取三分位，分別是拉回1/3的6070.5（圖中標示B），以及拉回2/3的6045.8（圖中標示A），作為多單承接分批點。個股的操作就要等指數拉回1/3，開始止穩的時間點，承接個股多單，才不致於過度追高。

　　至於尾盤前13:10的摜壓，我們極容易利用前一章《翹翹板原理》計算出來的結果，用以預測尾盤是否仍會出現殺盤。從當日高點6121.6以及五分鐘末升段頸線6107.6，可知尾盤那筆摜壓的五分鐘長黑K棒，理應將大盤摜壓至向下倍幅的距離，亦即滿足點應當是在6093.6。我們觀察實際走勢，確實於13:15滿足幅度測量來到6090.56，並在尾盤臨收盤拉升至6106.7。可知這樣的走勢，多方的軋空格局未遭到破壞。

　　我們以另一個在多頭走勢的例子做說明，上證2005/08/03當日的走勢作為盤中研判的探討，請看圖3-9和圖3-10。

　　從圖3-9中，標示日2005/08/03的前一日，日K線型態是屬於多頭持續反攻的長紅棒線，由於一般投資人會認為次日開高的機率極大，因此次日開高以後反而容易形成前一日搶短的買盤下車，次日K線收盤仍有小漲或小紅K棒線的機會。但當日容易留下較長的上影線。

　　圖中是當時6月高檔區第二頭部1129.96拉回過程，見到**倒N字**且伴隨著向下**跳空缺口**，倒N字殺多高（也是缺口上緣）自然是多方所需克服的壓力；日K線在8月時正好來到前波壓力缺口，又剛好滿足來自底部上漲N**字**攻擊一飽的型態，既然指數的位置來到解套區；主力當然容易利用開高

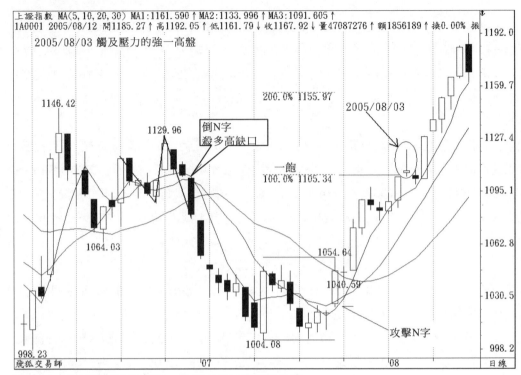

上證指數 MA(5,10,20,30) MA1:1161.590↑MA2:1133.996↑MA3:1091.605↑
1A0001 2005/08/12 開1185.27↑高1192.05↑低1161.79↓收1167.92↓量47087276↑額1856189↑換0.00% 振

2005/08/03 觸及壓力的強一高盤

1146.42

1129.96

1064.03

998.23

200.0% 1155.97

2005/08/03

一飽
100.0% 1105.34

倒N字
殺多高缺口

1054.64

1040.59

1004.08

攻擊N字

飛狐交易師   '07   '08   日線

圖3-9　上證指數2005/8/3強一高盤的日K線關鍵位置

做短線拔檔先行出貨。至於後市我們也看得出來這是一個《酒田戰法》中
上升三法的多方優勢格局，因此次日出現1根小黑K棒稍做整理，賣壓消
化後，多頭隨即再度發動攻勢，次兩筆K棒出現漲幅更大的長紅棒線。

　　因為強一高盤發生的位置，以均線觀察是多頭優勢的格局，短中長期
的5MA、10MA、20MA都是多頭排列，股價又明顯比月均線高，所以是
多頭走勢無疑。只是前文提示當日雖然容易出現盤中壓力，尾盤仍以收紅
（上漲）居多。不過因為剛好來到壓力帶，而遇到壓力帶所以有殺尾盤的
現象，因此留下較長上影線。

　　當日形成1根收相對低的**下十字線**，因此股價的位置如果不是剛好來
到季線、半年線等均線反壓，或是回補前波跳空缺口，或是前波頸線時，
當日的K棒仍以中紅或小紅作收的機會就會相對增加。

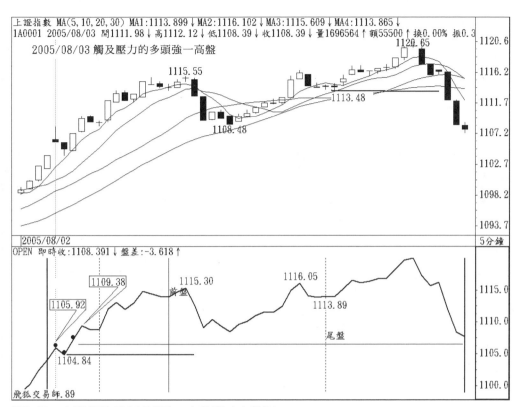

圖3-10　上證指數2005/8/3強一高盤即時走勢圖

強一高盤──盤整行情

　　從強一高尾盤推論：盤整行情時，尾盤收紅；賣單大時逢低買。這句話的意思是日線型態為盤整行情時，強一高盤仍是對多方有利的開盤，但因指數空間處於震盪格局，只能逢低買，不宜追高。震盪行情或整理的走勢對一般讀者說來簡單，但明確的界線卻模糊。筆者在本章的引言中建議先以20日的月均線為觀察指標會比較容易判斷。

　　對股價型態比較熟悉的讀者，應當很清楚便可以判斷20日均線從上升走平，往往代表原來多頭走勢的股價在短期高檔整理，或指數即將做第二個頭部區反轉向下。反之，均線從下跌趨勢慢慢走平，暗示空頭的指數開始嘗試築底，有機會打底。或指數第一次打底反彈來到月均線遭逢壓力，

又再度拉回做W底的第二隻腳的時機。

另外從成交量的角度觀察：由於**價漲量增**與**價跌量縮**的特性，我們從
5日均量曲線代表**週均量**與20日均量曲線代表月均量可以觀察，多頭行情
週均量明顯高於月均量，月均量曲線維持上揚。如果在空頭走勢，週均量
曲線則低於月均量曲線，且月均量曲線是持續緩步向下移動。在震盪整理
的走勢，很明顯可以感受到週均量幾乎和月均量處於接近的水位。此外，
可以用KD指標輔助觀察，往往在震盪週期時的KD指標是在50附近上下擺
盪。因此震盪行情中要留意兩個關鍵點位研判：

一是平盤的位置；

二是開盤為一高盤後拉回，之後再度往上攻堅，突破開盤高點起漲點。

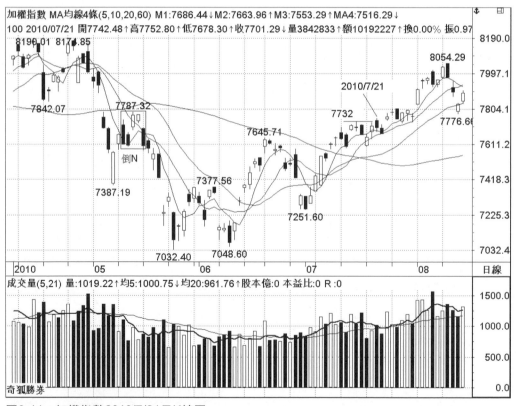

圖3-11　加權指數2010/7/21日K線圖

　　從圖3-11台股加權指數在2010年4月自8190.01下跌以來，呈現8190-7387-7787-7032這種三波修正的格局，B波的高點7787.32附近是以一個倒N字的型態宣告B波反彈結束訊號，殺多的位置正是7574.0-7772.1這個區間。當6月反彈至6/21高點7645.7進入這個壓力無功而返，再度拉回到7251以後止跌再攻。從7251.6開始的多頭反攻一路出頭攻堅，當7/9開始進入此壓力，隨即進入平台型的震盪，雖屬盤堅格局，但指數卻在5日均線上下整理。

　　圖3-12加權指數在2010年7月21日當日開盤是開高在7739的強勢盤，壓回第一個低頓點7728.6並未回補平盤缺口。於9:15再度攻堅，並且突破開盤高點7739來到7751，由於超過盤差7點，故判定為強一高盤。

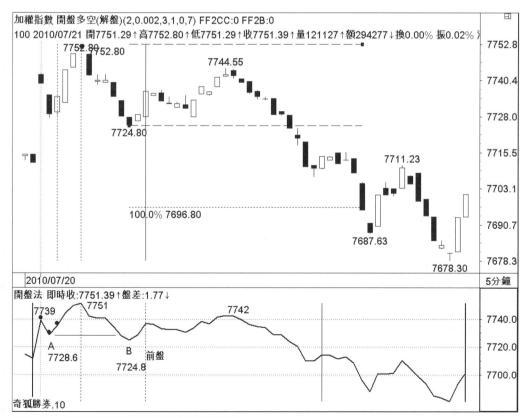

圖3-12　加權指數2010/7/21五分鐘即時圖

　　可惜創新高後的盤中拉回走勢，卻跌破我們關注的：**開盤一高盤後拉回再度往上攻堅，突破開盤高點的起漲點**，即標示A的7728.6這個低頓點，來到盤中創下新低B點7724.8。接著反彈雖然是一個2/3的強勢反彈，然而多方不能趁勢挑戰新高，而再度拉回。中盤過程，我們觀察11:40跌破B低點7724.8是一個**該撐未撐**的追殺盤。依據《翹翹板原理》提示：暗示當日將出現**峰谷對照盤**，圖中標示當日高點至前盤低點7724.8，往下修正倍幅的走勢。也暗示目標將往7696.8以下目標挑戰。當12:25走勢滿足了7696.8以後，也開始進行多頭抵抗嘗試築底。回顧當日走勢，當操作期指時，我們一觀察到開盤的A頓點被跌破暗示當日走勢進入震盪的可能性大增，當拉回產生當日新低的B低頓點時，暗示當日走勢可能開高走低。在跌破B低而產生盤中創新低，伴隨著盤中的追殺走勢，往往當日收盤會在相對低點的位置。因此期指多單的介入點宜等到7696以下進入支撐才考慮，當日低點也發生在當日5日均線7686.4附近。

　　圖3-13是深證成指05年9月14日的走勢圖，在趨勢研判方面，我們先做初步分析：從股價結構上來看，深證成指在8月12日高點3147.56下跌以來，先出現頭部一個**倒N字**的轉弱訊號，因此在沒有突破殺多高點3110.8以前，是缺乏再創新高的條件。就均線的走勢來看，原來多頭走勢因為下跌幅度過大，使得月均線在9月5日從上升反轉走平下彎。

　　多頭力道在9月初打底嘗試再往上攻堅，成交量從月均量走平下彎，可明顯感受到投資人有退場觀望的氣氛。到9月14日前一天，指數剛好再度突破月均線壓力，5日均量與20日均量則相當接近，都在人民幣92億附近。因此指數雖然突破月均線，但月均線仍處於下彎的角度，後市可能是牛市拉回修正後的再度攻擊，當然有可能是指數做反彈的第二個頭部區。

　　在K線圖中，我們知道前一天9月13日指數剛剛突破下降的月均線壓力，次日就經驗法則，除非出現7月那波上漲的熱點股再度發動強攻，否則大漲的機會很低。

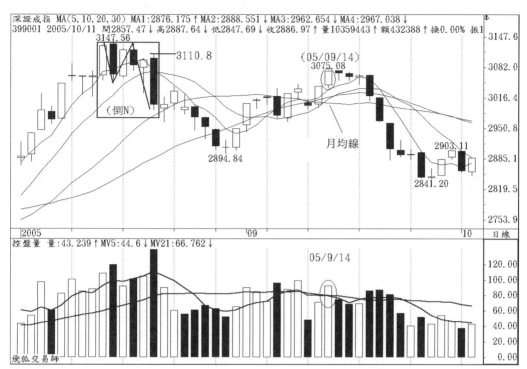

圖3-13　深證成指2005/9/14日K線圖

　　從圖3-14開盤9:35一開高隨即壓回破平盤3041.64是可預見的走勢，但留意破平盤那根五分鐘中黑K棒，隨即被次筆多頭利用增量長紅棒線再度突破。這裡有一個看盤的技巧：**由於開高，因此產生跳空缺口，這缺口就是平盤的位置**。指數再度拉回跌破平盤便回補上升缺口，多頭緊接著應出現**多頭抵抗**的線型，最好的防守是直接攻擊，多頭攻擊到9:50的收盤折線3049.71，由於盤差超過7點，因此判定是強一高盤格局！

　　既然是強一高盤，暗示多方仍有攻擊的企圖心，要考慮的只是盤中拉回的支撐點如何觀察？操作指數期貨當日沖銷更要留意現貨指數走勢，及買點與停損點的設定。

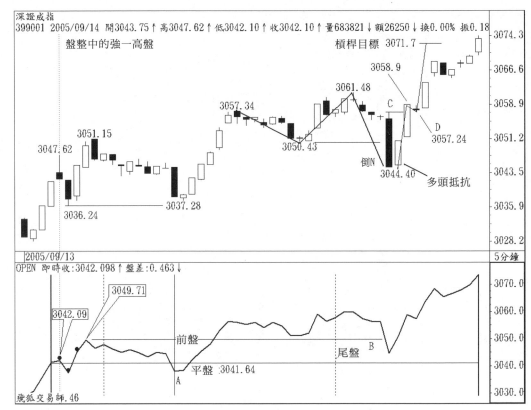

圖3-14　深證成指2005/9/14日五分鐘即時走勢圖

　　出現強一高盤多方宜守**正反轉**的低頓點，就是突破開盤高的起漲點位3036.24。只要守住這個低點，多方就有機會持續震盪盤堅。指數自9:50突破開盤高點後，次筆五分鐘又出現空頭抵抗壓回，從9:55黑K開始震盪拉回到10:40再度回測平盤支撐，來到圖中標示A的中黑K棒，次筆是一個多頭抵抗的小紅棒，最低3037.28剛好沒有跌破前波低點，維持低點墊高的多頭續多的特性。

　　次筆五分鐘K棒出現跳空上漲便可嘗試作多，但多單需留意：多頭必須突破A的中黑K棒的高點，才能確認多頭抵抗成功，這時便可先將短線的導線單設定在3037.28五檔以下。等到11:05指數再度突破前波3051.15高點，便要留意突破後所產生的空頭抵抗。強一高格局盤中很少出現五分鐘強軋空的走勢，也就是突破新高以後該回不回直接急速拉高。

　　如果底部多單建倉後，多單還要伺機加碼，可等待指數中場出現a-b-c三小波的拉回以後，觀察c波跌破a波，或至少要有一個倒N字跌破，緊接著出現多頭抵抗的行為，當五分鐘K棒出現日出線時，作為加碼依據。

　　下午開盤後，直至尾盤前的14:10才出現一個跌破3061.48這段**末升低點**3050.43的倒N字走勢，圖標示B可以看到五分鐘長黑的拉回，因此要留意次筆多頭抵抗的型態，多頭在3044.4出現小紅K棒發動反攻，因為前筆是跌幅較大的長黑K棒，更要留意殺多高點C是否能夠突破，實戰上，往往三筆紅K棒便需突破，超過15分鐘仍受制該筆長黑的壓力，要再發動攻堅將更費時費力，甚至再度測底或破底。

　　所幸小紅K棒的次筆是以長紅突破，接著出現突破後的壓回標示D的小十字線，當多頭再度發動攻勢突破時，多方於是採用《**槓桿原理**》，目標應當可以輕易算到尾盤有機會攻抵3071.7。由於日線指數僅是盤整格局，因此多單至尾盤可以考慮獲利了結平倉。

　　震盪盤最容易發生在多頭創短期新高後拉回整理一段時間，且月均線由上升逐漸走平；但股價仍處於月均線之上時。短期拉回後，因受制於5日線或10日線的壓力。形成高位有10日線壓力，但低檔有月線支撐這種盤整的走勢。

　　另一種型態是在空頭走勢中打底階段，股價即使5日線突破10日線有機會轉多，但仍受制於月均線的壓力時，K線組合往往出現紅黑交錯的走勢，KD指標首度來到50附近的多空關卡，這也是一種底部震盪格局。

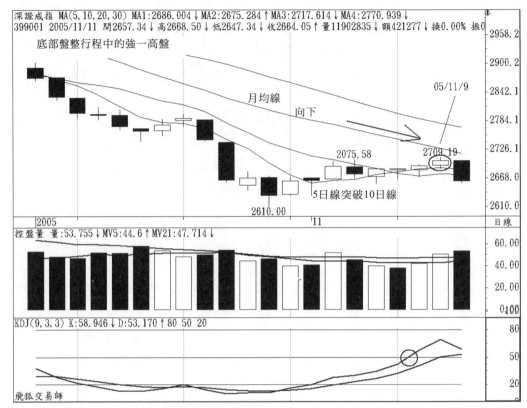

圖3-15　深證成指2005/11/9日K線圖

　　圖3-15深證成指在2005年底前嘗試做頭肩底的左肩型態，符合底部震盪走勢類型。當時指數已經接近於2005年全年低點6月時2590.53低水平位置。多頭奮力在2610附近緩步以八天時間築底。從日線來看，前波一路破底的趨勢並未改變。要直接突破月均線的反壓翻空為多似乎不容易，多頭只能伺機反攻，因此雖然遇到強一高盤是多頭有利格局，但因震盪區間會增大，操作上須謹慎。

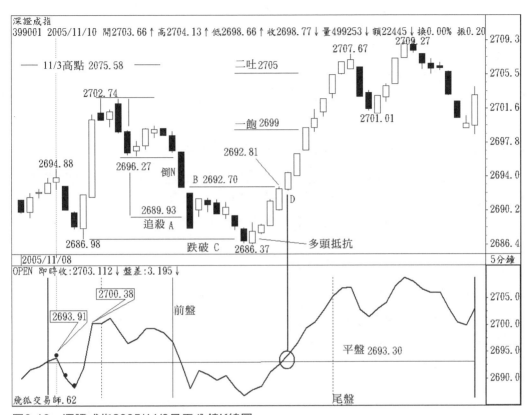

圖3-16　深證成指2005/11/9日五分鐘K線圖

　　圖3-16當日9:35開一高盤後拉回跌破平盤以2686.98做低頓點，多頭開始反攻，並在9:50來到2700.3才往下回折，盤差超過4點（3000點以下），因此判定是強一高盤。

　　指數10:45跌破2696.36產生盤中第一次倒N字型態，緊接次筆K棒是多頭抵抗失敗的長黑跳空下殺，稱為**追殺盤**（圖中A）。因此多方要想辦法先克服倒N字這根K棒產生的跳空缺口。指數因為殺多盤態而呈現一路盤跌，直至跌破**正反轉低頓點**於2686.37（圖中C），出現多頭抵抗才反攻。

　　由於跌破平盤的時間超過三盤15分鐘（五分鐘K棒為跌破－多頭抵抗－反彈無力），因此多頭無力攻擊只能利用震盪打底的方式，找機會再度挑戰平盤。下午開盤後第二筆K棒隨即反攻，先回補倒N字所產生的下降

缺口，次筆K棒則利用**該回不回**的走勢直接突破平盤，並出現軋空。

這裡要觀察兩個關鍵是：

(1)回補下降缺口之次筆K棒理應出現空頭抵抗，所以是空頭抵抗失敗的現象。

(2)突破平盤，往往次筆K棒也會出現壓回走勢。

從圖中D的位置觀察到突破平盤後便不回頭，由於頭部形態是倒N字後的追殺盤，因此在回補缺口並突破平盤後，後市多頭走的便是上章所稱：王子復仇記，主力直接拉抬軋空到二吐滿足點才罷手。

強一高盤——空頭行情

空頭行情中，由於5日、10日、20日均線都是多頭必須克服的每一道壓力，所以開高後更容易壓回，只要回檔後再度反攻能夠突破開盤高點，並且盤中第二高點漲幅高於開盤第一高點兩倍以上，多方力道相對強勢，尾盤收紅的機率較高。

指數位置由於是在空頭相對優勢的格局，較容易出現壓尾盤收跌，或黑K棒型態。因此盤中觀察的重點與盤整行情的強一高盤相同，多方需守住**正反轉低頓點**則可收小紅。另一個盤中關鍵位也是跌破平盤的變化。

若前盤或中場無法守住**正反轉低頓點**，空頭行情強一高盤容易出現峰谷對照盤，換言之，當日前盤漲幅會被反應在跌破平盤後盤下跌幅，跌幅與漲幅相當。爾後如果指數無法再越過平盤，往往以下跌作收。所以峰谷對照盤是一種盤的型態，並非翹翹板低點很死板的以平盤為計算基礎點。

圖3-17是加權指數創2010年初波段高點8395後開始拉回修正，從日線的型態可見在1/21跌破月線，次筆K棒以跳空開低收低的走勢暗示頭部成形。指數從此一路受制於5日線均線的壓力，當然是一個短期空頭優勢的走勢。即使指數當日開高，因為容易受到前一日搶短被套的短線帽客利用開高反彈停損，所以往往會出現開高走低的窘境。

圖3-17　加權指數2010/1/27日K線圖

　　指數一路以殺多格局一路下跌，到1/26更以長黑K棒跌破季線支撐，一般技術面往往認為指數跌破季線的重要關卡，至少應該出現波段反彈的走勢；因此很容易在跌破季線或半年線這些重要關卡時，次日便有投機買盤介入搶短，所以也有機會出現開高的走勢。我們盤中觀察仍以開盤首次的低頓點，以及每一段上漲波的末升低點為支撐的觀察點。

　　圖3-17可觀察當時日線是空頭優勢格局，1/26跌破季線後，投資人往往認為1/27國安基金會介入護盤，因此搶短的投機買盤開盤就積極搶進，圖3-18當日以高盤7603.3點開出，雖然開高後稍微拉回，但在7567.2隨即止跌，並往上挑戰9:05開盤高點，來到7634.1，所以是強一高盤，之後在尾盤前都維持低點墊高、高點創新高的多頭走勢。直到12:20這五分鐘內跌幅擴大到27.4點，跌破當時的末升低點7598.51。雖然跌破的次筆是1根帶下影線的小紅棒，可惜反彈過程未能突破7598.51頸線，在受制於頸線

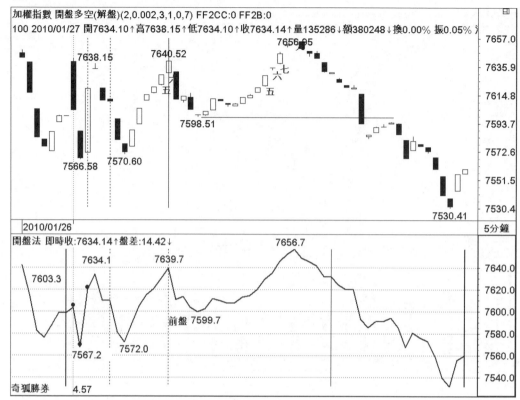

圖3-18　加權指數2010/1/27五分鐘即時走勢圖

的壓力下，很容易出現翹翹板往下追殺盤，也就是說，當日有機會收低，並且往7540以下的目標挑戰。依據成交量研判法則：月均量曲線相當明確往右下方移動，觀察短期的週均量也是低於月均量的水準，並且週期長達一個月以上，這樣的走勢當然是**人氣退潮**的格局，觀望的氣氛相當濃厚。

　　圖3-19是上證指數05/5/18的走勢。觀察當時是空頭極優勢的格局，從均線的角度觀察，5日均線、10日均線、20日均線是**全空排列**的走勢，5日線無法突破10日線壓力，讓空頭氣焰高張，這種行情忌諱持續開出低盤，會讓多方持續退場觀望。如果多方要強力止跌，除非開出二、三高盤強攻，或強一高盤伺機反攻外，大概別無他法了。當然也有例外，盤下低檔區出現**法人盤**走勢，也可以扭轉整個空頭走勢的格局。

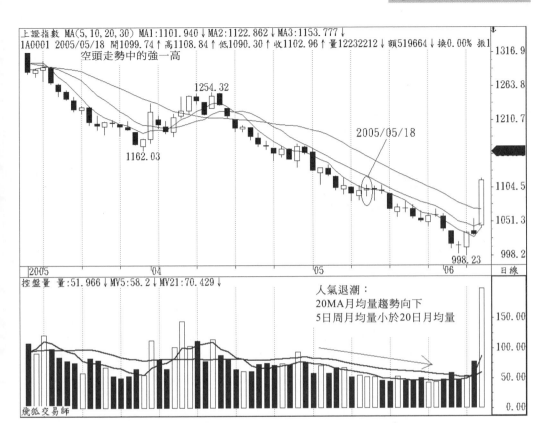

圖3-19　上證指數2005/5/18日K線圖

　　圖3-20五分鐘走勢，從9:35開出一高盤，在1102（+2.4點）正好遭遇5日均線1101.9的位置壓力，多方順勢壓回，以小十字線1101.54出現低頓點止跌隨即反攻，來到1108.43（+8.2點），所以是強一高盤。

　　由於第二高點漲幅高於第一高點漲幅兩倍，我們猜想尾盤是有收紅的機會。雖然多頭攻堅力道不足，在10:45跌破平盤，且以五分鐘中黑K棒跌破早盤低點1098.6，次筆K棒即為十字線的多頭抵抗線，然因反彈無力，無法突破中黑的殺多高點1101.12，呈現後續多頭抵抗失敗殺多盤。跌破平盤後的多頭無法立即反攻，直到11:30才反彈到平盤附近，並遭逢空方壓力再度壓回，此時應當留意當日低點可能會以前盤的漲幅做盤下對應。當日前盤高點1108.78是上漲9.14點（與平盤1099.64比較），出現峰谷對照，理應有機會下跌9.14點才止跌，所以要觀察指數來到1090.5的表現。

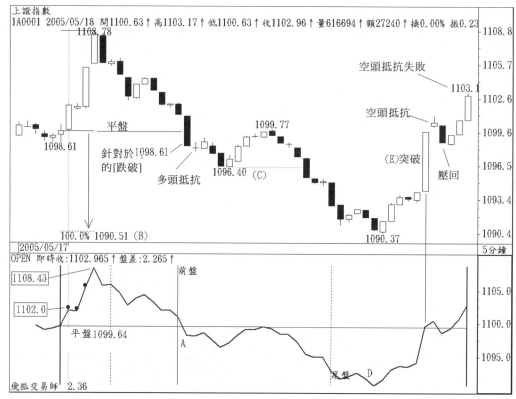

圖3-20　上證指數2005/5/18日五分鐘K線與收盤折線圖

　　14:05前指數一路盤跌，14:10當五分鐘滿足1090.5當筆K棒隨即出現開低走高小紅K棒，並出現正反轉向上，積極投資人理應逢低介入多單。並且觀察反彈至平盤1099.64附近的壓力表現，到了14:35出現五分鐘長紅K棒突破平盤，次筆出現跳空的避雷針K棒的空頭抵抗線，短線的多單便可在此先拔檔一趟。

　　盤下突破平盤，出現空頭抵抗壓回是可預見的結果；多頭較強勢是回檔不破平盤，並再度出現正反轉繼續向上，次強勢則為壓破平盤，但其次筆K棒再度出現反攻的正反轉。當日走勢即為次強勢的走勢，但須留意由於前盤的**正反轉低頓點**1101.54這根小十字線是解套壓力所在，所以尾盤既然來到這個位置，就不適宜再作多。

強一高盤──多頭壓力區

在前文我們談過強一高盤，往往尾盤上漲的機會比較高，但即使在多頭格局中，如果遇到壓力區，在技術分析所定義的壓力區除了下降缺口、均線反壓、前波頸線的關卡外，就是在前兩章說明的，突破前波高點後的次日將會產生空頭反撲的空頭抵抗。

強一高盤在壓力區時，便需留殺尾盤或收黑的情況。如果開盤力道相當強勁，拉大與平盤的距離，因為在壓力帶終場過後容易出現獲利了結的賣壓，或是容易留上影線，使收盤成為小漲、或小跌格局，但不太容易出現長紅棒線。

圖3-21　加權指數2010/3/18日K線圖

　　圖3-21是加權指數在1/26出現增量長黑跌破季線的長黑棒，這根既然是增量長黑K，7622.07高點自然是壓力所在，指數在7080觸底反彈，一直到3/18才來挑戰這根棒的壓力。當日開盤即強一高盤，盤中突破7622.07來到7622.48，只是突破壓力隨即拉回，暗示壓力不易一次越過，因此即使是有均線保護的多頭格局，雖然以強一高盤開出來，到多頭壓力仍會留上影線。

　　大陸證監會唯恐開放外資，會因為外資擁有大部位資金，一旦大軍介入，恐干擾上海股市籌碼穩定，因此上證有區分本國人操作的A股與外國機構操作的B股，所以指數也有區分A股指數與B股指數，雖然近期有A股與B股合併的言論，不過至今始終未能實現，圖3-22是以上證A股指數。

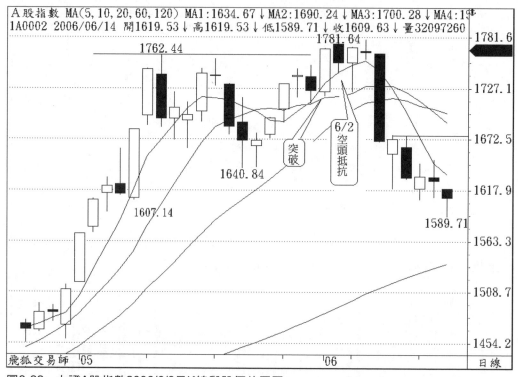

圖3-22　上證A股指數2006/6/2日K線與股價位置圖

　　從圖可以看到2006/6/1出現長紅，突破前波5月的高點1762.44，我們應當留意次日空頭抵抗的表現，不要忘了突破的次筆K棒容易遭遇空頭抵抗的基本盤態觀念。次日果然持續前一日尾盤收盤的力道再跳空開高。

　　從圖3-23五分鐘收盤價折線，可見第一盤只開上漲0.48點的1770.03，當然是一高盤格局，並且只開出小高盤。緊接著雖然拉回，卻在10:00前再創開盤高點1770.03來到9:50的1780.23，因此是強一高盤。我們要留意的是：當日在10:00前突破開盤高的起漲點，即9:40收盤價折線的1769.55起漲位，是否被跌破？如果被跌破，便要留意9:40五分鐘K棒的低點頸線1767.94跌破後反彈的力道，觀察反彈僅達下跌段的1/3左右是屬於弱勢反彈，隨即再度創新低。因此可以預測有機會拉回到1752以下滿足等浪的測幅後尋求止跌。

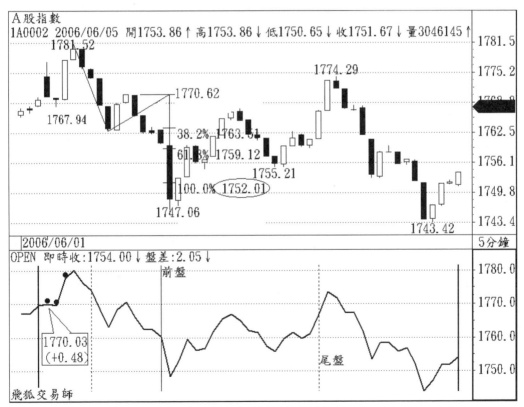

圖3-23　上證A股指數2006/6/2日五分鐘K線與收盤折線圖

　　雖然中盤多頭曾力圖反攻，但獲利了結賣壓不輕，收盤前13:40過後開始轉弱，符合殺尾盤的特性，我們可大膽預測當日幾乎收在相對低點附近。K棒留下上影線，以小黑格局作收的機會高。

弱一高盤

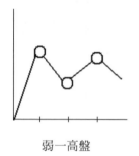

弱一高盤

說明：9:05開高後拉回，止穩後多頭反攻，09:30前第二高點無法突破開盤高點。

研判：多頭有小紅機會，空頭、盤整為空頭優勢格局。

尾盤預測：多頭行情中，尾盤收小紅，但比較有機會留上影線。或收上漲的小黑K棒。氣勢盤時，即使是弱一高盤，仍有機會成為收盤上漲中紅格局。但大盤盤整時，尾盤收黑，且殺尾盤。空頭行情中，開盤忌增量，尾盤會重挫。多頭走勢，突破開盤高點7點以上，有機會成**弱一高突破盤**，逆轉成小紅、中紅。

　　當開出一高盤之後，只要在9:30前沒有突破開盤高點，便出現第二高點負反轉拉回，就稱為弱一高盤。即使有突破開盤高點，但未達7點的盤差，亦視為弱一高盤。

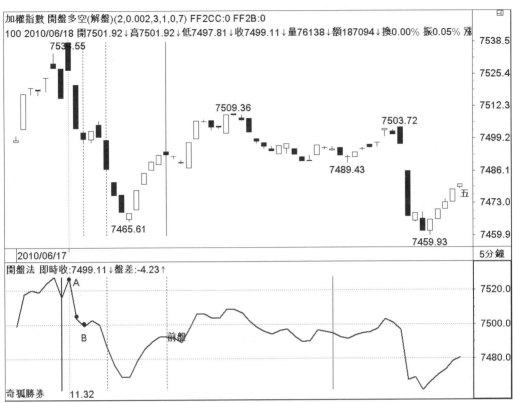

圖3-24　加權指數2010/6/18五分鐘K線與收盤折線圖

　　當開出一高盤後，弱一高盤的關鍵觀察：9:05負反轉的高頓點未被突破時視為壓力，以圖3-24加權指數來說，9:05開高盤標示A的地方。當跌到9:15時如果出現正反轉的低頓點B，此低頓點為支撐點，跌破低頓點呈現的是弱勢的震盪盤。

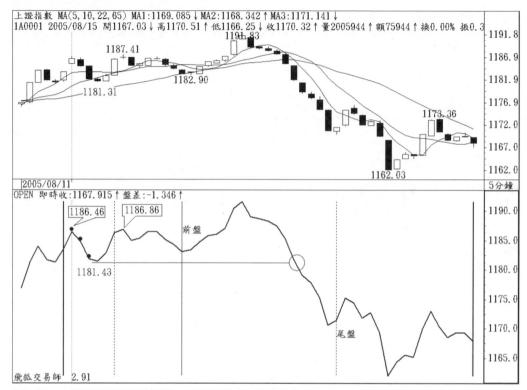

圖3-25 上證指數2005/08/15弱一高盤五分鐘K線與收盤折線圖

　　弱一高盤另一種開盤模式是9:30前（上證指數為10:00）出現點正反轉，如圖3-25，雖然突破開盤高點1186.46，只與前高接近且未達盤差4點以上，僅達1186.86，視為假突破盤態，也被定義為弱一高盤。

弱一高盤——多頭行情

　　多頭行情中，出現弱一高盤，只要能守住支撐點，尾盤收紅上漲的機率頗高。但通常弱一高盤比較容易出現跌破盤中第二高點的起漲區，如果中場拉抬能夠突破關鍵壓力，就會帶出較長的下影線，或是出現收盤上漲但K線成小黑K的型態。

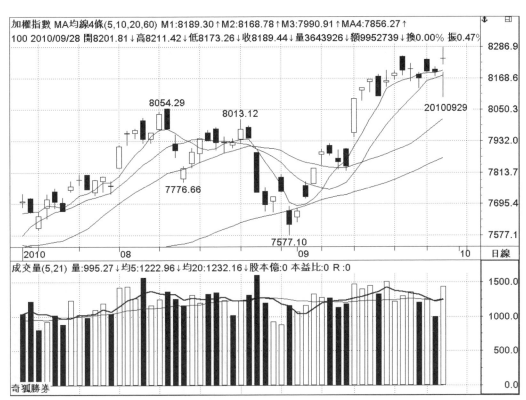

圖3-26　加權指數2010/9/29弱一高盤日K線圖

　　圖3-26是加權指數2010/9/29的日K線圖，由均線格局可見，都是對多方有利，9/29這天更是開高盤並創波段新高，但當日開盤是弱一高盤，而且五分鐘開盤量較前一天量增達78億的價漲量增型態，尾盤卻留下上影線較長的小K棒，說明了多方在創新高後謹慎保守的態度。

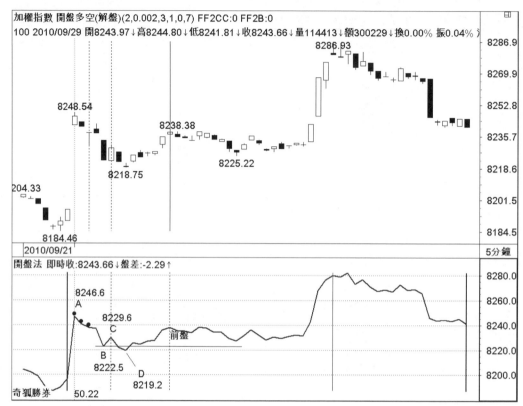

圖3-27　加權指數2010/9/29五分鐘K線與折線圖

　　我們觀察圖3-27的當日五分鐘走勢圖，可發現9:00開盤開在8246.6後，隨即出現五分鐘連續拉回，9:25在8222.5先止跌反彈，可惜只反彈五分鐘到9:30標示C的8229.6之後，馬上再度拉回，並在9:35跌破低點B，幸好跌破後的次筆9:40隨即止跌，9:45立即反彈6點，來到8225.5。這樣的弱一高盤說明當日的盤勢容易出現震盪格局。盤整半小時後，多頭在10:05開始反攻，並突破了8229.6標示C的關鍵壓力，因此盤中出現急拉的走勢，可惜尾盤仍承受不住短線獲利了結的賣壓，出現壓尾盤的型態。可想像當日在高檔肯定出現較大的賣壓。

弱一高盤——多頭壓力區

在多頭格局中，出現來到壓力區，此時通常日線會遭遇解套壓力。如果當日第一盤開盤增量，拉回打底後多方反攻，但仍受制於第一盤的高點壓力，就要留意正反轉的低頓點不宜跌破，如果在前盤至中盤間，拉回跌破支撐的話，即使在多頭走勢中，亦應慎防殺尾盤的現象。請看圖3-28。

圖3-28　上證指數2005/8/12弱一高盤日K線圖

由於行情為多頭漲勢中，經常會讓投資人失去警覺心，因此來到壓力區時，一般人樂觀期待壓力突破的走勢。而自低檔上漲以來所累積的買盤，極容易在樂觀的行情利用高檔出貨。

因此在多頭末端如開盤開太高，提防是否為**高檔出貨盤**，出貨盤的研判重點必須留意是否接近於**測量幅度**的滿足區。尤其前一日或當日開盤，開高盤隨即滿足點，所謂的滿足點必須滿足測量的幅度以上的目標。

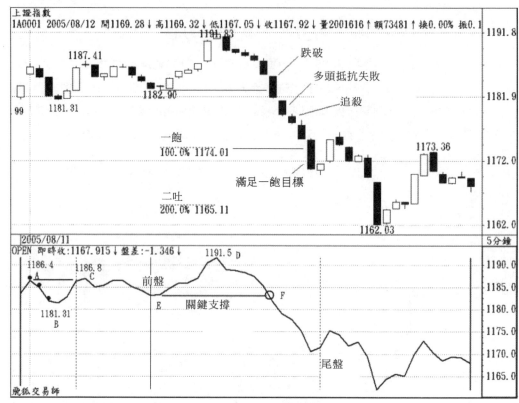

圖3-29　上證指數2005/8/12弱一高盤五分鐘折線與K線圖

　　弱一高盤研判轉弱的時機，往往必須等到跌破平盤才能確立。所以我們建議投資朋友在指數出現弱一高盤時，應緊盯著開高後拉回的第一個轉折，並等待出現正反轉時，將此正反轉的低頓點視為前盤支撐關鍵點。如圖3-29的B的位置。雖然跌破E是出現盤中跌破未升低點，盤勢出現拉回是可預期。但跌破B點後讓當日整體盤勢轉弱，往往是研判的關鍵；因為跌破B起漲的支撐，緊接著後續往更低檔位置測試的機會就相當大。何況開高1186.4的第一次拉回就已經測試過平盤以下，盤中再度測試B點暗示當日盤勢是相當弱勢。

　　我們觀察8月12日當日開盤是一高盤，緊接著便拉回破平盤才在低頓點1181.31出現正反轉。反攻第二高點1186.8並未超越盤差，兩個高點比較後，先判定是**弱一高盤**。但要研判轉弱確立，則必須拉回時跌破低頓點

1181.31，在多方力守1181.31情形下，仍有再度挑戰高點壓力的機會。

因此當中盤再度突破開盤1186.8超過4點以上，這種開盤盤態稱為**弱一高突破盤**，如果弱一高盤突破不是在壓力區是有機會成為逆轉格局。但條件是要守住五分鐘那波起漲點（圖3-29的E點之1182.9），才有機會成中紅格局。上圖之所以失敗，在於13:15時跌破末升低1182.9。此關鍵支撐被跌破，弱一高突破盤便可宣告失敗，因此再度回復弱一高盤的特性，中盤開始或尾盤開始下殺。

峰谷對照

跌破關鍵支撐點，便可利用《槓桿原理》與《翹翹板原理》計算當日跌幅滿足。弱一高盤至少會出現**峰谷對照**，例如圖3-29的平盤為1183，平盤勢峰谷盤的翹翹板支點；但前盤隨即回補此上升缺口，這個參考點已在拉回回補缺口時，成為多頭抵抗後已經沒有參考意義。爾後大盤續漲時，反而要留意的是多頭抵抗低頓點1181.31，即為峰谷盤的新參考點。當日高點為1191.83(+8.25)，高點對照低點1181.31，當日應當至少有下跌至1170.7以下的機會。

因此我們將弱一高盤直接跌破第一盤正反轉的低頓點，即使後市出現突破，但拉回跌幅過深，又跌破起漲點。甚至跌破平盤時，就有當日高檔出貨的疑慮。只要對第二章的K線盤態與基本波浪認識，便可以在日K線壓力區適時做出正確判斷。尤其留意當日開盤量的變化，加上即時盤江波分析圖更細膩的變化，可避免過度追高的頻繁進出動作。

弱一高盤——震盪盤

　　震盪最容易遇到的型態就是原本多頭行情時，出現指數首度跌破前一
日低點形成落尾走勢，甚至跌破5日或10日均線，產生多頭回檔修正的疑
慮。圖3-30表現加權指數自2010年年初8395高點拉回後，在7080.9觸底反
彈近兩個月到接近高點8190轉折附近。前一個交易日4/13連續造成三日量
縮，當日走勢更是跌破5日與10日均線，雖然次日4/14開高盤，然因觀望
氣氛追價意願不高，因此當日收盤以小紅作收。

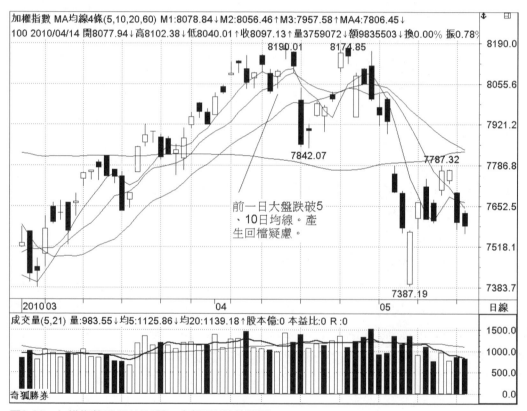

圖3-30　加權指數2010/4/14弱一高盤日K線位置圖

圖3-31　加權指數2010/4/14弱一高盤五分鐘圖

　　圖3-31加權指數2010/4/14交易日，當日五分鐘圖可見，開弱一高盤，
盤的位置不佳，正好是在前一日8104做M頭的頸線區，所幸下跌以縮小浪
的型態嘗試止跌；並在11:40發動N字攻擊擺脫底部區，當日以上漲67點作
收，只是高低震盪區間僅0.78%，故以1根小紅K棒收盤。

A股指數 MA(5,10,20,60,120) MA1:1095.08↓MA2:1127.35↓MA3:1139.38↓MA4:11ᵗʰ
1A0002 2005/07/07 開1085.00↓高1096.45↓低1082.11↑收1090.67↑量8435033↓

上證A股 2005/7/6弱一高盤

1315.76

1218.98

1203.57

1186.65

1117.11

跌破

多頭抵抗

7/6

1047.65

飛狐交易師4

05   06   07   日線

1315.8
1271.1
1226.4
1181.7
1137.0
1092.3
1047.6

圖3-32　上證A股指數2005/7/6弱一高盤日K線圖

　　圖3-32是上證A股指數歷經2001年中大跌後，雖然幾度跌深反彈，但反彈的力道相對弱勢，一般投資人仍存在底部上漲的疑慮中。

　　我們觀察指數在1047.65跌深反彈，突破月線卻在季線前再度拉回，7/1跌破1117.1頸線，再度形成雙頭疑慮，投資人歷經空頭洗禮，顯然餘悸猶存，指數很容易就進入量縮人氣觀望的狀態。K線在05/7/4和7/5這兩天形成**母子線**型態。母子K棒不論最後1根是陽線或是陰線，都代表震盪盤，它的特色往往隨著成交量萎縮到5日均量下，多空觀望氣氛濃厚，使指數整理區間幅度縮減收斂，一般這種情況，都會以**狹幅整理**說明這種股價的窘境。

　　由於指數尚未突破5日均線的壓力，因此屬於震盪偏弱格局。所以7/5
當天正處於跌破後的多頭抵抗型態。因為跌破1117.1次日的K棒留下了下
影線，並未出現空頭摜壓的長黑追殺；也沒有跌破前波起漲的1047.65。
我們觀察這種整理盤的走勢，往往要出現開高盤才能突破狹幅整理的盤
局。也就是說，指數直接開低，則多頭必須在盤中發動奇襲，才有機會出
現開低走高並且收高的紅K棒。因此反而是兩日的整理盤，開高比較利於
扭轉短空優勢。

　　從圖3-33中的五分鐘線均線的結構思考，開盤時長短期均線近距離糾
集，可見仍然是多空不明的走勢。那麼思考方向應該很容易定位當日開盤
後的強弱。因為日K線是**母子收斂**型態，五分鐘開高也必須想辦法破母線
高點才有走強機會。這觀念很簡單，前一日的高點往往是今日的短壓。

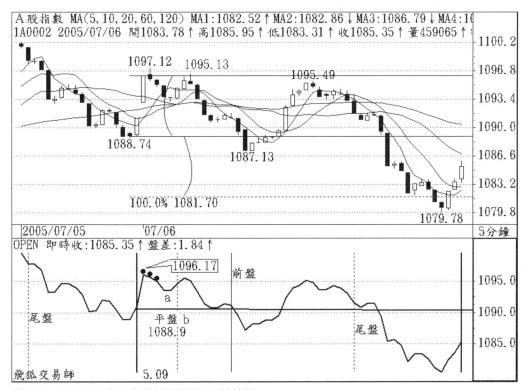

圖3-33　2005/7/6當日上證A股指數五分鐘線圖

從圖中開盤的五分鐘開高1096.17後，次筆五分鐘隨即拉回，是一高盤。緊接著反彈後無法再突破開盤高點隨即出現負反轉，我們要留意兩個位置，圖標示a是開一高點後拉回反彈的起漲點，另一個關注位置便是平盤標示b的位置。

開盤跌破標示a的正反轉位置，往往造成前盤戰先轉弱，緊接著支撐點便要觀察平盤的位置。讀者們可以思考指數能夠開出一高盤，便會留下平盤附近跳空的上升缺口，所以要留意指數拉回平盤測試缺口支撐的表現。從圖中，我們發現10:50果然跌破平盤，技術面即為補空，理應逢多頭抵抗。因此次筆五分鐘K棒於1087.13開始反彈。反彈無法突破1095.13下跌波浪的次高點，暗示多頭尚無法出現攻擊的走勢。

如果中盤多方遲遲無法突破1095.13時，往往中盤過後開始拉回，所以14:05指數二度跌破平盤，我們便可以預測當日收低的機會相對高，同時依峰谷對照原理，尾盤極容易滿足1081.7以下，才會進入五分鐘K線的多頭抵抗。

因此盤勢在多空不明量縮觀望時，多方企圖開高卻衝不過壓力的情形下，先順勢回檔整理這沒有什麼不好。如同兩軍交戰，無法發動攻勢不如退守休養，等待糧草和體力補給一樣，只要退守的戰線不要拉長，整軍後仍有再度攻擊的機會。因此量縮弱一高盤多方支撐強一點會造成小紅小黑；支撐力道過弱的盤勢，往往更忌諱開盤增量，如此就容易形成殺盤的走勢。

弱一高盤——空頭格局

2005年五一長假前的股市處於空頭優勢的格局，圖3-34均線結構明確空頭格局，4/25跌破1218.98的前波低點後，更暗示盤跌破底！雖然當日小黑K棒帶下影線，到次日開低走高的小紅K棒，僅僅暗示跌破後的多頭抵抗型態！

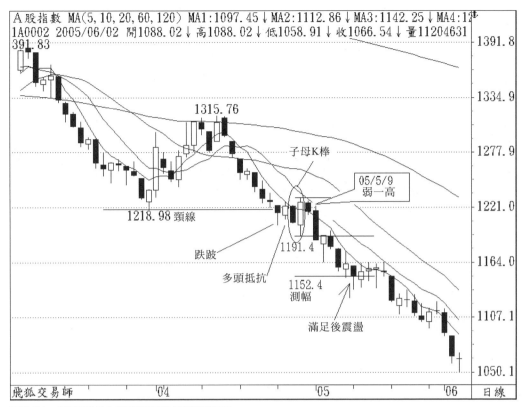

圖3-34　2005/5/9上證A股指數日線趨勢圖

　　緊接的後面三個交易日K棒組合成**子母、母子孕育線**，暗示股指嘗試在跌破前波低點後的抵抗行為。五一長假結束的第一個交易日5/9當日出現開高的走勢。我們要思考如何開高才能對多方有利？以及開高後盤中要怎樣行進，對多方才有利？

　　就《K線理論》而言，當出現**母子震盪**走勢時，多方要突破母線高點1231.35才有攻擊的力道，4/28這根長紅K棒之後，緊接著形成狹幅震盪的小黑K棒。因此後面的交易日對多方而言，起碼開盤能夠嘗試突破前一日的小黑K棒的高點，盤中利用震盪盤堅再突破母線K棒的高點。

　　就投資人心態而言，認為在4/28指數跌深起碼會有反彈的機會，便在這根長紅棒下搶短線。如果盤勢遲遲無法突破長紅K棒的高點，不小心跌

破1191.4母線低點，不但代表當日搶短者有套牢風險，同時暗示後市空方
將會摜壓到1152.4的目標。

　　從圖3-35的五分鐘K棒與收盤價折線圖，很明確看出當日開出一高
盤，多方確有往上攻堅意圖。可惜不但無法突破1230.35母線高點，並且
在五分鐘呈現下十字型態的**避雷針棒**。10:00前無法創開盤的高點1217.93
（收盤價）視為弱一高盤格局。盤跌到10:05在1191.76開始遭逢4/28母線
1191.45低點附近的五分鐘線多方發動的支撐點，呈現盤中反彈的走勢。

　　這時我們利用**三分力道研判法**研判多方反彈的強弱。正常狀態下，會
反彈到下跌段的1205.4對分位，也就是1/2的位置就容易遭逢壓力釋出，

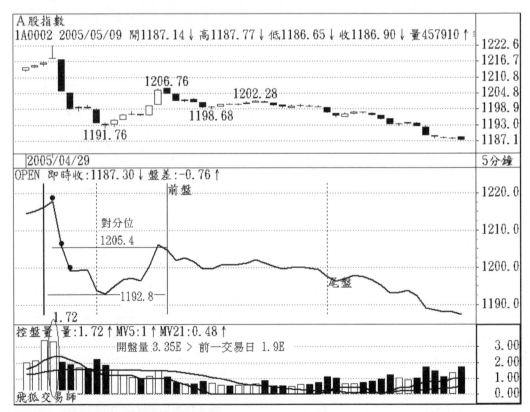

圖3-35　2005/5/9上證A股指數五分鐘圖

空方開始再出現打壓。暗示盤勢往往持續盤跌，將回探10:00前的低點。

此外，我們思考假使出現這種開盤前半小時跌幅就已經相當沈重的走勢，多方到底有沒有扭轉的機會，除非出現底部有攻擊訊號，例如：N字攻擊、潮汐發動、向上漣漪盤以外，還必須快速反彈到下跌段的2/3以上，形成強勢反彈格局，多方才有扭轉的機會。

在前面弱一高盤的尾盤預測說明：空頭行情中，開盤忌增量，尾盤會重挫。我們對照當日走勢，發現五分鐘開盤量3.35億，比起前一個交易日的1.9億，明顯是弱一高增量盤，不但暗示當日有殺尾盤的可能性，同時當日會有重挫的現象，收盤K棒容易出現一根開高走低的長黑K棒型態，往往跌勢還會擴延到第二日開盤走勢。

弱一高盤──氣勢盤

我們之前提過氣勢盤的型態大約是指數1%以上，以上證指數來說，現在要跌到千點的行情機會已經相當低。回想2006/7/5（圖3-36）北韓凌晨試射飛彈，即使亞洲股市氣氛受到打擊幾乎全面下挫，上證指數因中國銀行（601998／Bank of China）首日掛牌表現強勁。大陸股市逆勢開盤跳空大漲，當時將近1600點的上證指數，開高51點漲幅超越3%，因此呈現**氣勢盤**的開盤格局。

新股掛牌難免有部分獲利回吐賣壓出籠，以及亞股下挫影響，但仍帶動上海股市走揚，上證尾盤上漲39.424點（2.23%）以1807.32點收市。分析師認為中行定位有所偏高，後市可能帶動股指向下整理。果然因此一跳空造成K線盤態上空頭抵抗失敗線型。當日即使出現弱一高盤，仍維持上漲39點。

所以並非所有的弱一高盤格局，都判定當日一定是開高走低收黑，甚至收到平盤之下。如果出現利多跳空上開的氣勢盤。雖然10:00前判定弱一高盤，同時因為開得太高造成前一日獲利了結賣壓出籠，出現盤中的拉

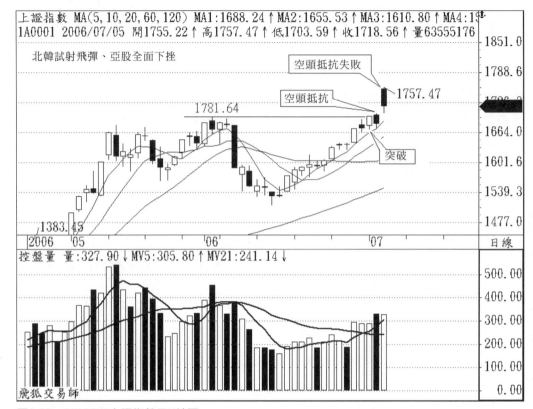

圖3-36　2006/7/5上證指數日K線圖

回。往往超強勢的多方會力守平盤與拉回1/2位置尋求多方支撐。就算弱
一點也會在開盤高點拉回至平盤1/3位置止跌。

　　從圖3-37可以看到指數從10:00前拉回，當一滿足1/2的1707.3以下，
隨即出現多頭抵抗的走勢，次筆五分鐘K棒隨即跳空開高，並且連續出現
3根紅K棒的走勢。尾盤收盤仍然在當日平盤與高點的1/2以上，收盤仍然
大漲。不過因為是弱一高盤，1757高點仍然是日線壓力。

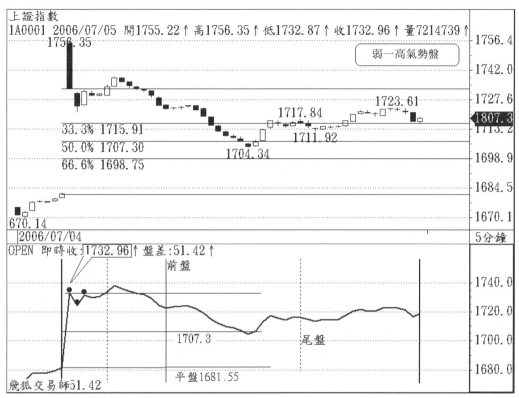

圖3-37　2006/7/5當日上證指數五分鐘線圖

弱一高盤——突破盤

　　多頭走勢弱一高盤有機會成逆轉行情，這個條件是在於突破開盤高點達盤差4點以上，出現五分鐘K棒換手或該回不回格局。

　　圖3-38從9:35開一高盤於1089.68（圖示A），指數馬上拉回在1085.46才出現多頭反攻正反轉低頓點（圖示C），反攻的力道僅達1087.13（圖示B），由於B比A低，因此判定為弱一高盤。指數再度拉回守住C低頓點，在10:40（前盤的多空研判點）出現突破開盤高圖示A，雖突破開盤高點1089.68但未超越盤差4點僅達1091.54（圖示D），故視為空頭抵抗再度壓回，尚不足出現強勢突破的走勢。該日逆轉的關鍵是在於13:25下午開盤後不久再度正式突破D點，次筆K棒再度跳空中紅為該回不回的走勢，使當日形成逆轉格局。

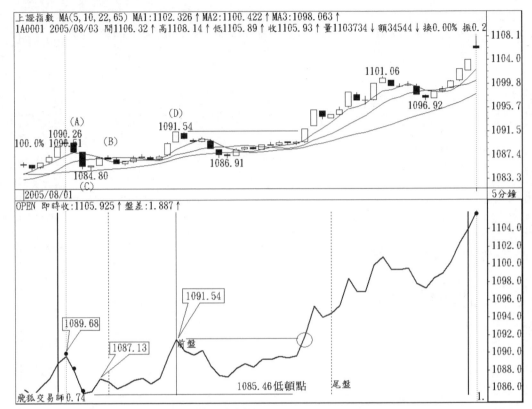

上證指數 MA(5,10,22,65) MA1:1102.326↑MA2:1100.422↑MA3:1098.063↑
1A0001 2005/08/03 開1106.32↑高1108.14↑低1105.89↑收1105.93↑量1103734↓額34544↓換0.00% 振0.2

圖3-38　弱一高突破盤的五分鐘K線與收盤折線

二高盤

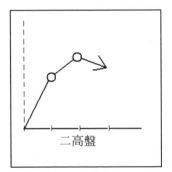

二高盤

說明：9:05開高後9:10持續走高，第三盤9:15拉
回。

研判：需觀察其後走視為二高強雙星或弱雙星。

尾盤預測：多頭行情收長紅或中紅、盤整收中紅、
空頭行情收小紅。賣單大於買單均值時，震盪
逢低買進。出現弱雙星，多方宜觀望再定。

　　空頭行情中，若拉回後再度突破開盤高點為超短線軋空，則收紅。若
盤中拉抬五小波，並突破開盤高點，則空頭走勢中有機會作止跌。

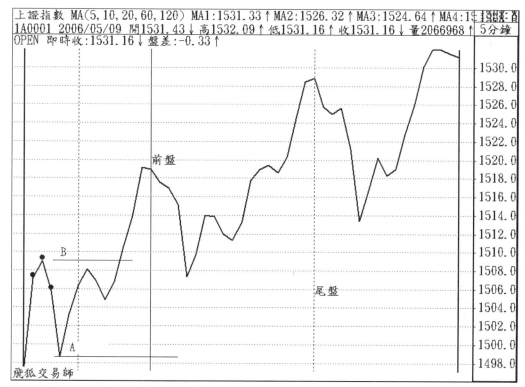

上證指數 MA(5,10,20,60,120) MA1:1531.33↑MA2:1526.32↑MA3:1524.64↑MA4:1531
1A0001 2006/05/09 開1531.43↓高1532.09↑低1531.16↑收1531.16↓量2066968↑ 5分鐘
OPEN 即時收:1531.16↓盤差:-0.33↑

前盤

尾盤

B

A

飛狐交易師

圖3-39　2006/5/8上證指數二高盤的五分鐘走勢圖

　　圖3-39二高盤代表9:05開盤位置與昨日收盤比是上漲，且9:10第二盤與第一盤比較也是上漲，9:15第三盤是下跌。前三盤的走勢是：**漲-漲-跌**這種類型的開盤盤態。往往發生在上漲氣氛中多頭持續向上挺進，對多方而言是錦上添花。也是止跌初期脫離谷底區多方最期望的盤態，當然更是空頭走勢最期望的翻空為多的轉折盤。

　　底部剛剛完成的漲勢初期，或是空頭走勢中，開盤出現二高盤，通常因為開盤後，大型股、權值股或前波熱點股回檔整理完畢後，再度發動攻擊訊號。所以當日開高容易聚集人氣，也能夠獲得投資人認同。因此容易脫離底部整理區，形成多頭走勢的開始發動。

　　如果在多頭疑慮走勢中，出現短線的打底之後，緊接著出現二高盤格局，能夠激勵多頭的信心，讓多頭敢於拉回整理後再度逢低承接。

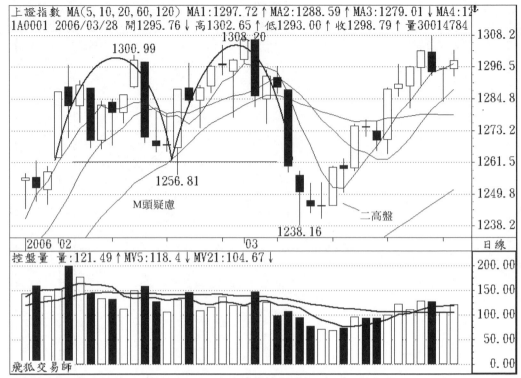

圖3-40　2006/3/13上證指數二高盤化解頭部疑慮

從圖3-40上證指數在06年2月這段日線走勢，明顯出現高檔雙頂的型態，自然產生多頭疑慮。短中期均線的排列結構對空方相對有利，指數卻在3/8到3/10三根棒形成多頭抵抗的**複合母子線**。3/13一開盤隨即出現二高盤的走勢，為多方期望的反攻格局，因此容易出現當日長紅走勢。

如果在漲升末期或多頭末端，二高盤出現盤中高檔震盪，中盤出現五分鐘轉弱，或是開盤出現**弱雙星盤**，便要留意主力大戶利用開高後再衝高，趁機出脫手中持股。此時當日K線容易出現帶較長上影線的小紅K棒或是小黑實體線。尤其要留意空頭走勢出現強勁的反彈末期，配合KD指標進入高檔的空頭**馬其諾防線**，即指標處於80以上的空方防守位階，次日就比較不宜開低，容易造成前一日追價者套牢。

通常多頭起漲是發生在回檔整理結束，或是下跌波中遭逢多頭抵抗的時機，亦或跌幅滿足之後出現的反轉向上的走勢。如圖4-33的範例（第123頁）。在底部整理結束，出現二高盤的開盤盤態，若能配合出現**強雙星**走勢，應馬上留意盤中熱門族群，尤其一馬當先的領導股，應積極介入作多。一般情況，如果指數是在季線之下，中長期處於空頭行情，二高盤就不一定馬上反轉翻多，暫時先以止跌盤來看待，除非次日能夠再度開高，反轉的機會才會相對提高。

嚴格來說，二高盤只是一種開盤的盤態，必須配合**雙星盤**研判，也就是說，二高與三高盤在多頭、空頭、盤整的走勢各有不同作價意圖，以及對未來走勢預測。但是要在盤中馬上分辨當日是開高走高，或是開高走低的多空方向，仍是需要配合在後述的**雙星盤原理**整體研判。基本上，二高盤與三高盤屬於類似的盤態。

江波分析

二高盤可以配合**江波分析**＊由買賣張數與均值做為多方企圖的確認。在加權指數參考數據中，官方提供五分鐘內所有上市股票的總委買張數、總委賣張數、總成交張數三種數值構成買賣雙方的力道，市場通稱為**江波圖**；在江波圖會呈現一開盤買均張＞賣均張的情形。二高盤在多頭行情中，當日收中紅、長紅機率相當高。

圖3-41就是一個五分鐘江波分析連續圖，三種比較圖之一的**買賣均值**的五分鐘圖，所謂三種比較圖，是委買與委賣總張數、委買與委賣總筆數、委買與委賣總均值。一般情況下均值的參考性較高。代表該五分鐘內**張數/筆數**的平均數（平均每筆委賣張數或平均每筆委賣張數）較具參考價值。

＊ 江波是一位股市前輩的名號，因為分析五分鐘委買委賣的變化，並整理個人分析研判的方　　法，我們為紀念江波，就以江波分析圖稱之。

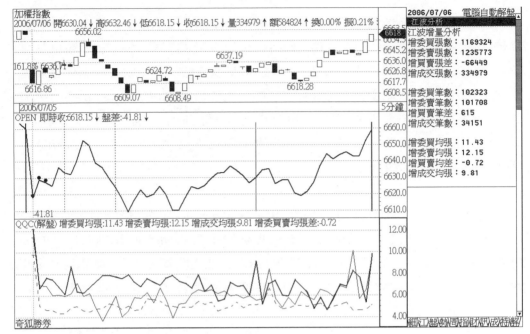

圖3-41　2006/7/6當日加權指五分鐘線圖

　　假設開盤第一個五分鐘只看總買張低於總賣張，往往看空想賣的張數比看多想買的張數高，但無法得知是大戶申掛賣出？或是散戶申掛賣出？我們從均值可以猜測如果委賣均值高於委買均值，便是大戶賣出的壓力顯然高於散戶。

　　圖3-41是一個一低盤走勢的江波對照圖。下方的三個數據，粗線是代表委賣均值、細線代表委買均值、虛線代表實際成交均值。成交均值往往低於委買和委賣均值，這個道理很簡單，因為出脫股票的人希望申掛比較高的價格出售，想買的人就希望申掛比較低的價格，所以成交的均值相對比較小。

　　2006/7/6亞洲股市仍然籠罩在北韓飛彈試射低迷氣氛中的次日。從開盤五分鐘，可見多方開低承接力道相當薄弱，委賣張數123萬張比委買張數116萬張高。從均值觀察在12:30以前委賣均值幾乎高於委買均值，因此盤中即使反彈力道都相當弱勢。12:30以後至尾盤前委賣均值相對委買均

值才互有高低變化，買方力道才有轉強的機會。這些充分的訊息提供當日決定買賣的人相當有用的參考依據。

三高盤

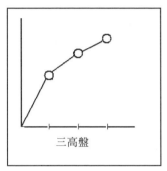

三高盤

說明：9:05開高後9:10持續走高，第三盤9:15繼續創新高。

研判：需觀察其後走視為三高強雙星或弱雙星。

尾盤預測：多頭行情中，當日收中紅、長紅，但量容易在三日內見轉折盤。

盤整行情時，收中紅、小紅，時間波5、8日轉折，易當日見高點。

空頭行情中，當日收小紅。但拉回後創新高，突破開盤高兩倍以上，有機會收中紅；出現雙星盤另論。

開盤三高氣勢盤，拉回守住平盤1/2以上仍可望收紅。強雙星格局，盤中拉回三小波為買點。

開盤後9:05這盤開高，與昨日收盤比較是上漲。第二盤9:10與9:15都是持續上漲，漲跌型態是**漲-漲-漲**，就稱為**三高盤**。在開盤多空研判法中最多只觀察到第三盤，即使第四盤仍持續上漲，仍然歸類到三高盤格局。

三高盤容易出現氣勢盤的走勢，我們在前面**一高盤**中定義了氣勢盤的走勢。在6000點以下，我們定義開盤五分鐘直接高開60點以上為氣勢盤。假設當日開出三高盤，台股9:05僅上漲55點，緊接著9:10持續上漲到75點，到了9:15已經上漲了90點；原則上這樣的格局與氣勢盤沒什麼差別，因此這樣的盤勢雖然不是9:05一開高隨即大漲，也視為氣勢盤的表現。

三高盤──多頭行情

多頭行情中，當日容易以中紅、長紅作收，如果僅是多頭上漲的中繼站，不是出現在壓力區，或是滿足於日線上漲的幅度。往往造成多頭持續追價的意願，出現開高走高又收高的走勢。

盤中走勢的強弱預測只要掌握幾個要點，如果持有指數期貨的多單到底需不需要逢高調節，甚至逢高放空雙向操作？我們只要留意下列重點：

(1)正反轉的低頓點是否跌破？

(2)突破壓力時，拉回三小波的多頭抵抗是否有效？

(3)攻擊是否增量和下跌是否量縮？

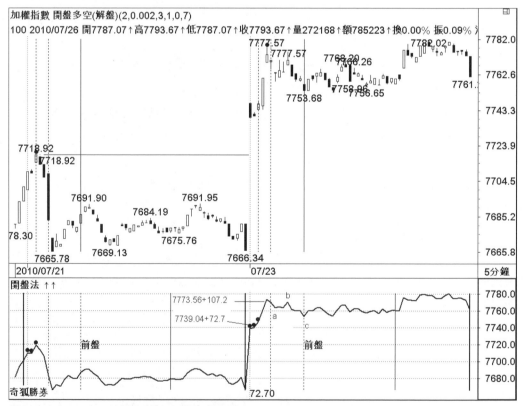

圖3-42　2010/7/23加權指數五分鐘兩日連續圖

　　圖3-42當指數開盤直接突破前一日高點7718.92以後，以上漲72.7點開高，一路直攻9:25來到7777.57高點，這個位置要留意剛好滿足7718.92-7666.34的上漲翹翹板的滿足點7772，這時指數已經大漲107.2點。很容易遇到空頭抵抗或前一日的超短線賣壓。接著觀察從7777點的拉回是以三小波7758.8-7775.0-7753.6這種模式在盤中修正，觀察五分鐘連接圖就是a-b-c的三波回檔。緊接著後市只要守住7753.6這個修正的低頓點。後市的大盤最終還是會以大漲做收。

　　這是三高盤的特性，氣勢三高盤格局中拉回三小波，反而應該留意支撐或買點訊號浮現。圖示五分鐘折線圖出現標準的三波拉回，觀察圖示c跌破a，這時間是10:10，剛好滿足三波等浪的目標。因此次個五分鐘隨即反彈，K棒顯示出現了1根日出線的陽K棒線，只要c低點未跌破，多方持續攻堅到尾盤，漲勢可以期待。

　　另外，操作指數震盪時偏向短線操作，如果是指數在日線多頭或是空頭方向，也可以從K線的角度研判。我們談過《翹翹板原理》的應用，從圖3-43上證A股指數05/12/27日盤中一路走低，超短線明顯是空方優勢的格局，最後收盤前的起跌段高點，我們以**末跌高點**1216.15是多方所必須克服的壓力區為重點。

　　12/29開高正好直接跳空突破1216.15的末跌高點，9:35的次筆K棒應於9:40出現空頭抵抗的訊號，結果多方出現再走高形成二高盤的走勢，9:45五分鐘折線再度收高，形成空頭抵抗失敗且該回不回走勢。依據波浪的《潮汐理論》，暗示多方有機會先攻抵一飽的滿足區1224.98，這個位置正好突破10/12的日線K棒的轉折高點1224.89。此時我們不得不讚嘆多方攻擊力道的巧勁。緊接著在11:00滿足一飽以上進入空頭抵抗。因此出現上述的三波拉回整理。

圖3-43　2005/12/29上證A股指數連續三日五分鐘走勢圖

　　從圖3-43可以見到多方續強的關鍵：當指數在滿足一飽後出現三波回檔於1222.27，整理後突破1225.1出現再次攻擊訊號，我們便可以猜測多方將企圖挑戰二吐的滿足區。由於12/29當日尾盤仍持續走高並收最高點1230.34。因此要留意當次日如果出現開盤直接滿足二吐的1233以上，我們稱為壓力盤，更要留意當日開盤盤態，當確認當日開出**弱一高盤**時，是多方力道之短多竭盡，應先將短線指數期貨多單先做獲利了結的動作。

三高盤──盤整行情

　　盤整中出現三高盤，要相當留意指數所處位置，尤其以KD所處位階輔助研判，這部分可以參考本書最後一章顛覆傳統研判KD指標的迷思與指數位置的論證。三高盤在多頭拉回後，月均線走平視為震盪格局。

當然空頭行情的底部未確立前的反彈，也可能急速反彈突破月線的反壓，讓月均線走平。這時我們需要分辨是震盪偏多或是震盪偏空的格局。

多頭回檔整理三高盤

多頭走勢回檔過程，股價拉回月均線附近整理，當整理後，出現三高盤，暗示多頭將有意反攻的訊號，因此當日有收小紅K棒的機會，或是收盤價漲的現象。若出現氣勢盤或強雙星盤，則可望收中紅格局。

如果均線結構從多頭排列首度出現5日均線跌破10日均線，但仍守住月均線，都可以視為盤整或震盪格局。如果三高盤出現在股價已突破5日均線幾天後，反而因為股價接近前波高點，或是前波K棒壓力關卡，容易出現盤中**上下震盪劇烈**走勢，因此不是留下上影線的小紅棒，便是收盤後成為1根十字小黑K棒。所以在震盪行情時三高盤是最難研判尾盤變化的一種開盤盤態。

我們在研判震盪格局的三高盤時，需要以K線輔助觀察，同時更要留意盤中的走勢變化，尤其是前盤出現強雙星，或是弱雙星，甚至是強雙星變盤等幾種變化。

空頭打底三高盤

在空頭行情中，如果均線的空頭排列結構有改變，暗示出現第一次底部後，指數有機會在歷經空頭洗禮後震盪盤底機會。因此除非出現關鍵點，例如：出現N字突破、面臨月均線突破等，一般情況暫時只能視為止跌訊號。

讀者可以從圖3-44看到上證指數自2005年9月1222高檔反轉以來均線對空方有利。指數在10月底1067.41先築出第一底，緊接著出現九日反彈11月9日來到1117.06，並使5日均線突破10日均線，同時因面臨月均線反壓而拉回。次日直接低開出現長黑重挫，K線盤態出現倒N字跌破，次日的11/11隨時出現低檔的小紅K棒的多頭抵抗型態。

圖3-44　2005/11/15上證指數K線圖

　　既然多方已表現防守企圖，便會找機會攻擊。11/15多方直接跳空開高出現三高盤，暗示多頭攻擊的意圖。但因面臨前幾天長黑K棒的殺盤籌碼尚未沈澱，很容易在衝高過程遭逢解套賣壓。雖然當日是三高強雙星盤，遭逢壓力使盤中上下震盪劇烈，收盤K棒便是1根上下影線較長實體線較小的十字K棒。

三高盤──空方低檔區

　　若指數處於空頭行情中的相對低檔區，便是空頭期望的轉折盤。則屬多方突破空方防線的**底部轉折盤**，將有機會先出現止跌契機。三高底部轉折盤有另一種盤態，除非重大利多直接開盤開出三高盤氣勢盤。另外，開出三高盤後，雖然未達上漲80點以上（假設台股6000點以上），只要三高盤後拉回的正反轉點守住開盤後的高點與平盤的1/3以上，當再創新高累計漲幅達60點以上，也視為氣勢盤的偏盤走勢，亦即雖然不是正格局，但底部出現三高盤當日仍可望出現大漲長紅。

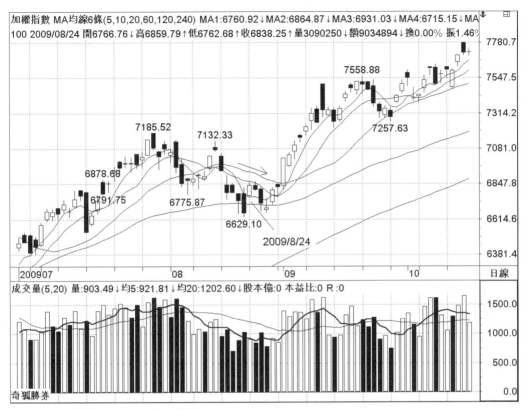

圖3-45　加權指數2009/8/24日K線圖

　　開盤還猶豫的投資人可利用9:15以後，當大盤10:10附近回折三小波時介入，這是開大漲格局心態上不敢追高，卻是盤中拉回加碼多單時機，也可參照《江波分析》的委賣單放大時逢低介入。不過要留意的是：假設均線是空頭優勢型態，往往在日線會拉回做雙底，這種機會頗高，因此當日以尾盤當沖為宜。

　　從圖3-46可見當日9:35開出至9:45為三高盤，但未達氣勢盤的條件，10:15漲幅超過2%已是氣勢盤格局，三高盤態續強的關鍵在於第一次回折的正反轉點1257.63出現後，當指數再度往上只要未破末升低點1257.63便可望續創開盤新高。當盤中出現如圖示a-b-c三波拉回，只要將當時的最高點1281.72與平盤1248.43以**三分力道**切割出三等分，當拉回三小波守住1/2以上幅度，都是可接受盤中合理回檔，當然守住1/3以上屬於超強勢，

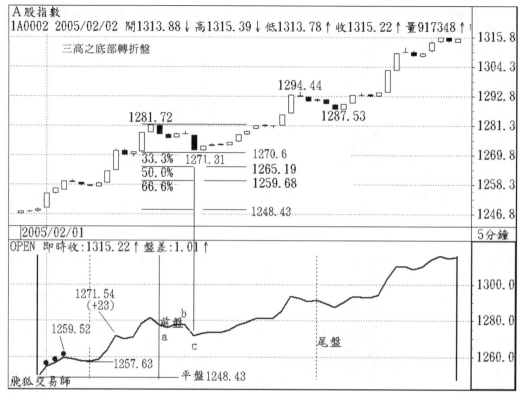

圖3-46　2005/2/2上證A股指數五分鐘K線與折線圖

為弱勢回檔的格局，因此尾盤往往收在當日相對高點。

三高盤──空頭反彈壓力區

　　如果指數在每波低點都是創新低走勢，不是盤跌便是追殺的盤態中。即使是長線空頭也會有次級浪的反彈行情。而當空頭急速反彈越接近月均線反壓，更強一點會直接突破月均線來到季線附近的壓力。這種走勢便要提防，即使當日是長紅格局，提防現貨（指數）拉高後三日內見高點。

　　如果配合後續章節所討論KD指標，從空頭區間進入多頭的區間時，必須挑戰空方的防守位階，隔一日就必須留意股價再衝高，有機會進行高檔震盪，甚至直接拉回整理，後市再度創波段新低者比比皆是。

　　一般情況，三高盤當日遭逢空頭位階時，收中紅或小紅機會比較高；如果出現強勢上漲並呈現強雙星盤，則可望收中、長紅格局。

　　與多頭行情研判上有些類似，遭逢壓力帶，也就是：

(1)均線

(2)指數頸線區

(3)前波向下跳空缺口

(4)時間波轉折

(5)波浪形的滿足等高檔區

(6)指標的高檔區

等等條件時，三日內短多會見高點轉折。

圖3-47　2005/9/30加權指數日K線圖

　　從圖3-47加權指數在2005年7月出現6481高檔反轉後，8月中旬一線直接跌破中期相當重要支撐的季均線，這段走勢明顯是追殺盤的走法。8月底來到5976.4出現第一次反彈，只來到接近前波頭部頸線的6180附近，隨即再度拉回並創波段新低來到5894.9，因此屬於空頭中盤跌的型態。指數在9/30出現三高盤的格局，讀者們可留意當時尚未突破6186的高點，並且KD指標已經來到50代表空方的重要位階。

　　這種型態即使當日是長紅收在最高點，我們仍要留意：當遭逢前波高點的解套賣壓後，多方力道究竟還有多少餘力？而且壓力區附近的三高盤容易在三日內見到波段的轉折高點。圖3-48為9/30當日的五分鐘走勢圖，可以觀察到當日6000點附近開出的三高盤超過上漲77點，判定氣勢格局，盤中出現兩次拉回，波浪的觀察都是三小波的調整浪型態，多頭的回檔並未破壞原有向上持續攻堅的推動浪潮。並且可留意三波拉回中，c波在跌

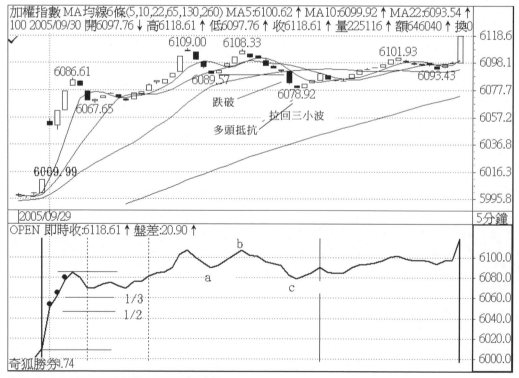

圖3-48　2005/9/30加權指數五分鐘K線圖

破a波的低點後，都出現五分鐘K棒的多頭抵抗型態。讀者可以比較圖3-46（第142頁）上證A股指數三高盤中，是否能夠看出異曲同工之妙。

強星盤

雙星盤有**強雙星**與**弱雙星**兩種。雙星盤是指兩個波峰比較，二、三高盤，直接以開盤後實際高點為第一個波峰，我們將這個負反轉的高點定義為A峰；緊接著盤勢持續進行將會出現第二個波峰，這個波峰定為B峰。然後再比較A、B兩峰強弱程度。如果B峰比A峰高超過7點以上，即為強雙星盤。

一高盤時，也有強弱雙星比較，由於弱一高盤是弱勢格局，所以不必比較強弱雙星。當出現強一高盤時，首先以強一高盤的負反轉高點為A峰、次高點當作B峰，接著比較A、B兩峰，B峰高於A峰7點以上為**強一高強雙星**，反之，如果B峰比A峰低，或突破未超過7點；即**強一高弱雙星**。

判別強、弱雙星另有時間規則，在10:10前便需以盤差決定，前文說過B峰＞A峰即強雙星，但必須在10:10以前發生。實戰操作與研判仍需一些相關方法輔助，如果能夠加入**趨勢盤態**該章所說明的**耀星、輝星、淡星、暗星**研判較佳。其次強弱雙星亦有變盤的可能，我們會在開盤盤態最後討論的章節說明。

一高強雙星

多頭行情中，強雙星當日收中紅、長紅。盤整盤則是強雙星當日以中紅或小紅作收。空頭行情，強雙星收小紅。觸壓有機會收小黑。

一高盤開出後必須是強一高盤才有雙星比較的必要，強一高盤確認後的第一個負反轉高點即A峰，第二負反轉高點為B峰，B峰＞A峰7點以上為強雙星格局。強一高且強雙星，當日往往中長紅作收。

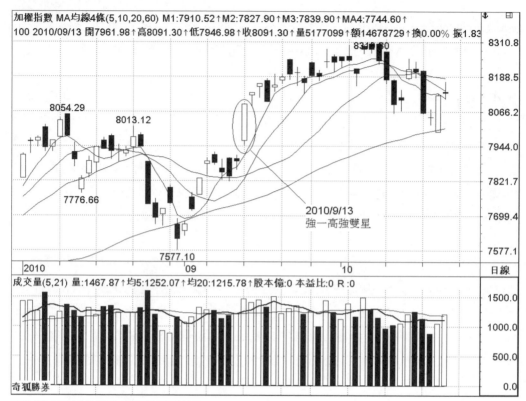

圖3-49　2010/9/13加權指數日K線圖

　　從圖3-49研判大盤當時正從8月8054高點拉回，跌破季線後的上漲波，當時我們無法確認大盤是否有機會突破前波8054壓力，理由是前波有8054和8013雙頭的壓力。9/13開高盤時，自然容易遇到壓力，所以一開高68點來到7958.58以後隨即壓回成為一高盤。

　　圖3-50是加權指數9/13當日五分鐘走勢，開盤7958.5僅僅上漲68.4點，在前波有8054和8013兩個壓力環伺下算是相當強勢，9:10拉回7946.9後再度衝高，並突破新高來到7968.0，超過7點盤差故屬於強一高盤。從7968.0高點軟性拉回到9:40在7958.0落底，在9:45再度發動多方攻勢，並一舉創新高來到7987.1，由於7987.1超過7968.0的高點並且超越盤差，所以是一高強雙星格局。一般情況在前盤10:10前完成滿足的條件即可。往往當日是以中紅以上作收。

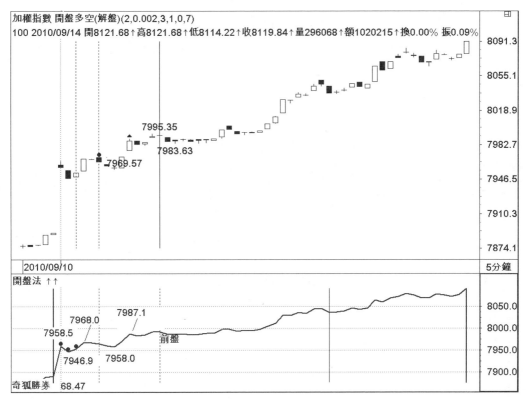

加權指數 開盤多空(解盤)(2,0.002,3,1,0,7)
100 2010/09/14 開8121.68↑高8121.68↑低8114.22↑收8119.84↑量296068↑額1020215↑換0.00% 振0.09%

圖3-50　2010/9/13加權指數五分鐘圖

　　一高強雙星的走勢容易發生在震盪的位置，雖然多方嘗試挑戰更高壓力，但9:05開高後，筆者習慣標示1H（代表一高盤）隨即拉回，我們只能當作多方試探上方的壓力沈重與否？因此走勢形成**步步為營**策略，亦即再突破開盤高點來到A峰隨即又拉回。但終究多方敢於嘗試往上挑戰壓力，所以B峰再度創當日新高，因此當日仍可望收高。從圖3-49日K線圖的指數位置較容易理解多方盤中往上步步為營的關鍵，顯見前幾日突破月線後拉回的連續黑K棒，說明多方嘗試往上測試壓力的原因。

二高、三高強雙星

多頭行情收長紅或中紅、盤整收中紅、空頭行情收小紅。

賣單大於買單均值時，拉回三小波，震盪逢低買進。

　　二高盤或三高盤，開盤後實際高點即為第一個波峰，比起一高盤的研判要直接，開盤後的二高或三高產生負反轉的高點定義為A峰，緊接著出現第二個波峰，於是將這個負反轉波峰定為B峰。只要B峰比A峰高並超過7點以上，為強雙星盤。

　　雙星盤確認後，要先將前盤戰的關卡設定好，這個關卡是我們觀察盤態的支撐點。由於強雙星在B峰產生創當日新高，因此B峰起漲的該段稱為盤中的末升段，此末升低點L即為關鍵支撐！另外採用三方力道法則是另一個支撐在末升段的1/2附近。強雙星盤對多方是相對有利的盤勢，因此圖中標示L之處，未跌破為強勢格局，當日往往以中長紅作收。

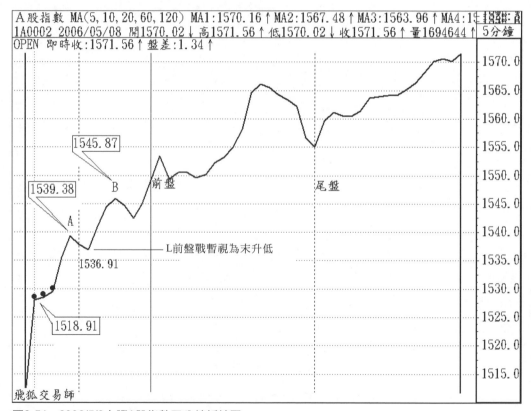

圖3-51　2006/5/8上證A股指數五分鐘折線圖

　　請看圖3-51，開盤直接跳空開高成為三高盤，A峰1539.38出現高點後負反轉拉回，並在1536.91圖標示L處止跌，緊接著多頭再度攻擊，創新高來到1545.87才反轉拉回。此1545.87即為開盤後的第二高點B峰，因為B峰＞A峰，所以是強雙星格局。前盤只要守住L=1536.91可望以中長紅作收。該日出現強雙星有其日K線型態的背景因素。讀者可自行查閱日軟體的K線圖。

　　圖3-52展現相對強勢的強雙星盤；經常在確認二高或三高強雙星格局後，依據我們力道法則決定盤中拉回的多空強弱勢。當B峰位置確認後，L1的1363.79是我們研判前盤轉弱與否關鍵。從B峰拉回守住標示M位置以上，代表拉回的幅度僅及上漲整段1/2以內，為多方相對強勢格局。因此除了L1盤中觀察的支撐點外，讀者可將第二支撐點上提至末升低點的1/2附近觀察B峰拉回的空方力道；如果空方壓制的力道薄弱，讓多方守住1/2

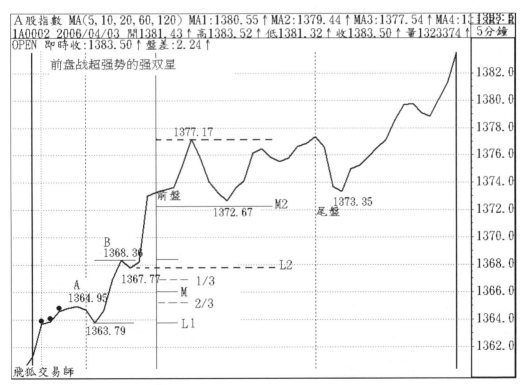

圖3-52　2006/4/3上證A股指數五分鐘折線圖

以上，多方宣示仍將持續創盤中新高的宣戰意味濃厚，這樣的走勢尾盤自然容易出現長紅K棒。

盤上轉盤

弱一高盤或是弱雙星盤，都是對空方有利的格局。盤中要扭轉為對多方有利的行為時，必須突破關鍵壓力，形成盤上轉盤的條件。因此所謂盤上轉盤，說明了開盤呈現弱勢的弱一高盤或是弱雙星盤，是否有機會逆轉當日偏空的盤勢，形成多方優勢的格局。

圖3-53是上證指數歷經2008年金融風暴後，在2009年持續反彈到8月4日見到3478.01高點後，開始進行中期反彈後修正走勢。從日K線圖走勢來看，雖然指數拉回在2639.7築底開始反攻。但因為跌破季線、半年線後跌

圖3-53　上證指數2009/11/18日K線圖

幅過深。短線出現打底後反攻，仍視為3478.0-2639.7這段的反彈波。多頭反攻之始是在2009年11/16以1根跳空長紅棒線，突破造成3478為頭下殺的大倒N字的壓力。次日即11/17則出現震盪小黑K，緊接著11/18再度開高，只是多方已略顯謹慎。

　　從圖3-54當日的五分鐘走勢圖觀察；9:35開盤高點3286.9後，進行超短線拉回到9:40於3276.3築底，9:45多頭開始反攻，在9:55見到3290.9的高點後拉回。由於3290.9未超過盤差條件，因此該型態先判斷為弱一高盤。

　　接著我們觀察到多方強勢的關鍵，在於盤中產生第二高點3290.9後，針對3276.3-3290.9這段的回檔修正，僅僅屬於多方優勢的弱勢回檔，當然更不容易跌破第二波的起漲點3290.9在10:10突破盤中第二高點3290.9再創

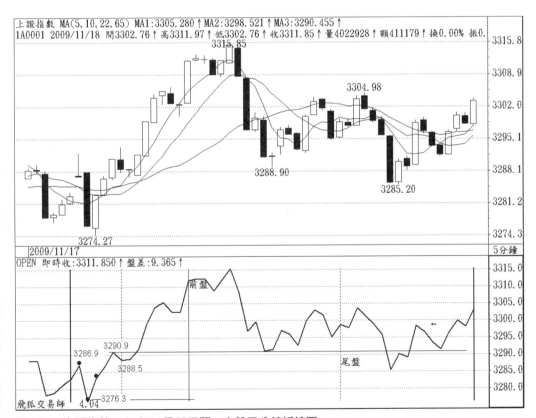

圖3-54　上證指數2009年11月18日弱一高盤五分鐘折線圖

當日新高，10:15又出現該回不回的長紅走勢。暗示就《翹翹板原理》將
有機會先攻堅到3305.51以上的目標。雖然11:05見到當日高點3315.2，但
拉回的過程多方皆嘗試以頸線3290.9為支撐。

　　因此11/18就K線而言，雖然留下上影線，但至終場仍以紅盤做收。這
說明雖然股價反彈到壓力區，但均線的結構仍屬多方有利的走勢，當日或
許不免了震盪，但收紅的機位仍然相當高。

　　圖3-55開盤9:35的高點是1275.16（圖標示A），因指數處於日線相對
高檔區，並且來到**倒N字**的位置，多方必然謹慎。當日開高隨即壓回破平
盤來到1274.08（實際K棒為1273.81，圖標示B）的低頓點後，多方才出現

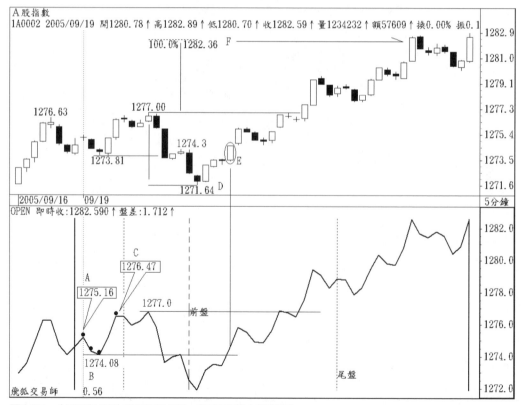

圖3-55　上證A股指數2005/9/19弱—高突破盤之折線圖

反攻訊號，並且突破9:35的開盤高點來到1276.47（圖標示C）才進入極短線整理，由於第二高點並未高於開盤第一高點達盤差4點以上，因此判定為**弱一高盤**。

後續走勢觀盤重點在哪裡？我們應該關注如果指數無法再度突破第二高點1276.47，就要留意回檔是否防守1274.08的低頓點。10:25果然攻堅無力並且回測1274.08的支撐。次筆小紅K棒1273.5為多頭抵抗的線型，再次筆仍是小紅K棒卻僅僅反彈到1274.3隨即再回落。盤勢走至此，我們先要做一個假設：這裡是一個K棒組合**黑紅黑**的空方換手盤，如果多方一直無法突破1274.3這個關鍵壓力，而不幸的空方發動向下攻擊，依《槓桿原理》應以1273.5這個位置往下扣（1277-1273.5）的幅度才會滿足，因此要滿足到1270才會止跌。

假設應當滿足1270，實際走勢並未滿足1270，並且讓多方突破1273.5這個換手點，便呈現**空頭異常**的現象，也就是說空方的力道沒有完全發揮，為什麼會如此呢？顯見低檔有股無形的多方力量在抗衡。從盤勢研判應當與前一日五分鐘K棒有關，查前一日收盤前的最後一波起漲區果然在1271.66，指數今日來到1271.64（圖示D）為**頸線跌破**，因此次筆五分鐘K棒對前波頸線跌破，產生多頭抵抗而開高中紅，讓本段的測幅失效。

緊接著我們觀察能否突破1274.3，讓這段下殺結束，多方就有機會開始反攻。11:05多方開始攻擊並突破換手點（圖示E），次筆K棒更是一筆該回不回的跳空中紅，只要守住這個跳空的虛擬支撐1274.55，我們可以大膽假設多方將要往前盤高點1277攻堅。盤勢發展至13:20從底部開始的第7小波果然突破前盤高點，並且次筆K棒是該回不回的長紅，因此只要回檔守住1277的頸線，便有機會出現翹翹板效應，讓尾盤收在當日高點附近。依據《翹翹板原理》可以預估尾盤有機會衝到1277×2-1271.64來到1282.36。當尾盤滿足1282.86，並且極短線波浪已經來到11波，即使明日再度開高也將滿足13波的延伸浪，因此已經不宜過度追高。

　　前文說過強雙星的研判條件之一，在10:40以前能夠有創新高產生B峰，並讓B峰＞A峰，亦視為強雙星格局。這種型態往往在研判上需要諸多要件，我們試舉一例說明，以2006/5/9上證A股當日走勢圖配合五分鐘K棒演示。

　　在圖3-56中，可以很清楚看到當日是開出二高盤，就以1584.05的A峰與B峰1583.07做比較，因為B峰＜A峰理應先視為**弱雙星**格局。依弱雙星的盤態經驗往往出現開高走低，甚至殺尾盤的走勢。

　　前盤要留意當出現**盤上轉盤**時，只要在10:40前能再度創新高，並使新的指數波峰突破A峰7點以上，仍須視為強雙星盤！就圖3-56說明：指數來到B峰的1583.07時負反轉拉回，首先標示出B的位置，先視為**弱雙**

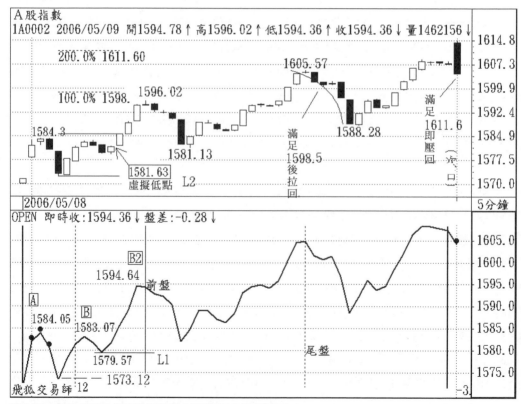

圖3-56　2006/5/9上證A股指數盤上轉盤五分鐘折線圖

星，緊接著觀察空方力道是否讓該次反轉拉回，跌破B峰起漲點1573.12。如果拉回守住1573.12，並且出現突破A峰的1584.05瞬間產生軋短空的現象，就是弱雙星的盤上轉盤！直到10:35新的高點1594.64出現反轉，我們便在這個位置標示**B2**以代表新的高點。緊接著支撐點將從B峰起漲位L提升到創A峰新高的起漲位L1，只要中盤守住1579.57，尾盤仍會以中紅以上K棒作收。

盤上轉盤的關鍵點需借助K線的基本潮汐觀念，讀者要留意的是如果開盤判定弱雙星，多方後續突破A峰依理應當是假突破的誘多行為，即突破A峰隨即拉回才是。首先要留意10:25這裡突破A峰1584.3，次筆五分鐘K棒理應出現空頭抵抗，事實上，我們發現次筆仍是中紅K棒收高，再次筆仍是跳空的紅K棒直攻到1596.02，因此我們便將突破A峰的K棒的軋空低點1581.63標示為**虛擬低點**，以便和實際低點L1的1579.57做區別。其次盤上轉盤的第二要件是拉回務必防守虛擬低點，即11:05拉回於1581.13便是做防守盤；防守成功則中盤必震盪盤堅。依《K線潮汐理論》至少應滿足1598以上才會見到幅度稍大的回檔走勢。多方潮汐的力道如能充分發揮，就有機會上攻到1611.6。

討　論

我們希望本章先將開高盤或多方優勢的開盤格局，做完整論述與範例講解。下一章則完整介紹開低盤的盤態研判與尾盤的可能走勢，並說明法人盤的操盤手法。

我們常常聽到一種言論：當盤勢處於空頭格局時，有分析師說最好是開低盤，開低盤後讓沒有信心的浮額清洗，只要尾盤收在比較高的位置，便能讓當日K棒形成1根紅棒，才有止跌機會。這種研判並非正確。

讀者只要瞭解第一章的主控K線的觀念，便可釐清轉強的關鍵，事實上，出頭才是止跌的基本條件，能夠收高形成1根日出K棒的線型，對於

多頭波段反攻才能創造更佳的條件。因此攻擊自然是以開高盤為佳；除非
有一種例外走勢，是開低盤後停損賣壓減輕後，多頭能夠一路從盤下攻堅
而上，不但突破平盤並且突破前一日高點，讓收盤收在當日相對高的位
置。這根K棒就是底部轉折盤的玉柱型態，專有名詞稱為陽子母K棒。

　　我們從圖3-57台股加權指數從2009年10月到10年2月這段走勢，便可
看到開低盤的紅K棒，對於大盤的止跌相當無益。即使當日看似有止跌的
機會，無奈次日直接開低或是開小高盤走低，盤跌的格局並未因此而改
變。這也是本章強調開高盤對於止跌效果較佳的注釋。

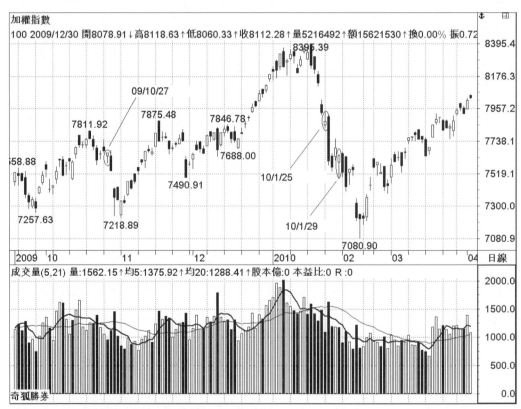

圖3-57　加權指數從2009年10月到2010年2月走勢

4

開盤九式判多空－2

從第三章內容，讀者可以體會開高盤、強雙星盤，但除了弱一高盤對多方有回檔的壓力外，開高盤也有相當高的比例暗示當日收高。當然，影響盤中多空走勢的變數相當多，因此強雙星盤也可能開高走高但出現尾盤壓低的變盤現象。在這一章將討論開盤跳空低開的開低盤態，再歸納盤中變盤走勢；最後論述法人盤走勢，法人盤是一種操作概念，包括：國家基金在利空時護盤動作，甚至外資逢利空趁低佈局的走勢。尤其是操作指數期貨時，更要留意這些盤中的可能變化。

開低盤往往代表弱勢的表現，除了前幾日大漲造成短線獲利回吐賣壓，另一方面也有可能多頭後市盤勢不明，投資人採取觀望的態度。弱勢開低的走勢變化相當多，我們將討論股價在不同多空位置，開低盤時所代表的意義與建議的應對策略。

一低盤

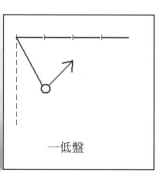

一低盤

說明：當開盤五分鐘9:05指數以低盤開出時，9:10則出現反彈向上，即稱為**一低盤**。

　　一低盤區分一低破低，或是一線過高兩種基本走勢。

尾盤預測：

一、多頭行情為回檔整理，量縮不重挫時，為整理盤。

二、強烈多頭行情或洗盤格局，買點在尾盤。

三、多頭量大重挫為承接盤，買點在9:30或10:10以後的中盤。

四、多頭、盤整盤大多以小紅或小黑作收。

五、空頭不買逢高空。量縮重挫或量大不重挫延續波段行情。

開低盤和開高盤一樣，有所謂氣勢盤，只要開一低直接攢殺超過80點（6000點以上時），就視為空方氣勢盤。在空頭趨勢中，開低盤時不宜比前一日開盤增量，因為這樣開盤量有暗示量增殺盤的疑慮。除非是多頭走勢出現突發性利空的量增一低盤，則為多方承接盤。一般情況下，如果出現一低破低盤，在盤中沒有突破五分鐘末跌高點前，就無法做出有效止跌走勢。

多頭趨勢中，開低盤代表多方的觀望氣氛，因此一開盤便要觀察近幾日的熱門股開盤結果，若是熱門主流股因應大盤開低，當日走勢低檔整理的機會就相當高。除非9:30前，主流股主力作手再度進場拉抬，熱門股至少突破平盤以上，才有機會帶動大盤止跌。多頭走勢中，我們也會觀察短期技術指標（例如：均線、KD指標等）是否持續走揚，一低盤就有機會形成對多方有利的走勢；因此當日只是多頭的回檔而已，而非多頭即將結束且被空方掌控。

一低破低盤

正常的一低盤是弱勢格局，在多頭高檔反轉或空頭反彈的末端常見到這樣的盤態，9:05開出一低盤，9:10隨即反彈代表多頭仍有抵抗空頭的企圖心。如果反彈無法越過平盤，或越過平盤隨即拉回，再破開盤低點，暗示空方壓制的力道相當強勁，這種走勢往往以開低走低作收。

圖4-1是2010/11/1加權指數9:05以一低盤開出如圖標示1L的8294.71，雖然只小跌21點，但留意五分鐘折線圖，反彈到H高點8298.5並未越過平

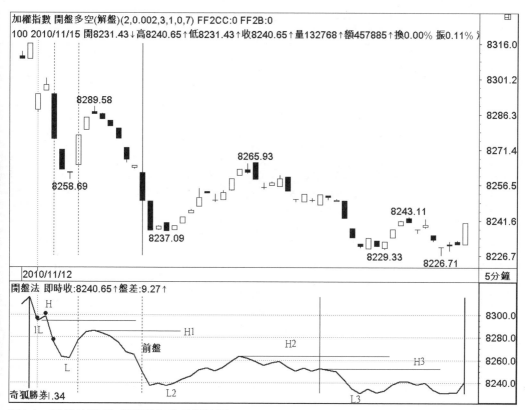

圖4-1 2010/11/15加權指數五分鐘折線圖

盤8316.0。接著拉回的過程直接摜破開盤低點1L的8294.7，這就是標準的
一低破低盤模式。後續要留意觀察每一次創盤中新低的起跌點，即末跌高
點，只要看到最後一次的末跌高點沒有突破前，暗示當日的走勢一定是一
路盤跌，並且以接近當日最低附近作收。還好日K線的位置剛好跌破20日
的月均線，而上揚的月均線形成支撐作用。

　　圖4-2是2006/6/7上證A股指數從9:35以一低盤開出如圖標示1L的
1755.7，留意五分鐘成交量15.52億明顯高於前一日14.14億，因此為一低
增量盤。9:40反彈到1760.67無法越過平盤1764.84填補開盤向下跳空的缺
口。從反彈到1760.67出現負反轉拉回，首先觀察關鍵在於開盤後1755.7
低點當作超短線支撐，並以1760.67視為超短線壓力。9:55盤勢出現跌破
1755.7再創當日新低，為**一低破低盤**模式。走勢至此，可以大膽預測：前

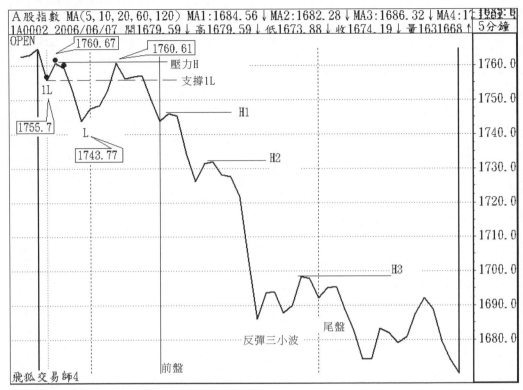

圖4-2　2006/6/7上證A股指數五分鐘折線圖

盤為空方優勢的走勢。而多方能否轉強？研判方法可以採用趨勢規則與力道法則。當出現創新低時，便往前找到**末跌段高點**，如果每次反彈都無法突破最後一次的末跌高點，暗示趨勢將持續向下，表示當日有機會出現中黑或長黑的走勢。

從圖4-3日線的位置明確指出是在相對高檔區，而且是一破三價（寶塔線翻黑）的長黑K棒，同時跌破5日、10日、20日均線，防高檔反轉翻多為空。

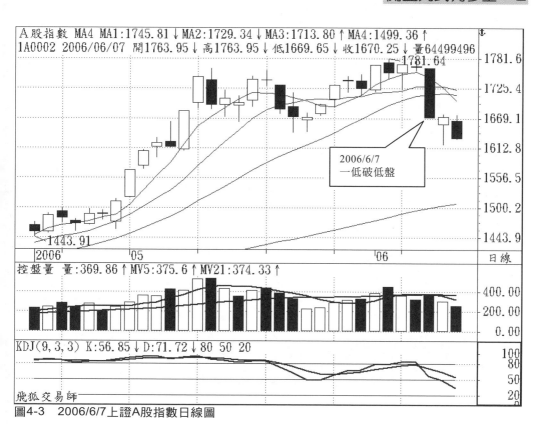

圖4-3　2006/6/7上證A股指數日線圖

一低一線越平盤

　　日K線處於月均線走平的多空不明狀態，或是指數正在短期箱型區上下震盪。更多情況是發生在底部區剛剛醞釀完成前的階段，指數已經突破5日均線及10日均線的壓力，多方仍須表態正式挑戰月均線，才能讓底部獲得確認。這種情形也發生在多頭趨勢突破前波高點時的走勢。

　　圖4-4的指數位置1047.65正是05年全年的低點，在低點尚未確認前，指數在6月與7月中旬打出大W底，第二隻腳在7月初更形成**複合雙底**。7/22週末，多方終於奮力突破1054.5與1056築成的雙底頸線位置1103.02，同時也挑戰月線壓力。K 線盤態也形成**N字突破**。型態的突破是依據K線盤態應用，次筆K棒即次日理應遭逢短空抵抗。因此容易開高走低，或是直接低開的走勢，我們觀察次一交易日7/25的開盤正是量縮一低盤的低開

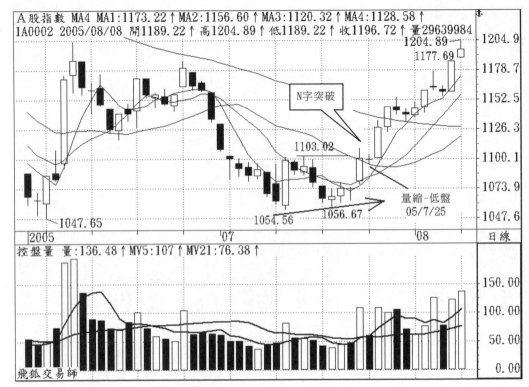

A股指數 MA4 MA1:1173.22↑ MA2:1156.60↑ MA3:1120.32↑ MA4:1128.58↑
1A0002 2005/08/08 開1189.22↑ 高1204.89↑ 低1189.22↑ 收1196.72↑ 量29639984

N字突破

1204.89
1177.69

1103.02

量縮-低盤
05/7/25

1047.65   1054.56   1056.67

2005   07   08   日線

控盤量 量:136.48↑ MV5:107↑ MV21:76.38↑

飛狐交易師

圖4-4   2005/7/25上證A股指數日線圖

走勢。這種走勢符合空頭抵抗的型態，但因為是量縮型態，因此當日只視為整理盤。**所謂整理盤是指極短線多頭的回檔修正，而不是轉為空頭的下跌波。**

　　在圖4-5中，7月25日9:35開盤以跳空5.54點於1094.89開出，五分鐘量5.02億與前一交易日開盤量12.4億為急速量縮的表現。在前盤戰，可以先將1094.89先視為支撐點；緊接著在9:50出現第二底1095.44後開始反彈。我們觀察從1095.44這波反彈，不但超過開盤2/3以上，甚至在10:00時突破平盤，從五分鐘K棒顯示：10:05出現的避雷針線為空頭抵抗行為，之後的拉回並未跌破1095.44的支撐，雖然到尾盤仍收低，但未再跌破開盤低點，於日K線上形成1根十字線。讀者可以在成交量這章中，從我們提供的成交量預估表，推測當日成交量量縮呈現防守盤走勢。因此當次日出現跳空開高的三高盤，便可望讓前一日多頭防守盤獲得確認。

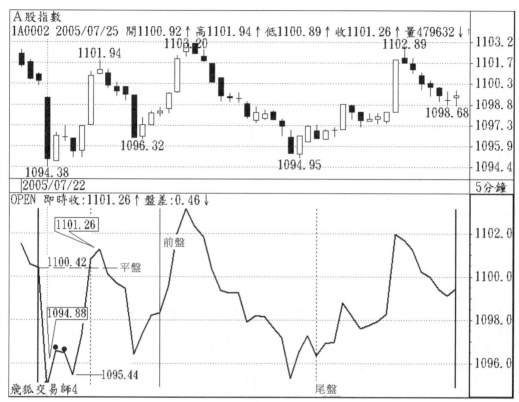

圖4-5　2005/7/25上證A股指數五分鐘折線與K線圖

　　多頭中，開一低盤往往出現回檔整理，量縮就不會跌太深，尤其當9:35開出一低盤後再也見不到正反轉的低點，出現一直線拉過平盤，為標準的一低一線越平盤。其次，次強勢為開出一低盤在10:00前（台股9:30）直攻越過平盤。尾盤可注意熱門股短線買點。如果是在空頭趨勢中為盤跌盤，出現量大，要留意容易出現重挫，所以未出現止跌訊號前，只有調節多單或逢高放空的策略。

一低盤──多頭回檔

　　圖4-6是加權指數在2010年10月突破前波高點8054後，多頭沿著10日均線盤堅的走勢，由於前一晚（10/4）美股大跌，加上台幣對美元匯率從32.0元一路升值至10月的31.0元，以出口導向的電子股首當其衝，成為賣壓重心。相對的，當美元弱勢避險與投機需求便推升原物料價格走揚，當

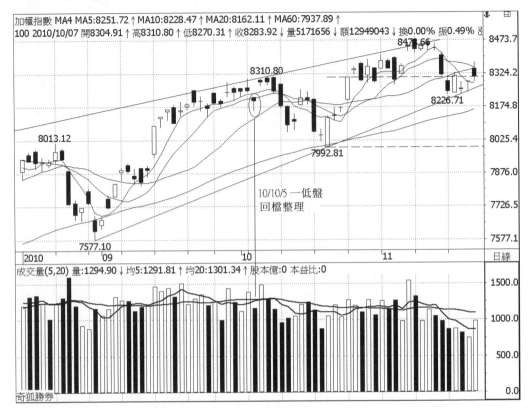

圖4-6　2010/10/5加權指數日K線圖

台幣升值時，國際熱錢持續流入臺灣，傳產、營建由於保值與資產重估提升的聯想，成為短期資金駐足的標的。原物料股也因為國際報價走高而受惠，其中又以進口為主的大宗物資、石化、紡織帶動正面支撐。從當時日K線來看，股價從9/6突破月線壓力，在9/13以跳空長紅突破前波8054高點，強勢沿著5日線軋空，雖然9/24曾經跌破5日均線，隨即獲得10日均線支撐。到了10/5出現美股重挫的利空開盤下挫，多頭將首度面臨10日均線支撐的考驗。我們在觀察當日走勢時該如何研判當時的行情？

圖4-7在2010/10/5當日9:05開在8206.7跌39點的一低盤後，立刻出現連續兩盤反彈，可惜這個反彈只來到8212.4，不僅無法越過平盤，更只是反彈5.73點，連弱勢反彈的8219.7都未到，可見此波是相當弱勢反彈波。因此我們先找出支撐、壓力點，9:05低開的8206.7支撐，以及8212.4 轉折壓

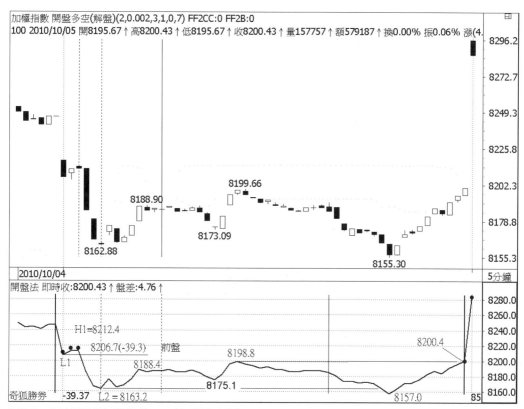

圖4-7　2010/10/5加權指數五分鐘K線與折線圖

力。在前盤戰，先盯住大盤9:30以前變化，發現不但沒有再度突破8212.4更跌破8206.7，暗示空方掌控優勢，雖然開盤五分鐘量74.6億比前一天72.7億略增，但增幅不大，且9:30五分鐘量隨即萎縮至30億以下，同時預估當日總量應低於前一日的成交量，呈現多方觀望的氣氛。

　　雖然9:30在8163.2跌勢趨緩並開始反彈，我們觀察兩個關鍵：

第一、這次反彈到9:55的8188.4，是對當時最後的下跌波8212-8163的跌深反彈，因此正是一個反彈至對分位的**常態反彈**，剛好反彈25點；接著拉回到10:45止跌於8175.1，這也是個合理的常態回檔，所以多空處於均衡狀態。

第二、從8175.1開始進行第二波反彈（c浪），只反彈到11:00的8198.8，這段只有反彈23點。因為9:55前反彈3小波之後拉回8175.1，跌破之前反

彈3小波的b高8175.8，因此從8175.1這段的開始反彈，只能以較大的三波判斷，既然A波反彈25點，C波卻只反彈23點，不但不足等浪更別說有擴大浪（1.618）的機會，當日的盤勢可預測將會往新低邁進。

至於在12:40再創波段新低來到8155.3，我們關注的只有末跌高點8198.8是否突破。多頭僥倖在尾盤最後一筆收盤剛好收在8200.4，恰巧突破8198.8，暗示當日殺盤的賣壓已經宣洩，有初步止跌的機會，當日收一根帶下影線的小黑K棒。

一低盤——震盪格局

日線處於多頭走勢，或底部整理走勢，容易出現震盪整理格局。因為在一固定範圍區間容易遇到支撐，所以震盪盤容易出現小紅、小黑格局。

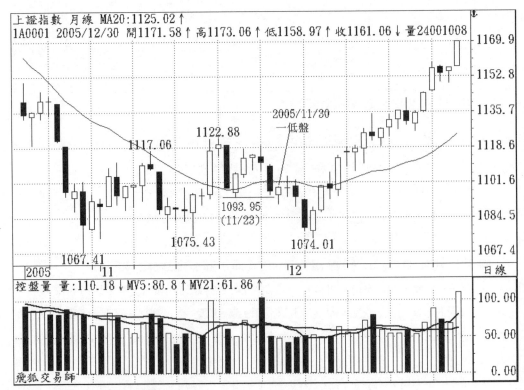

圖4-8　2005/11/30上證指數日K線圖

　　先看圖4-8日K線位置，2005/11/30之前，上證指數剛剛打底反彈，同時突破月均線壓力，且下跌的月均線走平。指數在突破1117.06拉回原本合理。11/29出現長黑，再度將月均線的支撐攢破，因為當日低點已經接近前波低點1093.95的支撐，所以有機會在跌破當日或次日出現多頭抵抗的情況。11/29當日1根長黑K棒，在不是殺多盤的走勢，不論之前盤堅或盤跌情形下，往往是長黑次日出現量縮震盪盤。也就是說，重挫的機會不高，但仍須留意盤中跌破前波低點1093.95的表現，因為多頭抵抗不一定得在當日盤中發生，就日K線而言，第二日做抵抗也是合理走勢。

　　從圖4-9，可見開出一低盤隨即跌破1093.95前波低點，並且出現強勁反彈，9:45來到1096.07於平盤1096.99壓力面前再度拉回，並且出現一低破低盤走勢。當出現一低破低盤，前盤至中盤的壓力會比較重，因此多方務必突破1096.06的壓力，才有止跌希望。10:50多方反攻到1096.32突破開

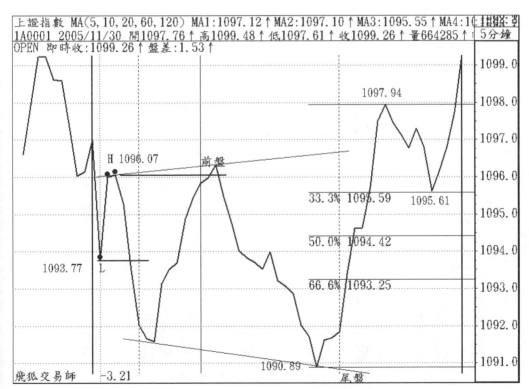

圖4-9　2005/11/30上證指數五分鐘折線圖

盤高點1096.07，可惜又遭逢突破後的空頭抵抗再度壓回，並於13:25來到新低。我們可以思考這裡多空交戰劇烈，在型態上，為突破後隨即空頭抵抗，跌破後也馬上出現多頭抵抗，因此型態形成擴大的喇叭口。真正讓空頭退守的關鍵在於尾盤前的創新高，並突破平盤缺口，雖然再度拉回僅為弱勢回檔1095.59附近，因此尾盤得以收高。無論如何，當日K棒呈現量縮小紅，K棒的走勢符合預期。

一低盤──空頭續跌盤

圖4-10的日線處於強烈的空頭趨勢中，短中期均線呈現空頭排列走勢。雖然股價前幾日並非連續追殺的走勢，幾乎維持二黑一紅的走勢，前幾日的組合有**跌破後多頭抵抗、日出K棒**等型態，日出K棒原本有利空頭反彈，但日出K棒突破前一日高點如果是黑K的棒線，仍受制於空方的壓力。

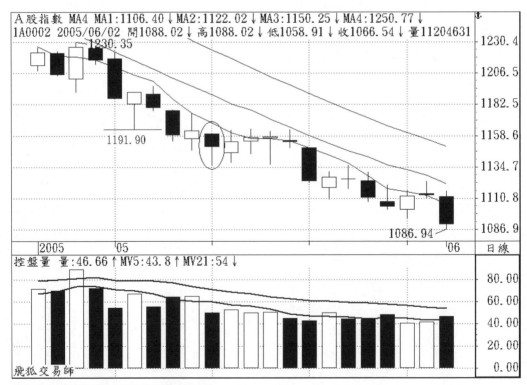

圖4-10　2005/5/16上證A股指數日線圖

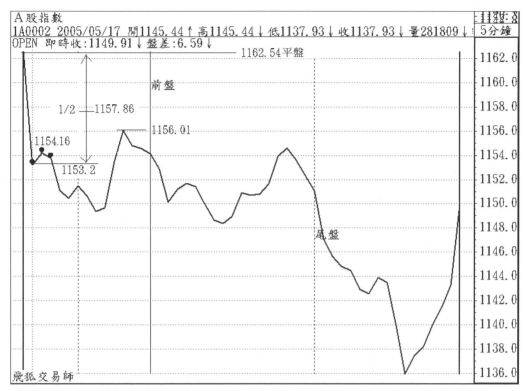

圖4-11 2005/5/16上證A股指數五分鐘折線圖

　　圖4-11是2005/5/16該日五分鐘線圖。開盤低開達9.33點，幅度不小，來到1153.21。雖然9:40出現反彈，卻只反彈0.95點左右；當我們遇到向下低開幅度頗大，反彈幅度卻極小的盤態，依前文取前盤戰的支撐與壓力的意義不大。低開幅度較大時，應先取開盤低點與平盤1062.54做力道研判的配置線。如果盤中遲遲無法突破1/2的1057.86就屬於弱勢格局。

一低盤──空頭轉折盤

　　一般情況下，空頭趨勢為盤跌盤，仍為空方主導盤勢。以上海股市為例，若10:00回升位置已接近開盤點，並在10:40前越過平盤，且能13:40前守在平盤之上，為多頭期望止跌的**轉折盤**。應於盤中震盪介入多單，並建倉期指多單。有機會先止跌，且出現50點以上的彈升空間。選股應介入領先止跌，並反攻板塊中首支表態股。

圖4-12 2005/12/6上證A股指數日K線圖

　　圖4-12的日K線是上證A股指數從2005年9月中旬1285.68高點反轉，並且跌破季線，爾後一直受制於月線反壓。到11/16當日在1130出現一低轉折盤才首度突破月線。並於12/6拉回跌破月線再度測試前波1130.33的低點。當日五分鐘瞬間低開後，跌破1130.33來到1129.07，五分鐘收盤的折線位置是上升到1130.73（-3.82）點，代表一分鐘跌破隨即逢多頭抵抗而反彈。

　　從圖4-13開出一低盤的位置僅僅小跌3.8點，因此只要觀察平盤缺口壓力（圖標示N）。果然10:05直接突破平盤來到1137.27後逢短空抵抗壓回於1136.34（圖標示O）。讀者在這裡要觀察的是：當再度出現正反轉向上，多方攻擊的企圖心相當強烈，因為短空抵抗拉回的1136.34低點仍高

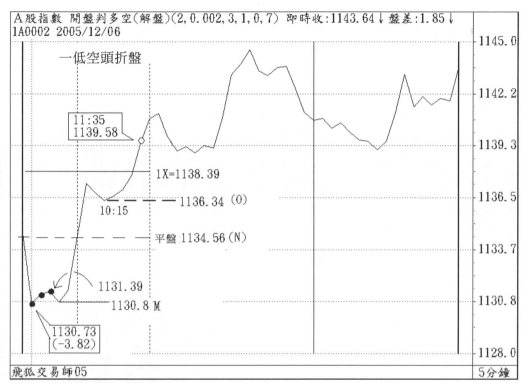

圖4-13 上證A股指數2005/12/6五分鐘折線圖

於平盤。我們只要留意當1136.34未跌破的情況下，能否出現漲幅超過開盤跌幅一倍（圖示1X=1138.39）以上，便有機會形成當日多方期待的轉折盤。中盤只要守住突破1X的起漲位，可望中紅作收。

收盤從日K線的走勢研判，開低走高的長紅棒深入黑K棒1/2以上，為曙光出現的棒線，更暗示底部多方的轉折契機。

低盤──承接盤

原本多頭走勢的格局遭逢利空重挫，以極低盤開出，原則上，要超過80點以上（上證在2000點時約為20點）。則當日低點應該在9:15（上海股市9:45）出現三小波反彈，或在10:10 （上海股市10:40） 附近也會有反彈機會，可搶反彈並且是**當沖操作**。重挫盤要看開盤量，若與昨日相近，則仍屬空方盤，盤中拉抬都是主力出貨，必須掌握機會，短空期貨或放空

弱勢股。除非出現的多頭走勢中，突然遭受消息面利空影響而開盤重挫，並且第一盤出現爆大量的條件。

　　圖4-14是加權指數在2005年元旦過後的利空重挫盤，從2005年11月至年底多頭的氣勢相當強勁，短中期均線結構明確屬於多頭掌控的格局，不但季線在相對低檔且持續向上揚升。臺灣電子板塊大多為美高科技股代工，易受美股利空或兩岸政治因素影響。當時背景是陳水扁的元旦談話將對臺灣赴中國投資採取**積極管理有效開放**緊縮兩岸經貿，專家對此解讀台海局勢與政局將有重大負面影響。當日開盤隨即大跌93點，為空方氣勢盤。開盤大量代表多方在開盤不計價殺出持股。一般情況在非經濟因素影響下，國安基金（政府護盤基金）往往利用盤中投資人觀望與空方氣焰減弱時，進場拉抬占指數比重高的權值股，以墊高指數。

圖4-14 2006/1/2加權指數日K線位置圖

　　圖4-15是加權指數當日9:05開低93點以後，隨即第二盤9:10及時出現反彈，且為圖示a-b-c三小波反彈。因此當K線位置是多頭走勢開盤重挫時，為第一盤搶反彈時機。緊接著要觀察反彈能否突破平盤和開盤點1/2以上，否則皆屬反彈無力的表現，而且經常會再度測試一次開盤低點。我們會特別應用《波浪理論》的觀念，即跌破開盤低點的次級浪轉折高點，如圖示B高6485.92是否突破？決定當日是否能夠讓K棒成為大陽線。

　　其次，如果出現護盤動作時，能否出現**六盤一線天**的法人盤。從圖中可發現發生兩次法人盤，但第一次並未符合拉抬的條件，尾盤前的第二次動作則為標準的法人盤走勢，讀者可在本章稍後篇幅理解法人盤的幾種手法。雖然當日未能突破盤中B波的高點，但次日9:05隨即開高，剛好突破B波6485.92的高點，因此造成次日大陽線大漲格局。

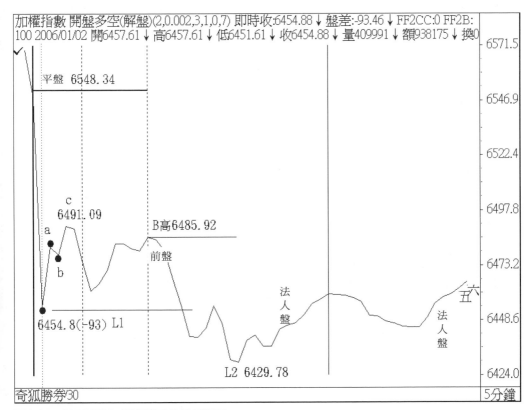

圖4-15　2006/1/2加權指數五分鐘折線圖

一低盤的格局往往屬於空方優勢的開盤盤態，因此如果開盤五分鐘不是量大重挫的利空走勢，其他組合如：**量縮重挫、量大不重挫、量縮不重挫**皆為空方優勢盤；因此讀者宜掌握當日消息面的變化與判斷當日開盤量的表現。

一低盤——震盪洗盤

指數也有所謂震盪洗盤的手法，讀者可能會問指數與主力作手有什麼關係？其實只要想盤面熱門股皆有主力參與，而這些熱門股量能是提供當日指數成交額最重要的來源。因此我們將探討一低盤，主力作手的震盪洗盤模式，並且試舉出**行進間換手**這種主控盤模式之一，與讀者分享。入市較久的投資朋友免不了聽到洗盤這個名詞，筆者會另闢章節專門探討指數與個股的主力控盤模式，因為一般分析師以技術分析解讀主力模式，以訛傳訛易遭誤解，主力股突破壓力之後或大漲前夕的大幅回檔，甚至必須要經過一定時間壓低量縮整理，這種將散戶甩轎的動作都稱為洗盤。本節要介紹的是快速噴出的主力模式。

圖4-16是2005/8/3（週三）滬市收於1107點，由於接近6月1130點高點附近的套牢籌碼，就K線而言遭逢前期阻力。從盤面結構顯示尾盤的回落，乃因主導大盤的中國石化、銀行股和交通設施板塊（類股），尾盤出現了獲利了結賣壓。從K棒而言，當日收市為1根收在相對低點的避雷針十字線，股評都認為當日為低檔起漲以來的相對大量，指數應出現回檔整理。

事實上，從前波6月高點1129.96出現倒N字盤態，8/3開高走低應是一個高檔回落的先兆，8/3反應解套壓力是合理的。因為6月跌破所產生的殺多高點1103.48以上賣壓不輕。所以當日留下很長的上影線，代表盤中高檔的短線賣壓。次日8/4直接開出一低盤的走勢，股評們大概以為預測對了！事實上當日的成交量是一個主力洗盤訊號。

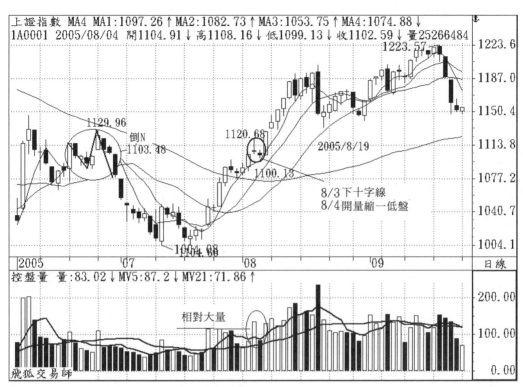

圖4-16　上證A股指數2005/8/4日K線位置圖

　　主力當然知道漲到這裡是有壓力的，因為前波套牢兩個多月的投資人除非見到指數在接近套牢的成本區附近，當日出現殺尾盤轉弱時才會願意退出。如果主力要持續拉抬，勢必要震盪洗盤，甚至做誘空的行為。主力才能掌控股價或指數的後市，也能持續盤堅上揚，甚至出現快速噴出，才能減輕許多浮額，增強控制籌碼能力。

　　因此從成交量而言，我們要留意8/3當日爆出相對大量殺尾盤，次日只要量急縮至防守量（請參考指數量能該章），若出現開低走高，或小十字線，都是防守盤的表現；再緊接的次一交易日只要出現高開突破8/3的高點就可確認。這種利用三日K棒換手，並且只拉回一天的手法，便稱為**行進間換手**，同時宣告了主力的預期目標。我們從1120/68的高點與故意壓低的1100.13低點，接著從1004.08的起漲點做換手測量，可預知目標將挑戰1216附近。圖4-17是2005/8/4的五分鐘折線圖

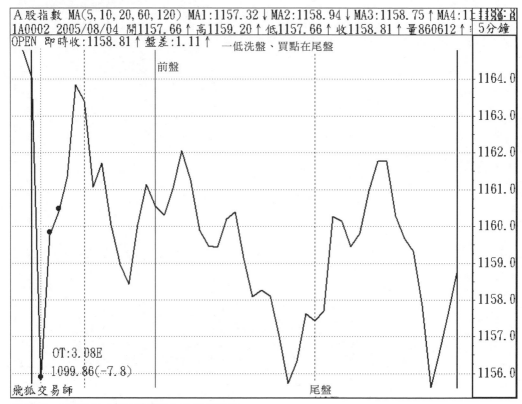

A股指數 MA(5,10,20,60,120) MA1:1157.32↓MA2:1158.94↓MA3:1158.75↑MA4:11
1A0002 2005/08/04 開1157.66↑高1159.20↑低1157.66↑收1158.81↑量860612↑ 5分鐘
OPEN 即時收:1158.81↑盤差:1.11↑ 一低洗盤、買點在尾盤

前盤

一低洗盤、買點在尾盤

OT:3.08E
1099.86(-7.8)

飛狐交易師   尾盤

圖4-17　2005/8/4上證A股指數五分鐘折線圖

在K線的趨勢控盤的理論中，將這種模式稱為**潮汐推動**，潮汐推動的目的是為了趨勢扭轉。趨勢扭轉的目的就是為了空多異位，讓趨勢處於一個對多方有利的位置。

二低盤

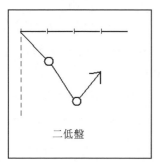

二低盤

說明：當開盤五分鐘9:05指數以低盤開出，9:10則持續走跌，至9:15出現反彈向上，即稱為**二低盤**。

二低盤往往對空方相對有利。

尾盤預測：

一、多頭行情為回檔整理，當日中黑機會大。但宜注意尾盤多有變化。

二、震盪、空頭行情，當日收中黑或長黑。逢高（尤以突破平盤）為空點。

三、兩低盤除非突破平盤，並守住起漲點，有機會留下影線。

　　在漲升末期或是盤整末端，很容易出現這樣的盤態，當日中黑的機率頗高，二低盤的格局容易讓多頭漲升進入竭盡。當股價處於高檔震盪，二低盤往往成為壓倒多方的最後一根稻草。

　　多頭會發生二低盤回檔，大多發生在均線仍對多方有利時，當日有利空因素，如果多頭仍將持續挺升，尾盤還會有突發性變化，例如：中場過後急拉突破平盤，使K線出現下影線，仍有機會在多頭回檔過程中形成低點轉折。

　　但在多頭末期與空頭初期的醞釀階段，二低盤將使K線收中黑或是長黑，因此這根中黑K棒往往是在關鍵的點位上，沒有突破關鍵壓力時，逢高應該先出脫多單。如果是在多頭走勢持續的情況，股價拉回月均線支撐，形成回檔末期，就有機會在隔日出現嘗試止跌的紅K棒，雖然隔日往往還有低點，但只要止跌訊號一出現，多方即可反攻。盤面觀察當時的熱門指標股與大型權值股是觀察重心，如果盤中發生主流股與大型股出現盤底，甚至逆勢拉抬，有期指空單者應伺機回補空單，作多者則仍需等待攻擊訊號出現，例如：次日緊接著出現一高或二高強雙星等轉強訊號。

二低盤——多轉空

　　圖4-18是上證A股指數在2005年9月盤頭的走勢，9/20出現頭部的倒N字型態，依據我們在K線盤態原理運用，次日為多頭抵抗相當重要關鍵。對多方而言，多頭為了抵抗成功，往往出現直接開高盤形成小紅K棒、或一低盤後走高。對多方比較不利的盤態便是直接以二低或三低盤開出，這樣對多方的信心將產生較大衝擊。由於前一日開盤盤態是高檔不利的三

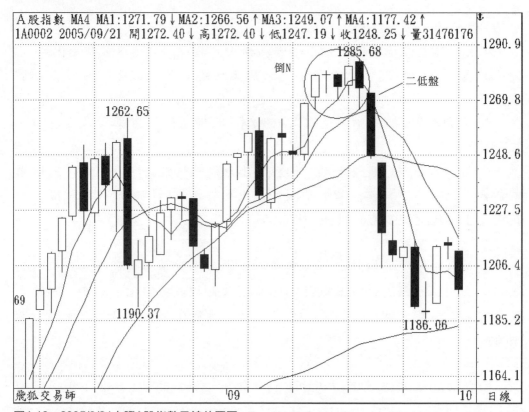

圖4-18　2005/9/21上證A股指數日線位置圖

高弱雙星，收盤時跌破5日均線；因此次日開低盤中跌破10日均線，容易造成止損賣壓湧現。

　　當發生二低盤的走勢時，盤中更要留意最少有兩段三波或三段五波以上的跌勢。如不幸出現五波以上跌勢，空方往往佔盡優勢，多方反彈往往只是弱勢3小波，當日收在相對低點附近的機會極高。

　　圖4-19從2005/9/21當日開二低盤後，不但未能突破平盤，更在拉回時將開盤二低的低頓點1267.69跌破，前盤已形成至少三段五波的跌勢，暗示當日開盤空方已經掌控全局。除非多方出現攻擊潮汐，以扭轉空方優勢的局面，當日極可能以相對低點中長黑作收。

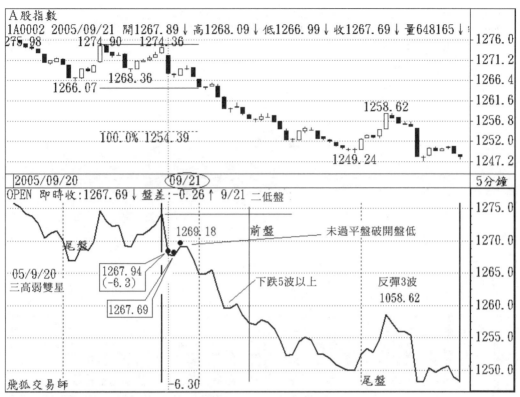

圖4-19　2005/9/21上證A股指數日線位置圖

二低盤──空頭續空

　　圖4-20可看出空頭走勢中如果股價連5日均線都無法突破，連續數天開低盤，對空方明顯有利。但我們**要留意空方二低盤的兩個特性**：

　　第一、盤中要留意空方三段五波跌完後經常會出現小反彈，不宜過度
　　　　追空。除非五波跌完出現追殺的走勢，否則應該有機會出現三小波
　　　　的反彈，短空單就該縮手或伺機先回補。

　　第二、若當日中黑是在跌破支撐的情況，次日往往出現多頭抵抗現
　　　　象。

圖4-20正是說明這種現象，指數未能站穩5日均線空方明顯有利，跌破
1163.48也出現多頭抵抗，因此出現短多有利的下影線（鎚子紅K棒），當
5/12出現二低盤跌破支撐，次日又再度出現十字小陽K線的震盪格局。這
都是盤跌趨勢中多頭抵抗的現象。

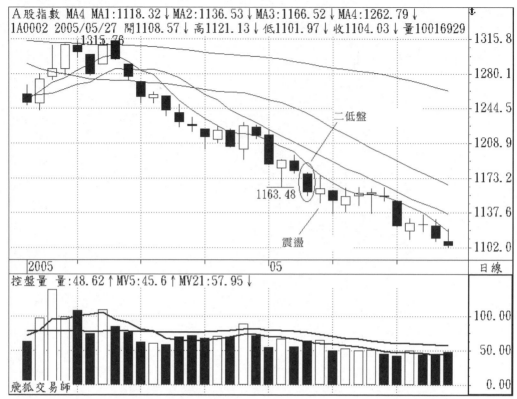

圖4-20　2005/5/12上證A股指數日線位置圖

　　因此在觀察盤中的走勢時，相當重視空方維持三段五波的跌勢後，多方的反彈力道。

　　從圖4-21當日五分鐘走勢中，開盤二低盤來到1173.08，反彈僅僅來到1178.68，未能突破平盤1180.1，緊接著回跌將開盤低頓點1173.08跌破，我們觀察前盤至少跌五小波來到1165.9後，才開始出現反彈走勢。首先觀察這次反彈屬於非強勢反彈，只從低點1165.9反彈到與平盤1180.1之間不足1/2位置的1173.01附近。同時突破當時未跌高點的1171.2隨即在次筆五分鐘遭受空頭抵抗再度拉回，多方攻擊的力道顯得薄弱。

　　當前盤過後的弱勢拉回，將反彈三小波的b波低點跌破，經常會造成盤中續跌走勢，形成波浪型態的5-3-5波回跌，就趨勢的波動原理而言，

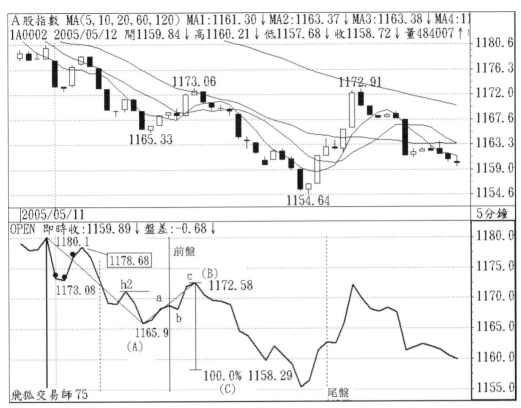

圖4-21　2005/5/12上證A股指數五分鐘折線與K線圖

極易將前盤跌幅在中盤以後再度複製一次，即平盤1180.1至1165.9跌幅形成1172.58下跌潮汐，如同圖標示的，來到1158.29以下的滿足。

二低盤——空方止跌

　　空方止跌盤的走勢，大多發生在多頭行情中的高檔震盪之後漲多拉回，往往呈現最少回檔三波；代表拉回的調整浪處於末端，整理完畢有機會再度回復上漲行情。少部分發生在空頭走勢末端，除非呈現破底後多頭抵抗失敗，否則往往容易發生在跌破後，當日隨即多頭抵抗拉尾盤，或次日多頭抵抗的走勢。就短線而言，空頭有機會做反彈的盤勢。

　　圖4-22是上證A股指數在2005/4/1的二低反轉成增量長紅棒的走勢。前四日正是指數跌破2月低點1246.65出現下影線黑K棒，其次日3/29出現

日出收低的黑K棒1268.75，緊接著3/30再度破底長黑，因此留下1253.75
殺多高點。3/31則出現底部轉機的鎚子小陽線。

　　盤勢至此，我們必須探討如下：
　　首先止跌的要件是多方要先想辦法突破1253.75殺多高點。
　　其次要先突破1268.75極短線未跌高點。
符合這兩項條件才有機會止跌。即使後市僅僅三波反彈到1315.76來到KD
指標相對高檔區才開始反轉再度回跌。但是至少可以掌握短空回補的時
機，甚至介入搶短多單。

　　從圖4-22可見前一日的3/29日K棒已經拉出帶下影線的小陽線，並且
收在相對高點的1239.27，但空頭走勢無法立即扭轉，在投資人仍有疑慮
之下，次日開二低盤。前文已探討過二低盤容易出現兩段三波拉回。雖然

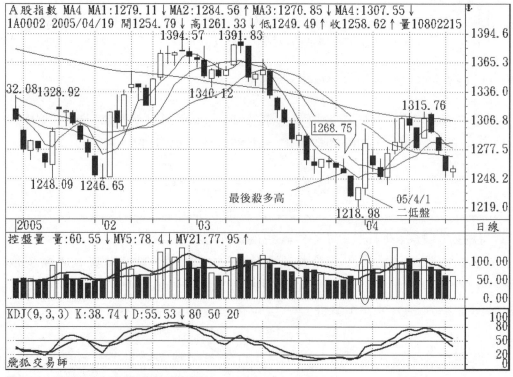

圖4-22　2005/4/1上證A股指數日K線圖

開二低盤於1233.1隨即突破平盤，屬於強勢的表現。但要留意越過平盤也隨即遭逢空頭抵抗再度壓回，並且跌破開盤低點1233.1來到13:05的1232.53（觀察K線尚未創盤中新低），符合三波兩段的拉回走勢。

　　說到二低盤的結構，首先要觀察開盤跌幅是否過大？如果跌幅大，我們會在低頓點與平盤取1/2附近先視為壓力。如果跌幅小，則以平盤為壓力，並且將二低盤的正反轉點取支撐。未突破壓力又跌破支撐，應預防隨即轉為再度下殺的第二段下殺走勢。如果越過平盤馬上遭逢空頭抵抗壓回，往往會再測試一次支撐點，也視為第二段下跌。研判在任一反彈波力道的強弱；如果強勢反彈，也就是中盤二度突破平盤，只要突破平盤以上兩倍漲幅，即圖4-23在4/1當日五分鐘折線圖，當13:45越過2X的1245.44，便有機會逆轉形成中長紅K棒。

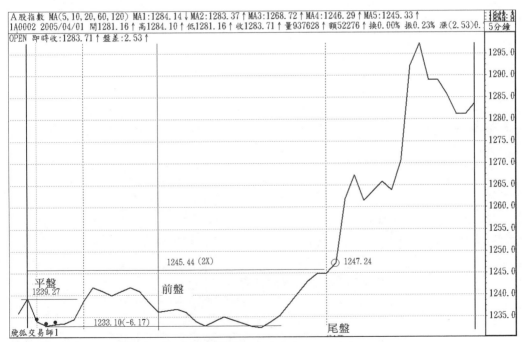

圖4-23　2005/4/1上證A股指數五分鐘折線圖

　　從圖4-24配合K線的盤態與力道應用法則，很容易理解到：3/31開盤
跌破前一波頸線1243.82（3/28低點），反彈3小波到1246.26（圖示1）出現
吊高點追殺盤，在日線空方持續優勢的條件下，就潮汐的力道應滿足
1217.2以下，才屬正常的盤跌或追殺走勢。而3/31隨即在1218.98（圖示
2）止跌，暗示空頭異常。

　　當然我們無法馬上判定，是等到14:20反彈到1235.06（圖示3），對末
跌段1242.6-1218.98做出**強勢反彈**時才能斷定。盤中走勢並未出現超短線
軋空盤，因此要留意拉回，只要不是強勢回檔，便有機會打底。回檔
1228.01只來到1218.98-1235.06這段回幅1/2附近，隨即止跌並在尾盤創盤
中新高，顯示為**強勢反彈＋弱勢回檔**，所以是盤底型態。

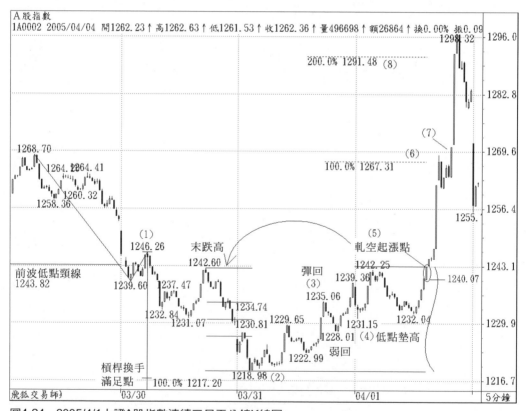

圖4-24　2005/4/1上證A股指數連續三日五分鐘K線圖

　　雖然4/1開盤隨即以二低盤開出，二低盤的K棒低點為1231.15，維持超短線低點墊高的走勢（圖示4）。盤中最重要的攻擊是在13:45出現突破平盤兩倍幅，並且突破末跌高點的1242.6（圖示5），次筆K棒不回頭，暗示空頭抵抗失敗，因此依潮汐攻擊的架構，理應反攻到一飽1267.31以上的滿足點（圖示6），多方如要做解套盤則會再攻到二吐1291.48，將指數期貨空單全數斷頭才會終止。讀者應留意下波拉回將會是以潮汐發動的軋空低點1240.07附近為關鍵支撐。

　　二低盤收中黑以上的行情，若次一交易日開盤再度以三低盤開出，則持續盤跌走勢。因此次日只要不出現三低盤就有機會出現中紅以上的反彈波，故次交易日帶有下影線時，可於尾盤介入多單。

三低盤

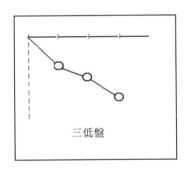

三低盤

說　明：當開盤五分鐘9:05指數以低盤開出時，9:10持續走低、9:15比9:10五分鐘續創新低，稱為**三低盤**。

尾盤預測：三低盤於多頭行情仍以收黑機會大。除非盤中突破開盤，就會呈現震盪行情。

　　盤整、空頭中，以中黑或長黑作收；量大易重挫。空頭趨勢仍為**下挫盤**，加權指數開盤幅度為80點以上，是空方氣勢盤，故延續原空頭趨勢，逢高皆可放空。當日仍為中長黑重挫作收。個股與期指空單可續抱！

空頭轉折盤：在日線重挫後，增量三低盤有機會在三日左右見低點，並改變原趨勢之空頭格局，出現反彈機會。

重大利空時常見於三點低盤，9:05出現下跌80點以上，亦為**空方氣勢盤**；注意開盤量增為重挫盤，暗示短多止損的現象。但若開盤量縮，且自9:30開始回升，並突破開盤9:05高點，則只是低檔震盪盤，不致重挫。強勢突破平盤時，有機會呈逆轉格局成小紅小黑。

空頭走勢見到盤中出現**一線天**的法人盤時，有機會出現收小跌的小陽線，同時暗示短線空方亦將出現止跌契機，故稱為**空多轉折盤**。

一般情況是空頭下跌中段仍為續跌走勢，尚未出現任何止跌訊號前，隔日還有低點。除非在空頭末端，當日三低盤以量增中黑做收，有機會在三日反轉，至少出現反盤波，又稱為**空方終結盤**。

三低盤——多頭格局

有時多頭走勢在高檔時發生三低盤，會讓多頭氣勢暫時受到壓抑，因此會先回檔整理，在支撐區整理後仍有再攻的機會。從圖4-25加權指數日K線圖觀察2010/10/18以前短中期均線維持多頭排列的結構，對多方極有利的走勢。但第一波跌破月線來到8058.5後，反彈無法突破並遠離月線，10/18當日又直接低開，並出現開三低盤的盤態，前盤無法突破開盤9:05的高點，更無法突破平盤，造成當日以中長黑作收。

從圖4-25的日線來看，10月初創新高後維持月線上盤堅，多頭趨勢無慮。有時是高檔直接發生三低盤，或如圖中所示，在拉回修正浪的末跌段才發生三低盤。這段從最高點8310.8拉回8058.5是A浪修正，8058.5上漲至8252.2是反彈B浪，緊接著出現C浪持續修正。由於A浪下跌252點，我們關心的是C浪修正是否在0.618X的縮小浪位置8096.3止跌，或是往下滿足等浪目標7999.9。於是當10/18開低，並且是最弱勢的三低盤，所以在在9:15直接跌破前兩日的低點8178.3，多頭抵抗失效。接著一路盤跌到10:10，又跌破縮小浪的8096.3來到8091.7。由於即時盤似未出現止跌跡象，而我們觀察每一波反彈的高點又成為下一波創新低的起跌點，如同圖中所標示。因此大致可以預測當日盤勢，應當是中黑或長黑走勢。

　　一般發生這種型態時，分析師往往會研判直接以季線7991（每日上移5點）為支撐，而且將會回檔整理。至於在開盤法的研判上，當出現多頭格局的拉回修正，不是一波修正完畢便是至少三波修正。當出現三低盤中長黑K棒時，也是宣告空頭力道充分宣洩，以及跌勢將終了的徵兆；因此次日開始將會出現多頭抵抗的型態。既然縮小浪8096.3止跌無效，也暗示滿足點可能往等浪的目標7999.9以下滿足。

　　我們觀察次日10/19，雖然是繼續開低，卻收1根小十字的多頭抵抗線。而10/20開低於7993，但隨即滿足等浪目標，並且遭逢季線支撐，同時當日開一低盤後再也看不到低點；大盤從此一路盤堅，且在10/26再突破波段新高。

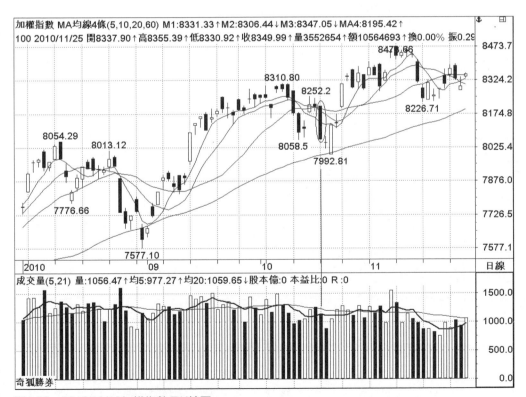

圖4-25　2010/10/18加權指數日K線圖

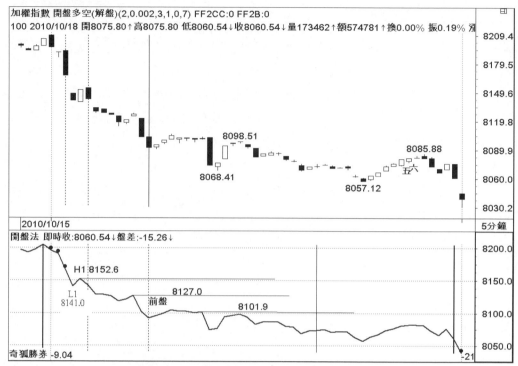

圖4-26　2010/10/18加權指數五分鐘折線圖

三低盤——震盪走勢

　　我們提過多頭走勢或空頭走勢都有震盪的格局，例如：多頭在盤頭階段時的高檔**箱型整理**，或是低檔的底部盤底階段時，都有機會讓股價在月均線附近呈現震盪走勢。

　　三低盤發生在箱型底部附近，我們便要懷疑多頭走勢是否結束？如果是空頭的打底型態時，也要懷疑是否打底失敗還要再破底！所以盤整格局中的三低盤以中長黑作收居多。

　　圖4-27為加權指數2009年6月的日K線圖，指數在雷曼事件於08年11月創下波段新低3955之後，一路反攻到7084.83當年新高。在高檔震盪後，2009/6/8出現頭部長黑倒N字盤態，並跌破5/26極短線末升低6649.9。漲多後震盪盤頭無可避免，但6/8倒N字跌破股票箱，6/9理應進行多頭抵

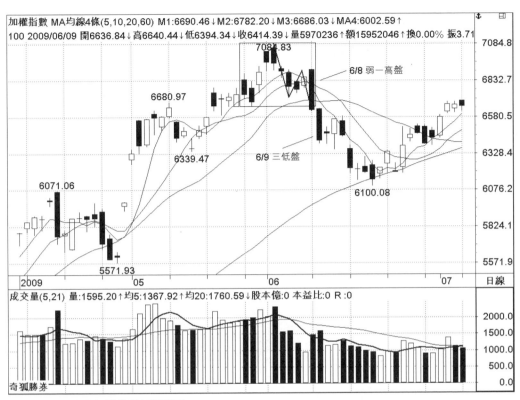

圖4-27 2009/6/9加權指數日K線圖

抗，可惜6/9卻出現開三低盤的中長黑，讓月線的止跌失敗，也宣告短期頭部成形，下檔的支撐便會往下調降至季線附近，未來股價將需要時間整理，讓短線被套的籌碼沈澱後，才能再恢復多頭走勢

三低盤──空頭續空

　　所謂空方持續優勢的格局，代表均線的結構屬於指數或股價為相對弱。勢的表現，例如：股價持續受制於5日均線的壓力。這種結構又出現三低盤時，往往是量縮的格局，表示多方尚未表現積極的攻擊訊號，所以多方持續縮手觀望，因此開出三低盤經常會持續盤跌的走勢。

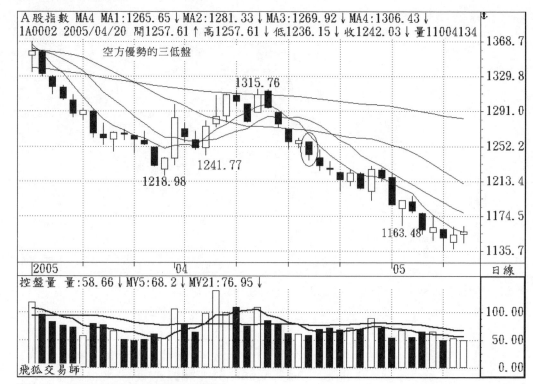

圖4-28　2005/4/20上證A股指數日K線圖

　　從圖4-28觀察2005/4/20日K線圖可見，雖然股價4月初旬在1218.9打底，並且反彈突破月線，可惜拉回再度跌破月均線支撐，雖然這天出現1根小陽線，多方抵抗有餘卻缺乏攻擊企圖。次日開出開盤量縮的三低盤，持續受制於5日均線壓力，呈現盤跌走勢。

　　開盤直接開出三低盤後，如果跌幅不小，我們會等待出現正反轉止跌訊號後，取低點與平盤1/2為壓力觀察點。如圖4-29的三低盤於9:55來到1248.47開始反彈，可以先算出1248.47至平盤1258.62間的**對分位**為1253.35。當反彈無法突破對分位的壓力，且反轉拉回時，又跌破1248.47低頓點時。要特別留意跌破後的多頭抵抗力道，也就是說跌破應該有個反彈，除非這個反彈無法突破關鍵的1248.47頸線，便可以直接取 1248.47往下扣一倍預測，亦即當日只要一路出現反彈無力後再度盤跌，那麼尾盤的目標將會來到1238附近才會出現止跌，之後開始進行較大幅的反彈波。

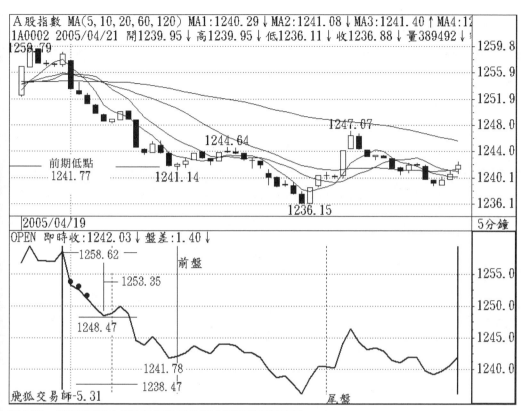

圖4-29　2005/4/20上證A股指數五分鐘收盤折線與K線圖

　　三低盤經常像二低盤一樣，至少出現下跌兩段的跌勢，三段也常常可見。反之，如果前盤的三低盤出現正反轉的低點遲遲不破時，反而要懷疑是否有機會出現**逆轉**的現象。

三低盤──空方終結盤

　　讀者們要判斷空頭續空只要具備基本技術分析的觀念，掌握盤中多空變化應該就沒有問題了。但要分辨下跌中繼的半山腰，或是空頭的末端則需要一些技巧。就實戰經驗而言，前文談過如果開盤五分鐘量是量縮的三低盤，雖然收盤當日K線是中長黑K線，但當日成交量卻是增量下跌，暗示這種三低盤有機會成為**空方終結盤**。

　　我們要留意前波的熱門指標股、成交量大的大型權值股,都是空方終
結盤所必須參考的指標之一。如果這些股票比大盤率先打底,甚至某些個
股率先突破月均線反壓,三日內大盤止跌的機會相當高。隔日起三日內應
伺機回補空單。

　　圖4-30是加權指數在2008/5/20馬英九總統就職時,大盤來到最高點
9309翻多為空反轉後,一路向下追殺的走勢。當下跌波開始出現連續融資
大幅減肥,要留意什麼時候開始出現**最後的追殺**,這個殺盤的終結時機往
往發生在增量三低盤的時候。

圖4-30　2008/7/15加權指數日K線圖

從圖4-31中，2008/7/15當日五分鐘走勢，由於美國雷曼事件危機逐漸擴大，加深市場對雙房（Fannie Mac及 Freddie Mac）可能發生的房貸違約風險疑慮，加上油價創新高的推波助瀾，國際股市紛紛重挫。

台股9:05開盤隨即反應利空重挫126點，開盤量比前一日59億增量的65.9億，接著連續三盤都是續跌的走勢，到了9:15確認三低盤大盤已經重挫177點。讀者可以觀察11:10大跌315點時指數來到6841.0，都是呈現價跌量增反彈量縮的背離走勢。

到了6841開始有個比較像樣反彈，而這個跌深反彈也僅僅是個96點的弱勢反彈，反彈到12:40的6937後，仍然回復下跌走勢，尾盤大跌322點，以6834點作收。K線是跳空長黑的型態，但我們發現當日成交量是1090億高於前一日7/14的953億。

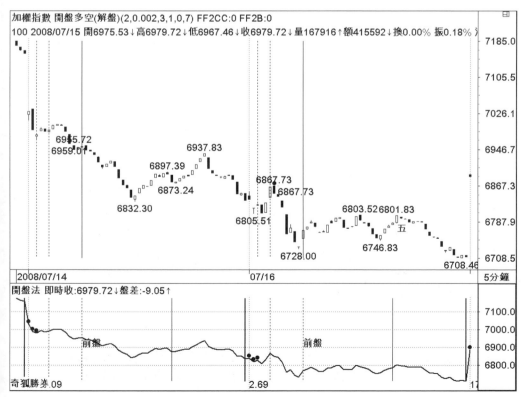

圖4-31　2008/7/15加權指數重挫三低盤的五分鐘折線圖

　　因此可以大膽臆測大盤即將來到空方終結盤的時候了，也就是說大盤隨時將出現日線的跌深反彈。事實上，從K線上觀察，雖然7/16的次日開小高盤，只是多方意願薄弱，因此以下跌123點收在當日最低點6708.4附近。

　　但是往後的兩日隨即開高並且開始進行跌深反彈。雖然後續反彈的力道偏弱，但至少8月底又再度探測低點前，維持了一個半月的6700-7370之間的箱型震盪。

　　接著我們來看圖4-32上證A股指數日線，2005年1月28日和3/30明顯都是空方有利的走勢，而且兩個交易日出現的三低盤都是破底。由於波段再創新低，造成幾近搶日跌深反彈的多單又停損退出，因此造成開低後，三低盤會呈現增量重挫的走勢。我們常聽籌碼面的行話：「**多頭不死，空頭不止！**」便是這個道理。

圖4-32　2005/3/30上證A股指數日K線圖

　　盤跌過程容易出現跌深想搶反彈的短帽客穿梭其中，這些短線不安定的籌碼自動退出或被迫停損退出，使融資出現大幅減肥的現象，才能讓盤跌造成層層套牢的現象改善，否則不容易出現波段止跌後的強勢反彈。

　　從圖4-33可見前一日尾盤急挫也造成當日低開的窘境，從開盤後正反轉的低點1240.29出現盤中的三小波（圖標示a-b-c）來到1245.5，此反彈的終點並未突破對分位的壓力。研判盤中續跌的目標，由於並非三低，反彈一波直接破開盤低頓點1240.29的盤態，因此較適宜採用**槓桿測量法**以推測當日低點，如圖標示的方法，可以預測當日有機會收在相對低點近1232附近。

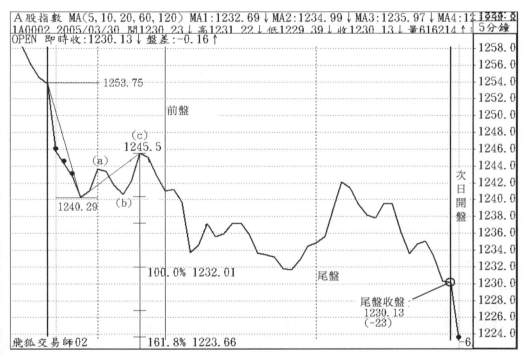

圖4-33　2005/3/30上證A股指數五分鐘折線與K線圖

三低盤──盤中逆轉盤

　　盤中逆轉盤在任何位置都有可能發生，不論二低盤或三低盤，都可能出現這種格局。同時是比較不容易擬定多空操作策略的盤勢，這種現象多

半發生在多頭、盤整走勢中。

　　圖4-34的日線背景是股價在2006年初1129漲到3月1372高檔附近震盪整理，2006/3/27開三低盤回測月均線支撐。圖4-35是1372最高點的後三日3/6的即時走勢圖，當日開三低盤後，先於1353.55做正反轉，隨即一線突破平盤不回頭，暗示有機會先反彈到倍幅的1359.29以上。接著自高點1359.86拉回，我們重視的是突破平盤出現該回不回走勢，因此拉回時能否守住平盤附近，如果這裡失守，暗示主力有拉高出貨的行為。

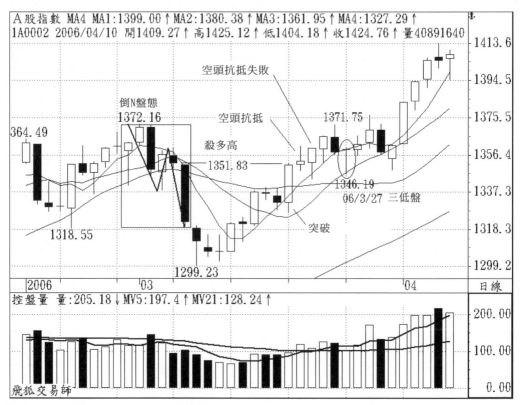

圖4-34　2006/3/27上證A股指數日K線圖

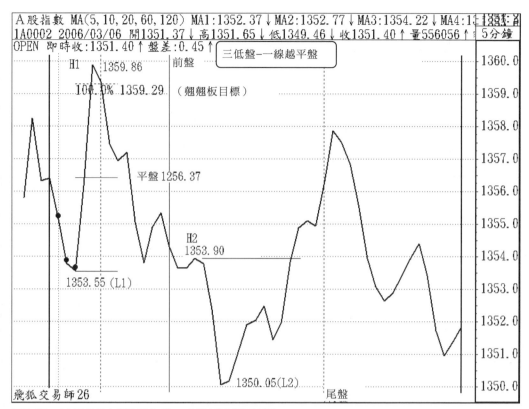

圖4-35　2006/3/6上證A股指數五分鐘折線與K線圖

　　因此開盤低點1353.55便是關鍵支撐。當這裡失守，中盤以後便要留意跌破1354.55的末跌段之高點H2的1353.9。只要想辦法突破1353.9當日便有機會形成小紅小黑的格局。雖然當天終於收了1根小十字線，可惜的是，次日開盤就是弱勢開低，並以**一低破低**的弱勢格局，終場收在最低點附近，日K線成大黑K棒。

　　我們來探討一個稍複雜的走勢，研究日K線在支撐力道的重要性。從圖4-35觀察2006年3月的**倒N字**型態，並形成M頭的走勢。對多方而言，如果要讓這個頭部的空力道無法發揮向下，便應向上挑戰殺多高點1351.83，3/20長紅棒恰好突破，因此次日形成**類避雷針**的十字線是在預期中，當3/22出現長下影線收盤收在當日最高的中紅K棒，暗示空頭抵抗失敗，因此將往上挑戰前期高點1372.16附近壓力。接著3/24來到高點

1371.75靠近前高逢解套賣壓隨即拉回，以中黑作收。次日3/27延續前一日弱勢，持續低開，開盤出現連續走低的三低盤格局。

從圖4-36顯示，3/27當日以三低盤開出後，隨即一波反彈到底，可惜沒有突破平盤，當反彈結束又再度拉回時，跌破開盤低點1353.1至少會出現兩段下跌走勢。對多方而言，無論三段或兩段跌勢，如圖中三段跌勢，突破末跌段高點1350.6（圖標示H2）是多方轉強的要件，突破才能翻多。從圖中觀察中場的反彈突破1350.6，可惜在開盤低頓點1353.12壓力面前隨即拉回。因此雖見低檔止跌，卻缺乏攻擊的企圖。

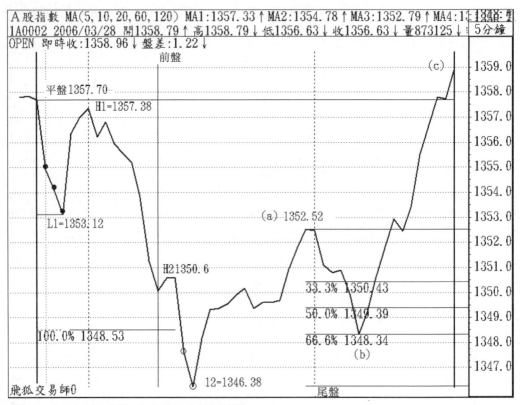

圖4-36　2006/3/27上證A股指數五分鐘折線圖

對《波浪理論》略有概念的讀者可發現，這次1346至1352.52的三波反彈，屬於縮小浪的走勢，暗示有回檔a-c整段的1/2~2/3之間；也就是在1349.3、1348.34附近，趨勢扭轉的研判則稱為**空多調整**。尾盤能夠走高的關鍵從1348的多方發動，業已讓1353.12的開盤低點突破，並且突破1352.5，呈現**多頭換手**的走勢。尾盤研判當日有機會留下影線，以小漲或小跌作收。從圖4-34日K線，也可以觀察到當日低點進入圖中那根空頭抵抗失敗的棒線支撐區，因此有機會在低檔獲得多方的奧援。

弱雙星盤

前章提到一高盤有強弱雙星的比較，強一高盤為開盤多方優勢格局，所以必須另比較，看看屬於強弱雙星的哪一種。當出現強一高盤時，先以強一高盤後的負反轉高點為A峰，次高點當作B峰，再將A、B兩峰作比較，如果B峰比A峰低，或突破未超過兩點；即強一高弱雙星盤。

判別強、弱雙星有時間規則，在10:10（上海股市10:40）前需以盤差決定，前文說過B峰＞A峰即強雙星，若在10:10以後才發生突破A峰高點，仍視為弱雙星，一般情況，弱雙星容易出現開高走低現象。即使10:10有突破A峰高點，當日盤勢有可能出現弱雙星突破盤，仍不能視為強雙星。另一種情況是B峰比A峰高，但未能差過盤差7點，仍視為**弱雙星**。

實戰操作可採用在前面章節介紹的**趨勢盤態**，以及**耀星、輝星、淡星、暗星**的研判。當出現弱雙星盤時，要預測尾盤的弱勢，可利用盤態的支撐觀察點，弱雙星要確認轉弱，必須以B峰在該段上漲的起漲點為支撐，弱雙星只要跌破B峰的起漲位，而跌破支撐就是破壞高開強勢的格局，在盤中無法出現扭轉的行為之前，以弱勢盤看待。

一高弱雙星

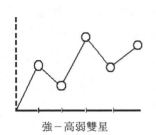

強－高弱雙星

尾盤預測：多頭行情中，開高走低，尾盤收小紅小黑，有機會留上影線，或收小黑。盤整時，尾盤收黑；增量易殺尾盤。空頭行情中，開盤忌增量，尾盤則會重挫。

口訣：弱雙星殺尾盤、賣單大逢高空、增量大殺得凶

強一高弱雙星能否續強，關鍵在於前盤多方攻擊企圖。由於開一高盤後隨即拉回，表示多方謹慎的態度。如果拉回能再突破開盤高點，多方便會恢復信心勇於買進，追價的力道用以研判當日盤勢至尾盤能否持續震盪走高。所以先觀察開強一高盤後能否再度創新高，當第三盤高點無法再度突破新高時，顯見追價的力道受到考驗，往往出現再度壓回的走勢。弱雙星往往在暗示尾盤拉回的機會相當高。弱雙星觀察的多方支撐只有一個，就是B峰的起漲點，壓回時沒有跌破，反而突破B峰壓力，有機會出現逆轉行情成為中紅，但尾盤仍擺脫不了壓回的慣性。

從圖4-37的2006/6/2日K線位置，研判是多頭格局，並且前一日大陽線剛剛突破前期新高。6/2隨即出現多頭高檔的強一高盤。圖4-38開出一高盤，留意當日9:35開盤量為20億，遠高於前一日的12億，當再創新高後在1780.23產生負反轉高點A峰，先判定為**強一高盤**，第二負反轉高點為B峰，因為B峰低於A峰，故為強一高弱雙星，支撐點在B峰起漲點，如圖中標示M位置。B峰反彈結束後再度跌破M位置，說明當日這個開高盤並未代表多頭持續前一日的攻擊力道，反而多方有利用開高後震盪做調節動作。多頭行情中，一高弱雙星開盤盤態往往是醞釀後市回檔修正的預告。

圖4-37　2006/6/2上證A股指數日K線圖

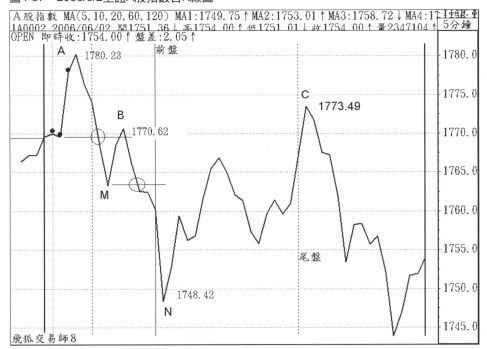

圖4-38　2006/6/2上證A股指數五分鐘折線圖

一高弱雙星——盤整、空頭

我們談到強一高弱雙星盤即使在多頭行情時，都容易形成小陽或小陰棒線；開盤量過大易有尾盤下殺的特性。如果是在多頭盤整區，或空頭底部整理階段至少都會留下上影線的走勢。

圖4-39是2005/11/9上證A股指數，指數從高點1285回檔在10月中旬跌破季線支撐，造成多頭退場人氣退潮。幸好來到前期7/26大陽線1100-1133的支撐，股價順勢打底反彈，嘗試突破月線的11/9的走勢。

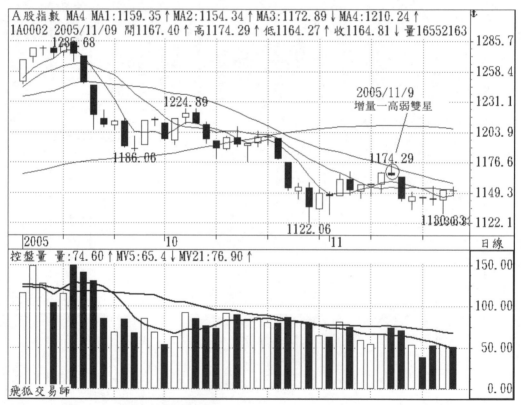

圖4-39　2005/11/9上證A股指數日K線圖

我們知道當時月線壓力剛好在1172附近。從圖4-40當日跳空開高，多方表現強烈氣勢，9:35五分鐘開於1168.46上漲11.38，9:40僅僅小幅拉回1165.76馬上又創開盤新高來到1172.95（圖標示A）為強一高盤，也剛好接觸當日月均線1172壓力後震盪拉回，並在10:25出現次峰1171.53（圖示B），由A與B比較為強一高弱雙星盤。因此要留意當日容易留上影線、且有尾盤下殺的特性，因此即使偏多方操作，也應極力避免過度追高。

圖4-40的走勢當日只留上影線，出現B峰後的拉回，只回到平盤與當日高點A峰的**弱勢回檔**1/3至1/2的位置1166.37（圖標示O），代表多方抵抗力道頗強。中場過後，仍有能力挑戰B峰高點，因此即使有尾盤下殺的走勢也不至於出現重挫。一般情況能夠挑戰B峰高點，只要拉回是弱勢回檔

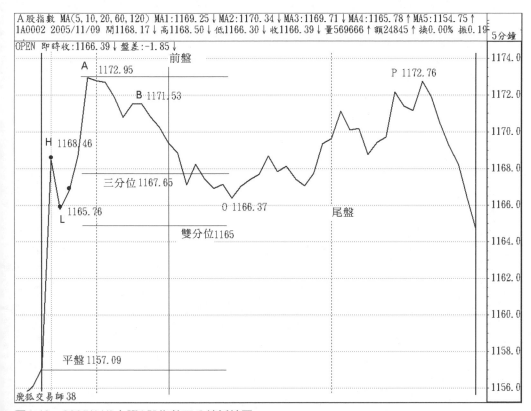

圖4-40　2005/11/9上證A股指數五分鐘折線圖

之後再突破新高，就有機會形成逆轉的突破盤，或是突破B峰後回檔在B
峰起漲點為支撐觀察點，跌破則下挫。

一高弱雙星──多頭買點在尾盤

弱雙星空頭行情與盤整走勢差異不大，大多是開高走低居多，並且要
留意9:05開盤量如果過大，中場又無法越過B峰高點，便容易出現殺尾盤
的現象。若10:10前已跌破開盤低點（A峰起漲點）之一倍幅時，屬於**氣弱
盤**，縱使多頭行情仍將出現小黑，觀察主流股若是主力洗盤，低點有機會
發生在12:00以後，則可於尾盤介入。

圖4-41是一個需要具備基本操盤觀念才能研判的走勢圖，上海開盤從
9:35開盤盤態是強一高盤，緊接著9:50完成A峰1771.1之後負反轉拉回。

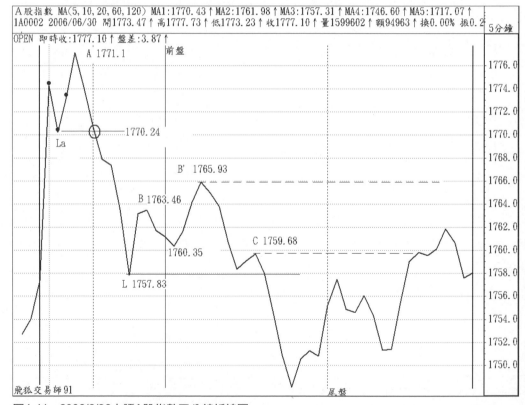

圖4-41　2006/6/30上證A股指數五分鐘折線圖

在這裡會先看A峰的起漲位1770.24瞬間跌破，而且沒有出現跌破後立即反彈的**多頭抵抗**型態，盤中盤屬於相當弱勢的走勢。

緊接著，盤勢10:20來到平盤1757.36附近，就會測試第二支撐點平盤，從五分鐘K棒的最低點1756.81暗示完成**補空**後（圖標示L的1757.83）產生多頭抵抗的反彈。由於前盤並未再創新高（突破A峰高點），因此即判定當日為**強一高弱雙星**盤。

B峰的定位是初學者的困擾，10:30反彈到1763.46，在這裡建議讀者先將負反轉定位為B峰，之後拉回再創新高，我們運用之前談到的方法，圖標示L的1757.83先視為B峰的起漲位。

雖然之後出現三小波反彈並突破B峰高點，此時我們會建議運用波浪基本觀念：「**一個攻擊的推動浪最起碼必須是一個擴大的型態。**」也就是說我們還無法確認是一個攻擊五浪，或是反彈的三波調整浪時，除非c浪比a浪大，才有機會出現多方攻擊盤，否則都視為反彈波。讀者可以試算從L當B'這三波的第二段是不是比第一段的反彈小；累積較多看盤經驗後，應將B峰的高點調整到B'，定位為B峰的高點，因為這整個3浪是一個反彈的完整週期。

當然13:10再度跌破B峰起漲點1757.83形成中盤後的追殺。觀察當日K線型態，這是一個強烈多頭走勢，5日均線上揚且股價維持均線之上，暗示如果後市多頭仍將持續上漲，可以等待圖標示C的末跌高點1759.68突破後於尾盤介入多單。

二高弱雙星

二高（三高）弱雙星

尾盤預測：

　　多頭行情：弱雙星當日仍有機會收小漲。

　　盤整行情：二高弱雙星小紅或小黑。

　　空頭行情：弱雙星收黑。

口訣：賣單大逢高空、增量大殺得凶。

　　二高盤與三高盤在前章與讀者討論過，基本上，二高或三高強雙星的尾盤結論相近，因此二高、三高盤弱雙星也視為同一種型態。當大盤處於多頭行情中仍有機會上漲，但是弱雙星仍有尾盤壓制多方力道的現象，因此K線多為陰線居多，並有摜壓尾盤手法。二高、三高盤弱雙星多頭最好是當日量縮，可於尾盤介入。尤其要留意台股指數期貨結算日前，容易成為投信或大戶控盤的標的物，丟出現貨權值股以摜壓指數的作法。如果10:10前跌破開盤低點或平盤以下，前盤屬於氣弱格局，即使在多頭行情中，至少出現小漲或小跌的小陰線或帶上影線小陽線。

　　二、三高盤弱雙星特別要留意在型態的滿足區附近，例如：反彈波中來到季線反壓、前期的下降缺口、前期的套牢區、頸線等位置時，主力往往利用開盤大量製造多頭榮景，讓散戶誤以為指數將積極突破而追高作多，此時主力則於高檔震盪調節出貨，中場過後以壓低出貨手法造成尾盤重挫的走勢。雙星格局即使是氣勢盤，但逢上述壓力區、時間波轉折點、期指結算前一兩日，即使短線是多頭行情，都有可能出現收黑，所以弱雙星忌見於高檔壓力區。

　　二高或三高逢弱雙星盤，當日可留意江波分析圖，逢賣單均值大於買單均值時，理應逢高放空期指，所以當多頭行情開盤量增幅過大時，會出現殺尾盤，幸運的話，以小陰線作收；若在空頭行情或反彈的壓力區則有可能重挫，出現殺尾盤而以長黑作收。除非多頭行情或近支撐區，可應用即時盤態觀察日K線，低檔有止跌現象才可介入。

　　弱雙星的基本支撐觀察點只有兩個位置：**B峰的起漲點和平盤的位置**。弱雙星雙峰出現A、B雙峰；如果盤中壓回時沒有跌破B峰起漲位，並突破B峰高點，只要拉回不是強勢回檔，並守住突破B峰的本波起漲點；便有機會再突破A峰高點，形成中長紅格局作收，我們稱為弱雙星突破盤。在之後兩節會舉例說明這種現象。

二三高弱雙星──多頭走勢

　　弱雙星在多頭行情，除非突破B峰與A峰高點形成逆轉格局，一般情況下，即使多頭走勢當日也以震盪格局作收機率很高。因此作多仍須謹慎留意。

　　圖4-42就是加權指數在2010年底11/27臺灣舉行五都市長選舉的前夕，大盤維持震盪盤堅，均線維持多方優勢排列，多頭架構是無庸置疑。即使震盪時出現弱雙星盤，除非有重大利空容易出現重挫外，仍然以震盪盤作收居多，從圖4-42可見11/9前一日是開高走低的中黑K棒，次日開高穩住盤勢，雖然是弱雙星，但大盤守在5日均線上，終場以震盪的小紅K棒作收。

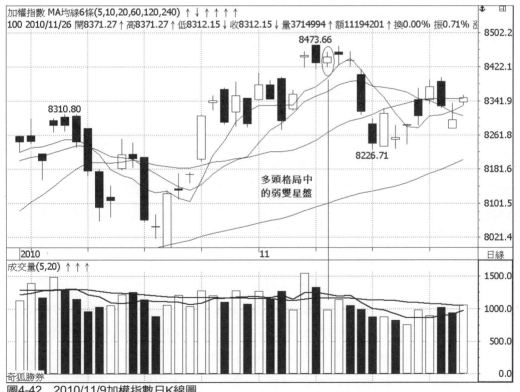

圖4-42　2010/11/9加權指數日K線圖

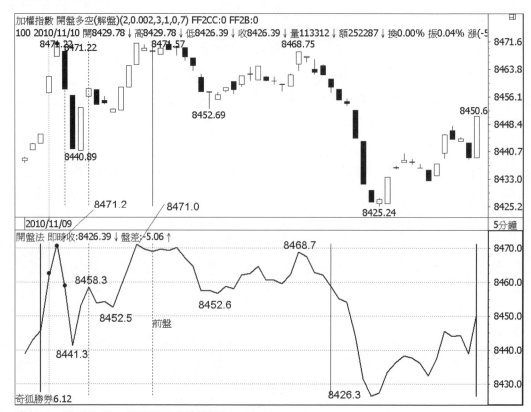

圖4-43　2010/11/9加權指數五分鐘折線圖

　　圖4-43是加權指數11/9五分鐘走勢圖，9:05開出上漲16點高盤，9:10
持續上漲到25點的8471.2，接著拉回到8441又反彈到9:30的8458.3，由於
8458低於8471，因此是弱雙星盤無疑。雖然當日大盤始終維持相對高檔
震盪，但始終無法突破A峰8471.2超過盤差7點以上，因此當日無法出現逆
轉長紅盤，惟當日指數維持在5日均線上的多頭架構，以偏弱勢的弱雙星
格局仍然有機會收小紅K棒。

　　接著討論圖4-44上證A股指數在2006年4月走勢。指數從最低點1229
起漲以來，4/3以大紅棒突破前高1372.16，時間與股價位置都屬相對高
檔。指數來到4/20這個大N字的短線滿足點1467.9時，當日出現二高弱雙
星盤。正常情況往往滿足目標後呈現空頭抵抗，所以當時的指數位置滿足
後，逢月底時間要留意容易進入震盪。在指數期貨開放後，更要留意月底

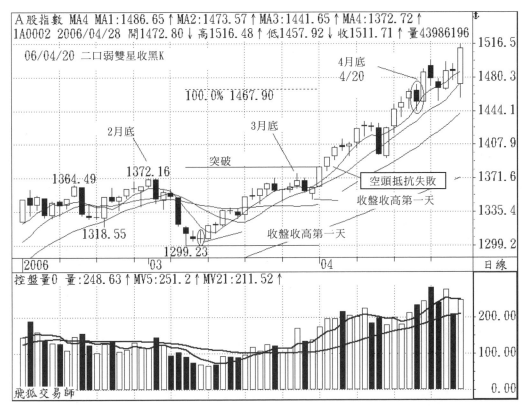

圖4-44　2006/4/20上證A股指數日K線圖

經常是期貨結算日，容易遭遇人為作價，因此當日以不追高為基本原則。

　　從圖4-44要留意4/3大陽線突破前期高點，次日應該遭逢空頭抵抗，而這根K棒卻形成中紅格局，暗示空頭抵抗失敗，此時可留意指數只要持續拉升，依《潮汐理論》應當會滿足倍幅1467.9後進入震盪。

　　從圖4-45當日五分線折線圖走勢，開盤三高隨即滿足上述目標，並產生A峰1470.25後拉回；在10:00於1454.3（圖示L）止穩後，再攻至1471.76產生B峰。將B峰與A峰做比較，我們在前文提過雙峰比較必須採用盤差為真假突破判斷，因此當B峰無法突破A峰達2點以上，視為B峰＜A峰，所以判定盤態為三高弱雙星盤。10:40後拉回跌破B峰起漲位L的支撐，形成當日開高走低的現象。

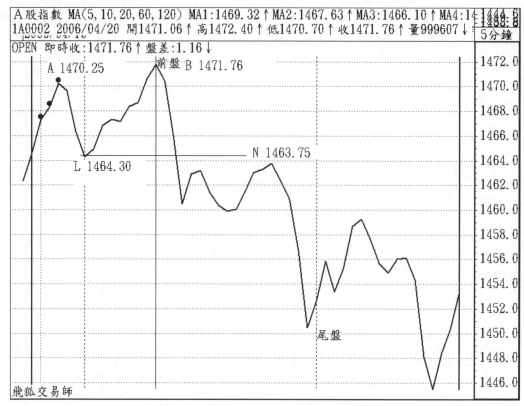

圖4-45　2006/4/20上證A股指數五分鐘折線圖

二三高弱雙星——震盪區

　　二三高弱雙星發生於震盪位置，要小心未來走勢是否出現反轉現象，同時要留意當時股價位置是相對高檔還是低檔區。圖4-46是上證A股指數2005/3/9時K線圖，當時是空頭中進行中期反彈，並且突破季線的壓力，KD指標突破80以上進入高檔區，股價拉回季線附近支撐後，再度往上攻堅。同時3/9在前期1394.57高點時出現弱雙星，K值也出現突破D的現象，在這裡指標的用法要留意股價再繼續往上走高，或是出現**死眼**（空頭眼睛）的現象，請參考指標該章說明。

　　從圖4-47當日走勢開盤進入前期高點2/2當日五分線頭部1394.46的震盪區，所以在A峰1391.49逢壓拉回，隨即正反彈10:05產生B峰1388.87，

回檔過程馬上跌破起漲位。接著我們觀察的支撐就是平盤。從1386.99（圖標示M）這波跌破平盤起跌點是多方必須克服的壓力，也就是說跌破平盤這波走勢是空方從M這裡開始發動向下攻擊，如果多方再度突破M高點，就可以從容的再反攻B峰高點。

由於當日開高隨時產生高檔雙頭拉回，跌破平盤反彈的N波又無法突破M高點。再跌破平盤產生空方換手，容易出現高低值的峰谷對照。尾盤幸好再度突破平盤，當日形成上下影線相當的小陰線；多頭本來還有喘息機會，可惜次日開出一低破低的弱勢格局，造成後市持續拉回測試本波的起漲點。

圖4-46　2005/3/9上證A股指數日K線圖

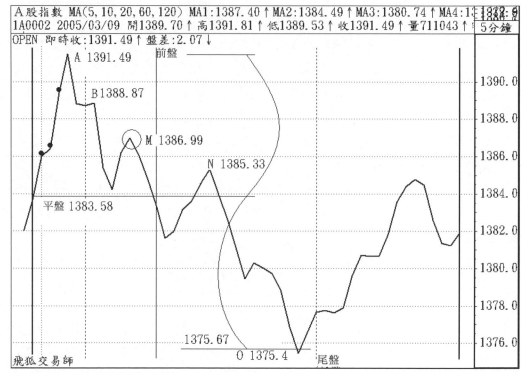

圖4-47　2005/3/9上證A股指數五分鐘峰谷對照盤

二三高弱雙星──反彈壓力區

　　二三高弱雙星特別要留意股價的位置是來到前期壓力區，如：頸線、頭部倒N字、缺口等。圖4-48便是這樣的走勢，2005/9/20股價剛好來到前波1315.76的頭部區，同時進入殺多K棒1272.51-1284.79這裡的空方勢力範圍。此時最忌諱的是出現弱一高盤、弱雙星等開高走低的盤態。當日開盤量人民幣3.75億高於前一日2.45億。

　　從圖4-49的2005/9/20當日開盤盤態，觀察當日開出三高盤後，隨即拉回跌破平盤後於1280.45出現正反轉，反彈到1281.95產生B峰，因為B峰比A峰低，當日開盤為三高弱雙星盤。從趨勢盤態觀察：即B峰的反彈力道對A峰下跌波而言，只有弱勢反彈的1/3，暗示將再度破底機會高。因此當再度跌破B峰的起漲位Lb後，造成前盤後一路盤跌。當日成為增量中黑K棒，次日又是開出空方優勢的一低盤，暗示本日追高者都處於套牢狀態。

圖4-48　2005/9/20上證A股指數日K線圖

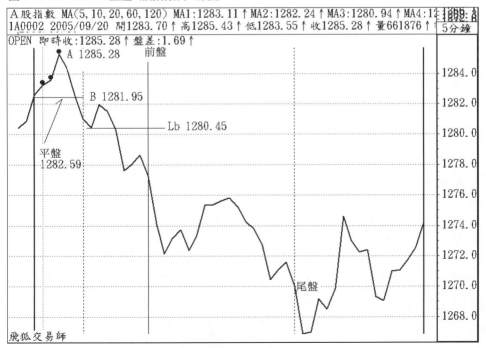

圖4-49　2005/9/20上證A股指數五分鐘折線圖

法人盤

股市定義所謂法人有幾種意義：

一、是以外資為首，投入國內股市的基金QFII。

二、是國內基金機構所操作的基金，以及政府護盤基金等。

政府介入護盤始於1987年，美國股市逢超大危機，白宮悄悄借錢給幾家績優公司購回**庫藏股**得以自救。雖然美國股市是全世界最自由最少干預的股市，仍會採用**政策市**做法間接護盤。因此亞洲股市政府曾借鑑美國模式，也不至於遭致批評。諸如：亞洲金融風暴、政治面突發性利空等；證管會在05年6月提出跌破淨資產上市公司將允許回購本公司流通股作法，解決股權分置方法和手段。購回的股份以減少總股本（減資）為主。這些手段都有刺激藍籌股發動攻擊機會。中國有保險資金、社保基金、企業年金等股市基金在利空時將起穩定大盤作用。臺灣有政府護盤四大基金，被視為法人的一種形式，在利空時，趁低檔拉抬國企股的作用。

法人盤有兩種走勢：

一種是連續六盤拉抬，也就是連續上漲30分鐘以上不回頭，稱為**六盤一線天**，因此觀察五分鐘的折線圖持續向上沒有轉折。

另外一種是**七盤九盤高**，也就是折線的趨勢一路走高。

出現這樣的盤態視為法人介入控盤、急拉，在股價處於長期空方的格局，對於多方扭轉具有相當大意義，但法人的發生有其限制，例如：法人盤必須在盤下才有積極意義。

六盤一線天

2008年雷曼事件產生的金融海嘯重創全球股市，臺灣為亞洲股市的一環自然無法倖免於難，台股自2008/5/20馬英九總統就職日見到9309高點之後，便一路盤跌，9/24更遭逢雷曼宣布破產保護的利空，對弱勢的台股猶如雪上加霜。關於10月這段急殺1800點的走勢，相信讀者仍記憶猶新。

加權指數 MA均線4條(5,10,20,60) M1:4670.01↑M2:4582.82↑M3:4541.81↑MA4:4512.54↑
100 2009/03/11 開4789.80↑高4798.06↑低4747.89↑收4759.96↑量5726282↑額11219716↑換0.00% 振1.07

5095.98

4817.44
4750.96
4567.76
4607.97

4325.46
4328.05
08/10/28
法人盤
4190.02
4110.09
4164.19
3955.43
08/11/21法人盤

2008　　11　　12　　2009　　02　　03　　日線

成交量(5,21) 量:1121.97↑均5:939.50↑均20:749.70↑股本億:0 本益比:0 R :0

奇狐勝券

圖4-50　2008年11-12月台股歷經雷曼事件後在3955反覆打底日K線圖

　　大盤遭逢消息面利空急跌將產生融資追繳斷頭的風險，政府基金曾經
在3955底部附近出現兩次明顯的護盤。一次是10月急跌到10/28的低點
4110.09進場護盤，另一次就是這次金融風暴的最低點——08/11/21的
3955.43。兩次所採用的手法都是六盤一線天的強力拉抬手段。我們一起
回顧這兩次的走勢。

　　從圖4-51看2008/10/28當日大盤，一開盤隨即重挫209點，盤態是開低
走低的三低盤。直到9:35大盤來到4110.0賣壓已經充分宣洩，政府基金隨
即進場拉抬，並將指數連續拉升40分鐘，加權指數就從9:40在4110.0低點
開始一路拉高到4267.8，總共將指數拉升157點。雖然見到4267.8高點後
的拉回幅度也不小，但在常態回檔對分位4193以下止跌，這是正常的b波
回檔。接著指數再度震盪走高仍進行c波反彈。當日K棒形成一根開低走

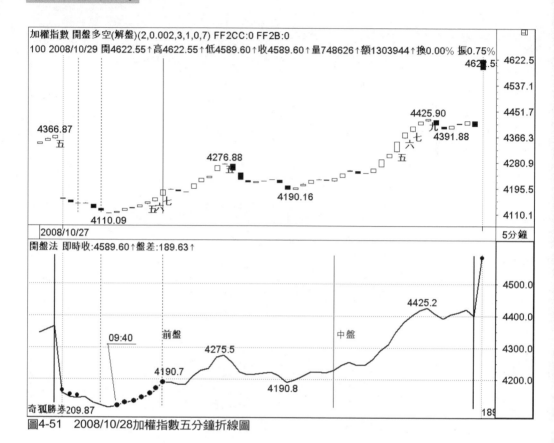

圖4-51　2008/10/28加權指數五分鐘折線圖

高，並突破前一日高點的大紅K棒。

　　接著大盤也開始從4110的低點反彈到5095，這波跌深反彈整整拉抬了將近1000點的行情！雖然大盤接著在11/21又創下波段新低，並且跌破4000點大關，來到3955低點。當日也是以弱勢的二低盤開出，並重挫134點；等到11:10賣壓宣洩並且成交量急速萎縮後，政府基金再度一線天的相同手法拉升指數，在12:25更是強勢突破平盤，等到終場收盤，K線型態又是開低走高穿頭破底的大陽棒──玉柱擎天線。至於當日走勢與圖4-51幾乎完全一致，在此便不再贅述。

　　圖4-52是上海股市在2005年6月初，周線出現七連黑，這種K線組合創下上證開盤以來的歷史紀錄。以陸股的分析語言來看：6月前，大盤持

續單邊重挫直扣千點大關，再創八年新低。2005年6月6日股指在來到近年來低點1047.65！上午收盤時僅30億。下午開盤後風起雲湧，以中集集團為首的領導股帶動二線藍籌股反攻，基金重倉股再度復活，顯示了當日盤勢明顯為法人介入控盤。基金機構有意利用政策偏好下主動出擊，護盤跡象明顯，成交量下午突然放大可茲證明。

當然法人介入控盤，一般散戶投資人不見得會領情，但當股市長期處於低迷時只要三日不跌，加上市場傳言，一般投資人也會選擇搭轎入市。由於政策面的宏觀調控使得股市雪上加霜，因此證管會一方面推出券商融資，並且讓代表50檔藍籌股的ETF平準基金出台、績優藍籌股再融資和股權分置試點掛牌，這些無疑驗證低點的走勢是政策面偏多的訊號。

圖4-52　2005/6/6上證A股指數日K線圖

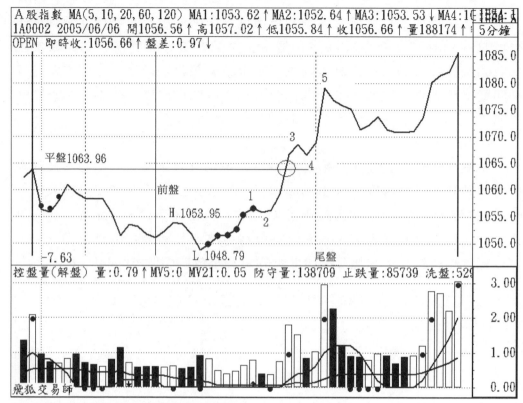

圖4-53　2005/6/6上證A股指數五分鐘折線圖

　　從圖4-53觀察2005/6/6上證A股指數五分鐘圖，9:30開出對多方不利的二低盤，與台股在3955最低點的走勢如出一轍，前盤不但沒有突破平盤，甚至再創盤中新低。從10:50的1053.95（圖標示H）來到當日新低1048.79（圖標示L）。留意當11:10出現盤下連續六盤拉抬，其中有三盤是增量。因此法人盤有其嚴格定義，其條件之一是必須從盤下開始連六盤以上拉抬，可以觀察的指標以國企與藍籌股等績優族群為首。假設當日指數都已經在盤上形成上漲格局，政策又何必浪費政府基金護盤。

　　其次，法人盤是政策面介入控盤，不會只拉升一小段便放棄，因為扭轉空頭趨勢拉抬過程必須用資金產生做量，所以會有三盤以上的五分鐘成交量遞增。同時連續拉抬過程往往會突破平盤以上，是觀盤重點。從圖可見六盤一線天的走勢，也使當日空方優勢的格局完全扭轉為對多方有利的

推動浪。因此下午開盤以後，藍籌股股價持續推升是有跡可尋。讀者是否發現法人盤走勢？當日K棒大多是跌破前一天低點，並突破前一日高點這種特徵，因此我們常常稱它是先破底後穿頭的走勢，並且當日成交量很明顯比前一日增加許多。

七盤九盤高

七盤九盤高是波浪一種推動浪型態的應用，波浪型態中，牛市上漲過程中，推動浪是五波以上的上漲波表現，如果出現行情大好的延伸型態，就有發生9波、13波、17波和21波這種連續攻擊的浪潮。

相對的，牛市的回檔大多以3波的形式行進（依波浪的定義只要基數浪即可）。因此空方優勢的格局要作空多扭轉，無疑的，在底部附近直接出現9波的攻擊浪更容易取得投資人認同。

因此法人盤的另一種形式：是在盤下出現連續拉抬九浪以上格局，這也是法人盤的控盤模式。例如：台股底部區除了六盤一線天之外，也很容易看到九盤高點的走勢。

深、滬股市中尚未出現熊市最低點，以七盤九盤高模式控盤的例子，我們以05年8月31日股價從1262.62大幅回落到月線1186附近尋求支撐時，發生扭轉空方行情的盤態說明。

從圖4-54的2005/8/31當日五分鐘折線圖觀察，當日持續籠罩在空方氣勢中，當日開出一低一線過高盤，多方是有攻擊企圖，無奈空方氣盛，再度壓回跌破開盤低點。並在11:05來到1199.02當日新低。之後觀察重點在於出現三波拉抬突破，突破末跌高點1204.04，緊接著每次拉回都沒有跌破前低，形成低點一路墊高的走勢，波浪出現連續九盤新高的現象，這種走勢稱為七盤九盤高。即使當日不是在長線熊市最低點，也暗示空方的力道已經竭盡，回檔整理即將結束，多頭將重新發動另一波攻擊。

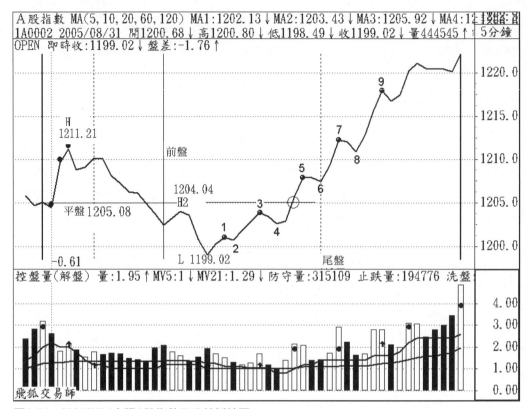

圖4-54　2005/8/31上證A股指數五分鐘折線圖

突破盤

　　當出現雙星盤時，先判斷出強、弱雙星後，緊接著就是定出盤態支撐
與壓力觀察點，不管強弱雙星支撐點，都可以先觀察B峰上漲段的起漲
點。首先遇到的壓力是B峰高點。另一個支撐是平盤。如果出現弱雙星
盤，沒有馬上跌破B峰起漲點，先形成B峰以下的震盪整理，不代表當日
盤馬上就會下殺，除非跌破支撐成下挫盤。當然！力道的研判也隨時都在
即時走勢中活用。

加權指數 MA均線4條(5,10,20,60) M1:8339.76↑M2:8324.73↑M3:8349.06↑MA4:8225.96↑
100 2010/11/30 開8384.64↓高8443.38↑低8363.97↑收8372.48↑量5125851↑額15101893↑換0.00% 振0.95

8473.7
8393.5
8313.4
8233.2
8153.1
8073.0
7992.8

8476.66
8310.80
8226.71
10/11/25
弱雙星震盪盤
7992.81

2010   10   11   12   日線

成交量(5,21) 量:1510.19↑均5:1143.78↑均20:1065.14↑股本億:0 本益比:0 R :0

1500.0
1000.0
500.0
0.0

奇狐勝券

圖4-55　2010/11/25加權指數日線圖

　　從圖4-55K線圖，留意2010/11/25之前，大盤已經先跌破月線，並且反彈挑戰月線失敗後拉回，到了11/25這天已經是指數第二度挑戰月線壓力，當日開盤便是開出弱雙星，我們一度懷疑前盤在壓力面前開出弱雙星這種不利多方攻擊的盤態，是否會出現殺尾盤。接著討論圖4-56當日的即時走勢。

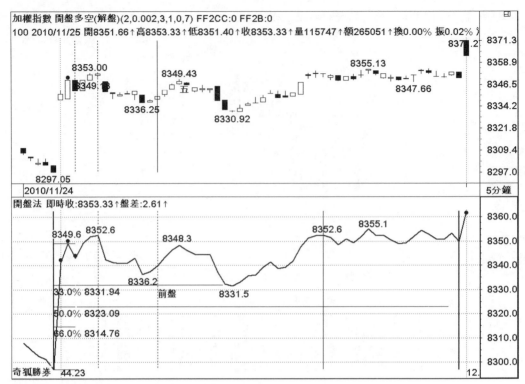

圖4-56　2010/11/25加權指五分鐘折線圖

　　從圖4-56觀察到11/25開盤並不弱，開出二高盤上漲52點來到8349.6，接著9:15拉回8342.9止跌後，多方再度嘗試挑戰開盤高點8349.6，可惜來到8352.6便回折，沒有超過盤差7點要求，自然是依照弱雙星盤的定義。照理說，前盤很容易在拉回過程便轉弱，但是觀察從8352.6拉回低點卻是守在平盤與第一盤高點8349.6的1/3，即弱勢回檔（強勢支撐）的關鍵位8331.9，確定這是弱雙星盤。所以首先要考慮強弱的關鍵，其次是第二波起漲位的研判。趨勢力道的研判法則隨時活用於即時走勢中，從圖4-56盤中走勢，8331.5之後的盤堅盤，要再度挑戰8352.6的前盤高點，但是除非弱雙星出現強勢的突破盤，一般狀態下，只能以震盪盤作收。

　　《圖4-57》開二高盤於1584.05先定為A峰，接著拉回Lb於1573.12做B峰起漲位，緊接著正反轉到B峰1583.07之後拉回。因為B峰低於A峰，因此判斷為二高弱雙星。從B峰拉回僅僅為1/3的弱勢回檔，隨即在1579.57

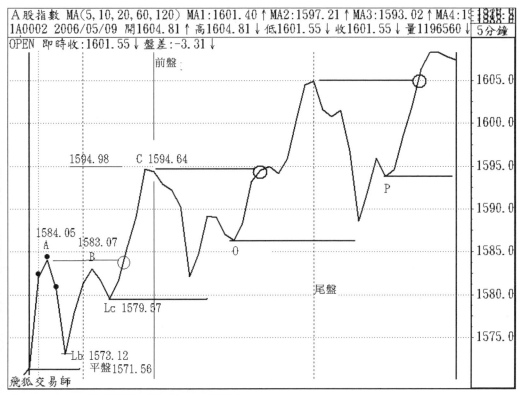

圖4-57　2006/5/9上證A股指數五分鐘折線圖

再度正反轉向上，且本波突破B峰與A峰，撐為**一過二軋空**，因為次五分鐘出現該回不回的走勢。當日便有機會形成逆轉的二高弱雙星突破盤。

　　從上述說明，除了趨勢盤態在力道研判外，可以觀察兩個盤中的多方關鍵：

　　一、當指數突破A峰高點，並滿足其翹翹板一倍幅的漲勢時，暗示多方攻擊的力道強勁。

　　二、每一波突破新高的起漲點，如圖標示Lc、O、P的位置，在多方回檔過程都沒有跌破，形成盤中盤堅的盤態，因此當日理應逆轉形成中長紅棒。

高盤、低盤、弱雙星盤都有可能出現逆轉的突破盤，讀者宜留意盤中壓力關鍵點的研判技巧。

5

主力量能控盤

成交量是技術分析中，籌碼研判的技巧之一，成交量與資金動能的變化正是推動股價的因素，研判成交量無疑是一個研判趨勢的關鍵工具。如同我們理解的一些觀念：在多頭市場時，股價上漲帶動人氣追價，所以價漲量增；回檔過程價跌量縮，等到籌碼安定後，就可以再發動另一次多頭攻擊。

空頭行情時股價盤跌，人氣持續退潮，高檔套牢的籌碼必須經過一段時間稀釋。待成交量進入谷底，之後量能再度溫和遞增，又可以吸引散戶人氣，此時股價才有機會從谷底翻升。由於投資股市有資本限制，因此成交量便成為操縱股價的工具之一。

傳統的價量研判

股市中有句名言：「**量為價的先行指標**」，代表成交量是推升股價的原動力，缺乏成交量推升的價格上漲，上升幅度有限；或者也可以解讀為：實質的成交量才能支撐股價，故**量**稱為**動能**。經過成交量轉化的能量，才能推動股價上升；之後，股價上漲並帶動人氣追價，也使成交量頻創新高，所以說無價也無量，價量關係應當是相輔相成，並形成良性互動。

多頭市場

多頭市場的特性是**價漲量增**，因為多頭市場人氣聚集，成交量不斷放大便能推升股價創新高，所以量、價就能同步一波比一波高；其中又以主升段的走勢更為明顯。所以在上升波中，**創新高量必有高價可期**是普遍研

判未來趨勢的方法。

　　若股價累積漲幅已經相當大，處於多頭市場末期時，往往**末升段**創新高價後未必會出現新高量，也就是說股價創新高但成交量無法跟隨著遞增。因為趨勢在末期一般都會出現漲勢趨緩，攻堅力道轉弱，獲利調節的賣壓增大，所以成交量有時反而率先萎縮回檔，因此**量比價先作頭**，這也是一般量能分析認為高檔**價量背離**的現象。我們把成交量想成股價動能的相對關係，基本原則如下：

一、**成交量是資金多寡的指標：**資金充沛則成交量增，資金退潮則成交量萎縮。

二、**成交量是股價的動能：**動能充足才能推升股價。

三、**成交量是真實交易結果：**走勢經常比股價的走勢更明確更明朗，可利用平均量研判買進或賣出的時機。

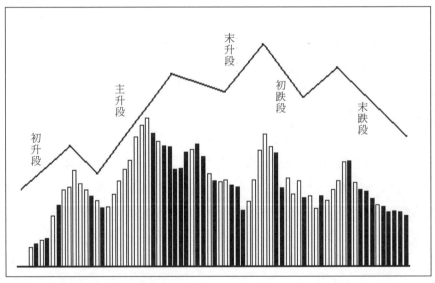

圖5-1　成交量與股價的關係

空頭市場 —— 價量背離

　　在空頭市場初期（初跌段）走勢，一般投資人往往容易發生錯誤研

判，認為拉回只不過是多頭市場的另一次回檔，因此多空看法分歧。在反彈的高檔區出現**相對巨量**後，接著股價大幅回落，高檔買進者慘遭套牢，因此價格大跌後成交量迅速萎縮，直至交易清淡，成交量型態出現谷底的現象，才會出現價穩量縮走勢。

　　上述所稱**多頭走勢**與**空頭走勢**的價量關係，是以艾略特的波浪模型做說明。波浪基本假設是以五波上漲及三波下跌的結構。在第五波的末升段時，成交量是一個重要研判方法。一般而言，第五波的幅度與第一波相當，比第三浪較小，型態上為**末升段**的波形。由於延續第三波升幅，人氣與情緒都相對高昂，二線股與投機股、轉機股的漲幅更為可觀，但權值股漲幅略受壓抑，因此指數上漲空間不大，請看圖5-2。

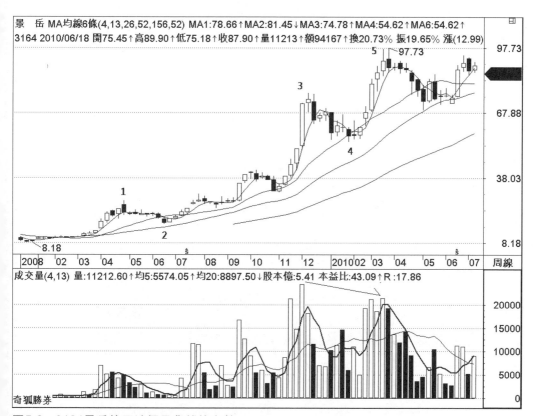

圖5-2　3164景岳第五波價量背離的走勢

空頭市場 —— 價量到頂

　　第五波的成交量往往因為樂觀情緒高於一切，因在第三波放空的人損失慘重，想在第五波中反手作多大撈一筆，就在市場一片過度樂觀的氛圍中，此時主力已開始尋找下車時機，故股價雖創新高，但漲升的力道已經大不如前。一般情況狀況下，成交量比較容易與第三波呈現背離，即價創新高、但成交量卻未能創新高，技術指標也容易出現類似的頂背離現象。雖然價量背離是研判第五浪末升段方法，但往往市場氣氛也會推升末升段呈現價量同步到頂，請看圖5-3。

圖5-3　2303聯電半導體第五波價量同步到頂

　　基本面也可以提供一些端倪：股價處於過度樂觀期待，此時景氣評估已經偏離市場認知，因此公司派也樂於報喜不報憂。警覺性高的投資人已

經認為股價高得無法接受。此時也是主力出貨（Distribution）的最好時機。爾後步入空頭市場，一般散戶大都套牢於高檔。筆者必須提醒投資朋友，第五波價量背離並非絕對，也就是說第五波不一定得出現**價量背離**才是股價頂點，實戰上，常常見到**價量同步到頂**的現象。

量價八卦圖

筆者二十多年來操盤經驗，認為讀友若要快速理解量能控盤的原理，**量價八卦圖**（圖5-4）無疑是最基礎、也最容易快速建立量能控盤操作法則。所以再次提出量價八卦圖；本章後續提出的操盤方法將以更簡明、更具系統歸納方式，幫助讀者精確掌握進場與出場時機。

一般**價量關係**的九種組合實在不需要過多著墨，例如：價漲量增、價漲量平、價漲量縮…這些對股市資歷不深的投資人顯得虛幻，對買賣研判並無助益。選擇買賣點時缺乏明確遵循規則，因此量價八卦圖提供了判斷多空較明確參考。

股價與成交量之間是相輔相成的關係，股價上漲或下跌的幅度，與成交量遞增或遞減的幅度之間變化，大致可以歸納以下八種循環：

一、**陽轉訊號**：價平（穩）量增。大盤成交量於底部略微上升，指數並未出現明顯上漲，仍屬於盤整打底階段，但投資性買盤已經介入，人氣漸趨活絡，主力開始逢低承接，因此成交量逐步遞增。

二、**買進訊號**：這是價漲量增現象，價量配合良好的多頭走勢，量能不斷往上推升，追價意願強烈配合換手積極。此時指數剛剛突破底部整理區。尤以突破頸線後彈升力道增強。

三、**加碼訊號**：當股價正式進入多頭以後，成交量推升到最高峰，若成交量未明顯減退（觀察5日均量未跌破20日均量），無短期頭部形成的疑慮。這個階段的股價容易出現噴出，均線呈現多頭排列向上。

四、**觀望（多頭）**：當5日均量（或OBV指標）出現下降，股價呈現**價漲量縮**，暗示高檔追價意願減退，遭逢利空或主力拉升無力直接壓低出貨時，將有殺盤力道出籠，故只宜採觀望策略。

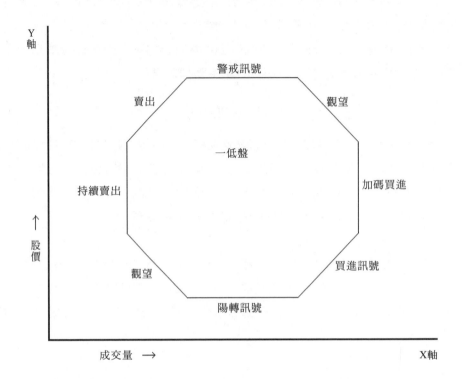

圖5-4　量價八卦圖

五、**警戒訊號**：股價於盤頭階段出現震盪作頭，雖未大幅下跌，成交量卻已經明顯萎縮，人氣與追價力道逐漸退潮轉弱，股價下跌危機逐漸成形。

六、**賣出訊號**：當大盤出現天價與天量，價量同步到頂，開始呈現下滑走勢。5日均量也開始跌破20日均量，表示人氣與量能同步退潮的現象，為持股賣出階段。

七、**加速（持續）賣出**：當股價該撐未撐急速下跌，量能持續低迷，代表指數跌勢未止，持續加速探底，不宜貿然搶短。此時的價跌量縮代表低檔無人承接。必須等到價穩量縮才開始進行底部整理。此時觀察指標為權值股、大型績優股，必須率先止跌，大盤跌深才醞釀反彈契機，雖不是大量承接的階段，法人機構將開始逢低承接績優族群。

八、**觀望（空頭）**：雖然此階段的股價持續盤跌，但跌幅開始縮減且跌勢

逐漸減緩，機構法人買盤逐漸逢低買進，為觀察階段，量增微幅上漲後，當拉回不再創新低，接著出現**陽轉訊號**，即可逢低介入。

純量控盤

讀者宜留意**價量背離**固然是股價高點的研判方法，但遇到外資、投信重倉壓寶或自營商等法人鎖碼的個股，尤以基金重押的電子中小型股或近期熱門的原物料股，價量背離並非是絕對的研判法則。如果個股出現長期底部翻升，中期漲幅將近一倍以上，因為近期仍具備題材，就算散戶不敢繼續追價買進，但是投資機構依基本面分析持續大量持有，在大陸股市稱為機構重倉，在臺灣稱為法人鎖碼現象，散戶即使不敢追高，發生**價量背離**時往往為鎖碼現象。

例如：2007年時原物料價格翻升，大陸基礎建設、汽車需求大幅推升鋼鐵價格大漲，雖然當時鋼鐵股已經歷經三年多頭行情，但國內投資活動旺盛，鋼材需求多年來依舊保持強勁，鋼材出口仍然維持在高檔，但大陸境內庫存仍處於較低水平，圖5-5的600019寶鋼公司具有較強的技術開發能力，產能持續擴張，形成基金等法人機構持續持有。因此當機構在某段時間內大量持有該股，且其持有量占其在外可流通股數絕大部分時，該股又因為在外流通籌碼不多，形成股價盤堅，但是成交量卻呈現背離現象。

法人鎖碼的意思是包含基金（投信基金）、券商（自營商）大量持有，兩者在性質上仍有區別：

券商的資金來源以券商集團自主資金，如自營商，並結合進出量大的大戶鎖碼單一個股，資金的運用著重短線績效，甚或有內種資金墊款等複雜性，因此歸類主力盤中的**業內**操作。

基金機構是以績優股投資，並以長期穩定獲利為操作原則，在主控盤操作時被歸類在**法人盤**操作。

圖5-5　600019寶鋼於2007年7月底至9月的走勢

　　機構法人憑藉資金優勢，及對個股長期研究的資訊優勢，不但在股價創新高持續買進，甚至造成短期股價持續上漲，成交量卻沒有同步繼續放大，形成**惜售**心態的價量背離，雖然有操縱股價之嫌，不過散戶跟風，自願追漲殺跌。這種走勢往往發生在業績具爆發力的中小型科技成長股，如2006、2007年時，當油價每桶突破140美元，油價高漲讓節能題材股，如太陽能（光伏）、LED族群股價發酵，因此能源類股、太陽能股與原物料股等均出現大漲。

　　當投資人能融會貫通本章所闡述的主控盤量能操盤法則，研判上圖是主力或法人機構重押的個股時，多單便不至於提早下車，造成後市股價創新高又追高的窘境。

平均量應用

成交量基本研判有兩項指標，分別是：

一、**成交值**：成交張數乘以每一張股價等於成交額。習慣上，大盤研判依據成交金額，即成交值研判。

二、**成交量**：某一檔股票在交易日所成交股數，臺灣習慣以一張代表1000股，因此成交量便是成交張數。大陸個股要觀察主力控盤能力建議採用手數（一手等於100股）為單位研判。

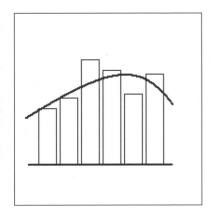

雖然我們已經瞭解了前一節股價的多空循環，成交量變化的量價八卦圖，但是每日的成交量變化往往會造成研判困擾，例如：長紅棒當日是價漲量增，次日持續上漲卻是量縮、第三日價跌卻量增…等量能每日不規則變化現象。為了一日成交量短線變化不易掌握；我們會利用**短期均量**（5日均量曲線，習慣上以5MV代替）、**長期均量**（以20日均量曲線或月均量稱之、20MV代替）做為趨勢的研判。這種方法與移動平均線的研判技巧相當類似。

短期均線如5日移動平均線高於20日移動平均線時，即5MA>20MA稱為**多頭排列**；如果5日移動平均線＜20日移動平均線時，即5MA<20MA稱為**空頭排列**：成交量也是一樣。短期的5日平均量＞長期的20日平均量，即5MV>20MV為量的多頭格局，如果5日均量＜20日平均量，5MV<20MV稱為量的空頭格局。當我們探討與平均量有關的**價量關係**，可以依量的基本型態與股價的多空關係，區分成四種原則：**價漲量增、價跌量縮、價漲量縮、價跌量增**。因此不需要太複雜的九種價量關係便可研判。

所以當5MV持續上升，股價也上漲，就是價漲量增。5MV持續上升，股價卻下跌，就是價跌量增。5MV曲線向下移動，股價卻上漲，就

稱為價漲量縮。當5MV曲線向下移動,股價也下跌,就是價跌量縮。這種把價量關係簡化研判的方法,就稱為**純量控盤法**。

漲勢 —— 價漲量增、價跌量縮

股價上漲一小段空間,股價必須克服前波套牢的解套賣壓,以及本波在低檔區逢低買進的獲利回吐的籌碼;若股票要延續上漲力道,需要不斷注入新資金,或主力必須完全吸納這些浮動籌碼,如同接力賽,跑完一段距離後,將這一棒交給另一棒,所以必須量增才能延續多頭漲勢。

下跌時,股價因短線高檔調節賣壓,呈現回檔走勢,股價回跌時間不宜過長,而仍獲利者認為未來股價續有上漲空間不願賣出,由於殺低意願不高,價量關係便會呈現價跌量縮的走勢,主力便需在適當的位置支撐住股價,才不至於下跌過深。

圖5-6加權指數08年底在3955.4打底以後,2月正式突破季線轉強,當5日均量開始突破20日均量,股價轉強持續上漲。指數來到上圖中四個波段高檔時,我們觀察5日均量開始反轉向下就是止漲訊號,指數進行回檔整理時,成交量也是配合**價跌量縮**的走勢。但是回檔整理並未跌破每一波的起漲點(末升低點),也因此沒有破壞多頭上漲的格局。當成交量再度遞增,使5日均量再度轉折向上時,指數就能再度突破新高,而相對巨量也與指數同步創新高,這便是多頭格局重要的研判技巧。

以均量曲線觀察,可發覺多頭格局5日均量皆大於20日均量,當股價自高檔反轉回落,5日均量在股價回檔過程仍位於月均量之上,往往在跌至月均量的水平時,進入多頭抵抗點。

換句話說,多頭格局中的價漲量增會讓5日均量高於20日均量,同時20日均量曲線維持上揚的方向,讓短長期均量線維持多頭的型態。

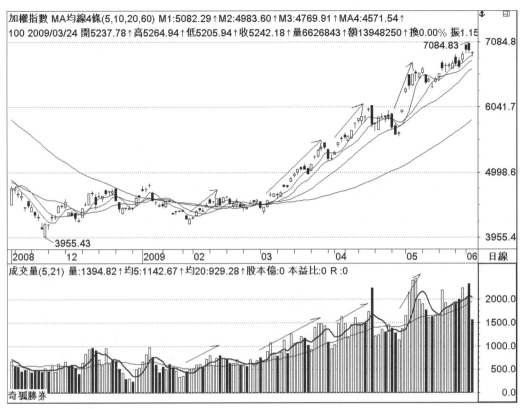

圖5-6　加權指數2009年2月至5月的走勢

漲勢 ── 突破換手量（價量背離）

　　一般投資人在觀察一檔股票是否強勢，往往先看類股指數（大陸股市稱為板塊指數）能否領先大盤指數率先創波段新高。因此很容易會留意到這種相對強族群，甚至從族群中再找出領航股。

　　這類股票往往突破前波高點時，出現當日爆大量漲幅極大，留意觀察如果主力利用拉高出貨，次交易日往往出現開高走低破平盤，甚至直接低開盤下；更多情況是當日開高於高檔震盪誘多，中場過後一路盤軟，收盤留下長上影線的避雷針K棒。反之，如果主力的目的是為了要吸納前波高點套牢的籌碼，次日往往跳空開高，當日出現大漲，甚至衝到漲停的價位。

　　這是主力控盤拉升成本的主要手法之一，創新高當日或次日爆大量，爆量後卻能夠再度衝向新高，往往是內圍主力從底部吃貨拉升一段後，突破新高時，內圍主力與週邊主力換手，所以主控盤稱為**換手量**。這些量能的作用是：

一、必須清洗前波高點套牢的籌碼。

二、完全消化並吸納短期底部上升所釋出的獲利回吐賣壓。

　　若股價突破新高以後，量縮股價尚能維持上漲，稱為**行進間換手**成功。換手量當日低點為未來波段回檔支撐的重要觀察點。週邊主力力求快速拉高股價，並遠離頸線附近的換手成本區，天天開高使得散戶見衝高不敢追價，主力往上一路強攻時因為沒有壓力，往往縮量拉升一氣呵成。但是要留意突破前期高點後，因已大量換手，接著將出現小量上漲，甚至**微量軋空**的走勢，此時觀察均量的變化，便可清楚看到5日均量小於20日月均量，形成**價量背離**走勢。等到股價伴隨遞減量上漲來到相對高檔區，宜防股價回檔出現價跌量增，將先結束股價短期軋空盤漲勢，即使未來能夠再創新高，也是由軋空轉為盤堅格局。

　　如圖5-7所示，深振業A在07年4月13日出現爆大量換手，並以微量軋空，股價突破前期16.08高點時出現巨量換手，次交易日4/17跳空開高以8.18%漲幅作收。往後則出現5日均量持續下降，並呈現成交量遞減的走勢。留意幅度測量，我們往往利用突破當日K棒計算軋空的力道，由07/2/5的最低點11元起漲至突破日16.02，當5/15滿足二吐目標26.1後，盤態由軋空轉為盤格局。並盤堅到29.3以後，出現下跌增量，才結束該段軋空盤的走勢。

　　主力爆量拉升有兩個原因：

第一、因為內圍主力從底部對敲籌碼，左手買右手賣，讓低迷的成交量得以擴增虛造市場人氣，並吸引短線客進場。當股價一路拉升到前期高點時，由於股價往往衝高近五成以上，對主力而言，可買進的張數（手數）相對減少，有必要引進另一批資金介入做第二波的拉抬。

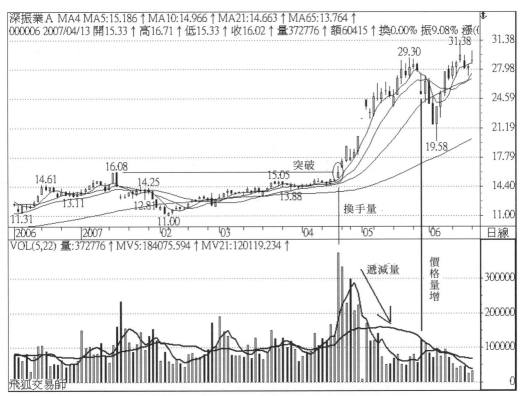

圖5-7　000006深振業A於2007/4/13出現換手軋空盤

第二、爆量後呈現量縮拉升，看懂線圖的投資人知道籌碼鎖定性非常強，
　　　未見高檔再次爆量不會隨便賣出，當買盤偏向多方有利方向，主力只
　　　要將股價一路拉高，直至目標後再利用高檔震盪出貨。

空頭 —— 價見頂後量見頂

　　一般狀態主力出貨大都利用高檔震盪出貨，如果主力來不及在高檔出
貨，或在高檔時發覺股價再度往上拉升的過程遭逢賣壓，或突然消息面利
空衝擊。主力都有可能無法在高檔順利出脫持股，或因為拉高無力，被公
司派倒貨產生套牢，便容易在高檔量縮因追價買盤意願不高，出現價平量
減的現象。萬一遭遇大盤整體環境不佳，開平盤或平高盤便不計成本於盤
中拋空出貨，這會造成當日股價出現長黑下跌而量增的現象。

　　這種現象往往出現在波段的起跌點，因為股價隨著成交量遞增而上漲，成交量並且能突破前期波峰，平均量仍持續遞增則顯示買盤接手持續進場，其平均量若因股價上漲而回跌，則宜防股價回檔調整或出貨。

　　研判是否為波段起跌點時，只靠成交量有時容易誤判，可以留意5日均量與20日均量的變化當成量的趨勢。當價漲但是均量卻是一路向下萎縮時，宜注意其未來走勢是否出現反彈逃命。

　　由圖5-8寶鋼在2004年1月7日創波段新高來到8.06，接著出現連續高檔震盪，觀察5日均量在1/12股價長紅時卻轉折向下，暗示除非次日再度補量讓短期均量退潮的疑慮化解。我們先設定均量萎縮股價將回檔，這根長紅棒的低點就變成關鍵的支撐參考點。接著在1/16出現跌破1/12這根長紅棒低點7.45，形成K線盤態的**倒N字**，而且是1根下跌量增的長黑K棒，此時就要留意7.79殺多高點這裡的壓力。

　　第二天應該是**盤態**中的倒N字跌破後的**多頭抵抗**，當日量縮狹幅震盪符合預期；再次一交易日1/30卻開平增量走低，觀察1/30和2/2這兩天都是下跌5日均量上揚的**價量背離**走勢。2/2多空交戰激烈，其低點6.98不幸跌破前期末升段低點7.03，趨勢有**翻多為空**的暗示。接著雖然主力還想將股價拉高再進行出貨，因此2/11之前出量震盪盤底，卻無力拉升。在2/11日當日跌破2/6這根大量的子母K棒低點，暗示將往**倒N字**一飽6.82以下滿足。

　　所以當2/12滿足一飽6.82以下來到6.78，同時也剛好跌破12/16的低點6.82，因此次日多頭抵抗，這裡**陽母子**線型也符合股理表現。股價因為頭部區**倒N字**，並滿足一飽後，短線將有反彈機會，這時我們觀察均量曲線，可以發覺20日月均量業已反轉向下三日，而且5日均量也跌破20日均量，有**人氣退潮**的疑慮，除非未來5日均量能夠再度突破20日均量，讓月均量回升。

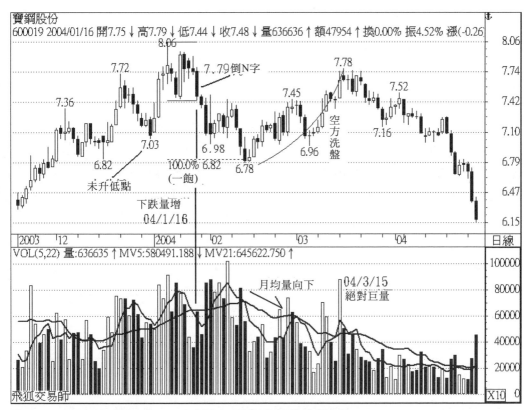

寶鋼股份
600019 2004/01/16 開7.75↓ 高7.79↓ 低7.44↓ 收7.48↓ 量636636↑ 額47954↑ 換0.00% 振4.52% 漲(-0.26

圖5-8　600019寶鋼於2004/1/16高檔出現倒N字價跌量增走勢

　　就趨勢而言，要觀察不只是量能曲線反彈的表現，同時要留意是否能突破頭部**倒N字**的殺多高7.79。因此就股價研判，雖然跌破月均線拉回季線附近支撐，並進行盤底。經驗不足的投資人就會誤以為股價未來仍將再回復多頭的趨勢，其實從三項條件可以研判是反彈或是回升波。

第一、我們所說的量能曲線未來能否回復多頭格局，即5MV＞20MV且20MV轉折向上。

第二、因為已經滿足**倒N字**的一飽目標，除非未來能夠突破**殺多高**，才有再次轉多的機會。

第三、反彈到整段（6.78-8.06）的2/3的7.63時，能否出現**突破＋該回不回**的走勢。3/15增量且為**相對大量**突破7.63，次日隨即出現空頭抵抗的**類避雷針K棒**的走勢，再次一日3/17落尾，暗示雖然波段為**強勢反彈**，這個殺多高7.79的壓力仍然存在。

　　若單純從量能角度觀察，5日均量屢屢遭逢20日均量的壓制，這就類似均線的研判技巧，當20日的月均線向下時，5日均線突破月均線往往遇到空頭抵抗的觀念是相同。觀察月均量卻在股價突破7.63仍然呈現持續向下遞減的走勢。接著股價盤跌拉回過程，成交量大幅萎縮持續遞減，這已經暗示波段業已進入尾聲。我們在波浪的觀念稱為**轉浪**型態，暗示8.06-6.78這段是初跌段的A浪中線回檔，反彈至7.78這段為B浪反彈，也是主力拉高震盪出貨，即為盤態的**空方洗盤**（請參考K線盤態篇的說明），其實主力萬般拉抬只為出貨，出貨後當然就會開始進行C浪（或主跌段）的下跌走勢。

空頭 —— 人氣退潮

　　對一般初學技術分析的投資人而言，當股價拉回以後，要準確研判是多方回檔，或是多翻空的開始是有點困難！

　　如果量能退潮伴隨股價同步下跌，代表長期趨勢有反轉可能。因為股價在相對高檔反轉後，不但代表主力已經出貨完畢，接著股價乏人問津，難以獲得投資大眾認同，股價自高檔下跌，出現波段**價量齊跌**走勢。稱為**人氣退潮現象**。筆者在此要提出幾項研判要則整理如下：

一、5MV跌破20MV曲線一週左右。

二、20MV曲線已明顯由上揚走平接著回跌時，此觀察期需一週左右，5MV下次反彈無法突破20MV，回復多頭排列的走勢。

三、20MV持續下降，5MV曲線反彈未能再度創新高，可與上述(2)交互確認。

　　《圖5-9》加權指數在2010年5月本波高點8190以後，如何研判究竟從高點拉回是多頭短期修正，或是短線由多翻空，或進入中段整理的格局。如果趨勢是由多翻空，或進入中段整理，多單自然應先退出。

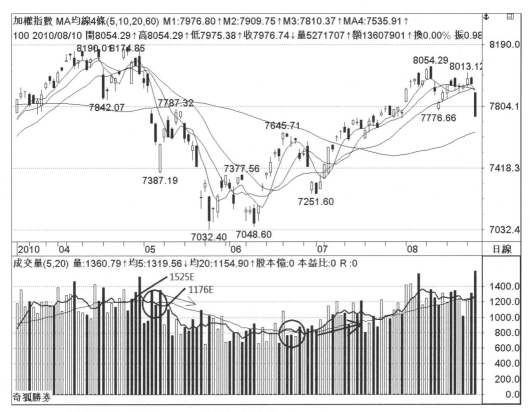

圖5-9　加權指數於2010年4月-6月人氣退潮走勢

　　首先從10/4/30觀察5MV開始從1525億的高峰轉折向下，等了幾天，在5/4時發現5MV開始跌破20MV，再耐心觀察一週，發現5MV並未再度回復於20MV之上，並觀察到20MV在4/30達到1226億高峰後，也開始反轉向下。雖然5MV曲線量縮後回升，但到了5/11的1176億後又再度回跌，此時不但無法突破20MV，拉回的過程又再度創新低。基於上述幾項條件，讀者可以大膽預測股價自高峰已經出現**人氣退潮**現象。當然等到指數在7032打出雙底後，在突破7377的頸線，我們觀察到5MV開始突破20MV，並且在一週後讓20MV也轉折向上，再度由多方掌控優勢。

中段整理

　　如果在量能為多頭末端，即使進入中期整理，也會出現人氣退潮現象。中段整理可以是波浪的三波（a-b-c）或五波（下降楔形a-b-c-d-e）回

檔，甚至是收斂三角形整理。而中段整理末端，出現**底部量**且收盤收高的
中長紅K棒，當日成交量突破5日均量與20日均量，並且讓5MV>20MV條
件成立，可讓空頭的月均量轉折向上，便有翻多的機會。

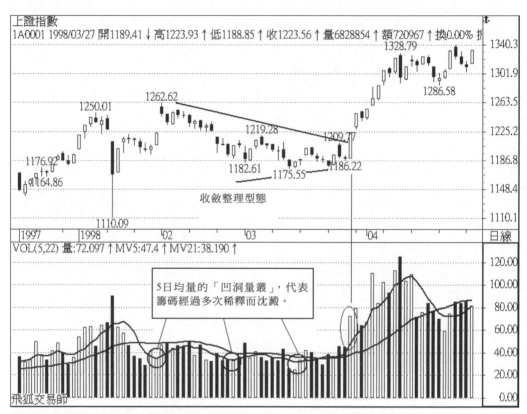

圖5-10 上證指數1998/3/27整理時均量的走勢

格 言：量大長、短大長、長向上！這是攻擊格局的特性，意思是說短期
均量大於長期均量，且長期均量持續向上，才有機會使5日均量
維持在20日的月均量之上，不但擺脫人氣退潮與股價低迷的現
象，更提供中期股價趨勢向上的動力。其意義不難理解：
　　一、量大長：當筆成交量大於長期均量，並且為收高的助漲量。
　　二、短大長：短期均量大於長期均量。
　　三、長往上：長期均量溫和遞增向上延伸。

　　這裡討論的是前期波峰放量後成套牢區，其中套牢量必須經過幾次稀釋（稀釋過程中，自然看到5日均量反彈波峰接著又拉回形成波谷數次，形成凹洞量叢），這樣才能讓籌碼有效回歸到大股東或主力手中。讀者應當很容易從《圖5-10》上證指數98年3月27日以前均量的表現獲得啟示。

巨量操盤法

　　對一般投資者來說，自己操作股票，從選股策略、到大盤趨勢研判，甚至買賣點的分析與執行，都可稱為**操盤**。與受大眾委託資金從事股票投資的投資信託機構的基金經理人的工作，皆屬於**操盤**範圍。

　　控盤的意義不在於操縱股價，而是從股價趨勢著手，對波浪各週期轉捩點的規劃，成交量與籌碼面的控制，進而到掌握股價的走勢。所以一般所稱的**控盤**大都為法人對持股的長期投資，或是公司派對籌碼有必要進一步掌握，如：發行ECB海外可轉換公司債、GDR存托憑證等，必須在趨勢較不佳時，對股價做一定的護盤動作。目前公司派在證券相關法令許可範圍的**股價監控**制度，也可以發揮大盤不佳時股價的穩定作用。

　　公司派的操作可自請操盤人對股價採取長期監控的方式，或與公司外部人員，或委託投信、主力等代為操作，稱為**主控盤**。投資人瞭解主控盤的技巧，不是為了成為一位控盤人員，而是希望藉由對**主控技術分析**的研究，為自己擬定投資策略。

量　叢

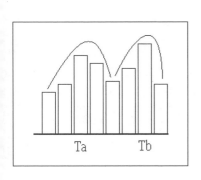

　　當成交量因為增減呈現一波波的上下運動，從量的谷底到成交量遞增至最大量的波峰後，再度量縮整理至成交量的下一次波谷。兩個波谷之間便稱為一個量叢。量叢可以是一週以上，也可能發生在5日內，只要符合上述條件便稱為量叢。如圖量叢Ta與量叢Tb。

在圖5-11中,我們把每日的成交量連線,可以很清楚看到量所形成的波峰與波谷,從標示F、H量叢的波峰創新高產生股價突破,以及標示G、I、L波峰未創新高的量叢,很容易產生股價上漲後回檔。

圖5-11量叢的關鍵在於標示7/23的F、8/3的H這兩個量叢大量,以及之後的股價走勢與量叢變化。就股價走勢而言,從10.6這段上漲浪潮走勢之後,自11.4-10.85顯然是一個回檔調整波,直到F創新高的量叢大量出現;從10.6到11.5同等幅度預測,股價應當會來到12.4以上。當股價來到12.6滿足12.4,雖然後兩天出現跳空開高小十字黑K棒,卻只等高12.6,觀察量叢I是一個未創新高的增量,第二天股價一補空並且跌破量叢I的虛擬低點後,造成股價回檔到11.7。這種狀況往往在巨量低點跌破後,便會

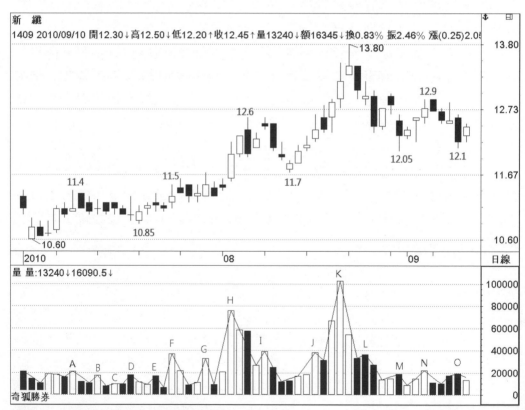

圖5-11　新纖2010年8月-9月量叢的型態

產生整理型態。不過量叢判讀只是**巨量操盤法**研判的基本功夫，因為配合以下將介紹的巨量研判法則，才可領悟並掌握短線轉折的操盤技巧。這張圖的用意是在讓讀者先建立量叢的概念。

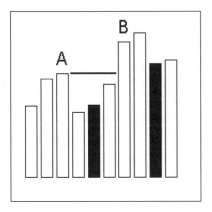

相對大量

比前一個量叢的最大量還大的成交量，就稱為**相對大量**（或稱為**巨量**），一般情況的長紅K棒大致上都具備此相對大量，除非是有政治利多、經濟利多或籌碼鎖定形成小量創新高的特殊現象。長黑則不一定具備相對大量，但若大量長黑是標準的出貨盤徵兆，當然也是相對大量。

量叢是巨量操盤法的關鍵，當我們已經能夠判讀量叢的定義，才能找出量叢裡的**最大量**，並且當後市出現突破前一次量叢裡最大量的**相對大量**時，才能掌握研判技巧。

相對大量的操盤法則

一、**巨量低點**：當本波出現相對大量時，其短線研判法則歸納如下：

(1) 未跌破巨量低點以前，巨量低點為支撐，宜逢低介入（此支撐為虛擬低點，即主控K線中的軋空低點法則）。

(2) 若不幸跌破巨量低點，顯示其止漲訊號出現了，理應逢高出脫或反彈作空，並以M頭第二頭部的上一檔為作空停損點。因為若股價突破M頭的第二頭部高點，應防再度盤堅或軋空。

二、**巨量高點**：未突破巨量高點以前，相對大量高點為壓力，研判法則是：

(1) 未突破相對大量的虛擬高點前，宜逢高出脫，尤以K線出現**烏雲蔽日線、避雷針、倒N字、一破三價**等主力出貨型態。

(2) 若僥倖能突破巨量高點，顯示股價止跌了，理應利用極短線震盪

回檔時逢低作多，並以W底第二腳下一檔為作多停損點；若不幸
跌破W底第二腳宜防再度探底。

三、重點整理：

(1) 未突破巨量高點前，巨量高點為壓力，宜逢高出脫。

(2) 未跌破巨量低點前，巨量低點為支撐，宜逢低介入。

(3) 股價介於巨量低點與高點之間，暫視為盤整格局。

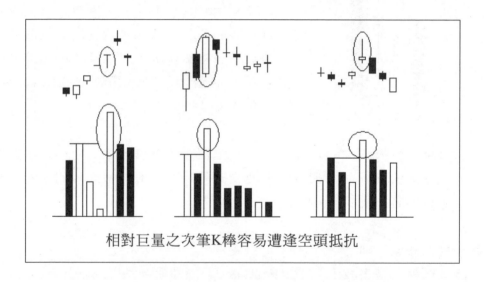

相對巨量之次筆K棒容易遭逢空頭抵抗

　　當出現相對巨量後，應留意次筆K棒容易出現**空頭抵抗**，此為極短線
出貨現象。空頭抵抗可以多種方式表達，本書常舉的例子：巨量後次筆K
棒為向上跳空避雷針，或巨量長紅的次日直接出現開低走低的黑K棒，部
分情況是巨量當日便留下較長的上影線，且次日直接低開或開平走低，也
就是巨量當日的盤中走勢出現空頭抵抗後，在尾盤前股價便壓回收在較低
的價位。

紅K巨量低點實戰應用

　　《圖5-12》中海發展2006年5月22日從高點7.39以後數週，量叢呈現
波峰不創新高的遞減現象，這經常是暗示股價出現中期回檔的走勢，股價

跌破月均線支撐讓趨勢更獲得確認。當股價在6月初期跌破月均線,且月均線方向並非對多方有利的上揚走勢。在股價反彈過程中,到了7/5當日出現相對大量Ta,次交易日理應進行**空頭抵抗**的走勢,Ta當日高點6.67未突破前,宜防短多高檔調節。隨後當股價跌破巨量低點6.42,暗示極短線股價將會拉回整理,其中支撐都失敗,在回探6/15這根底部日出K棒才止跌。

　　股價在5.90至8月初期都在底部整理型態,直到8/2再度出現Tb這根巨量,暗示次筆K棒將逢空頭抵抗,果然8/3是1根符合預期的避雷針K棒(並且突破前期6.7高點),然而8/4卻是1根低檔6.47有守**上十字線**,未跌破Tb的K棒低點6.36有效支撐,因此當8/7再度出現價量背離的長紅突破,

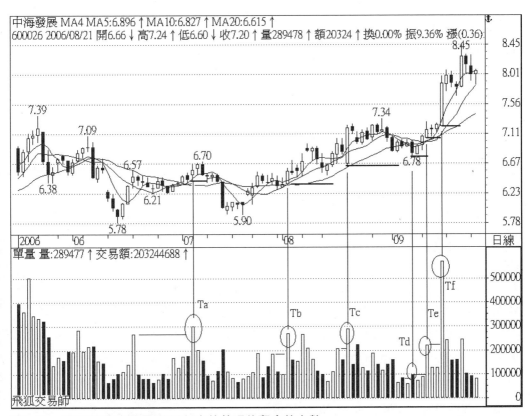

圖5-12　600026中海發展2006年中的整理後翻多的走勢

暗示多方只要守住6.47低頓點，依《槓桿原理》與《等浪法則》有往7.29以上挑戰的實力，其所依據的是**巨量高點被突破，股價不想跌了，理應逢回作多的**原則。

8/10之後股價如預期震盪拉回三日，因此也提供看多者逢低買進的機會。多頭在8/21再度以長紅相對大量發動攻堅走勢，所以在沒有跌破Tc巨量低點6.60以前，盤堅方向不變，股價盤堅至8/30滿足7.29以上（來到7.34）預測目標後，才開始進行6日拉回至6.78的整理修正。

雖然股價滿足5.9-6.72-6.47-目標7.29的走勢，當股價仍維持在月均線上盤堅時，心態上仍應以多方看待，除非出現最後一次的巨量跌破，股價才會出現較大幅度的拉回修正。因此在Tc之後走勢持續依巨量操作法則，當多方都力守Td、Te、Tf三次巨量虛擬低點，多單理應續抱至圖5-12的最右方，如此一來，波段作多者就可以一路抱多單直達三個月以上。

黑K巨量高點實戰應用

圖5-13是中國石化在2005/8/23衝高到4.68後到10/28間做大幅修正漲勢的走勢。當高檔均線糾集變盤之際，不幸出現Ta這根巨量黑K，多方如有意防守次日理應進行多頭抵抗走勢，但次日卻是量增價跌的中黑K，暗示主力有壓低出貨嫌疑，Ta巨量高點4.41，幾日都無法有效突破，股價將從盤堅轉為盤跌。

2005/9/22出現1根下影線比實體線長的巨量黑K，次日隨即突破黑K高點，暗示在盤跌的過程有機會先進行跌深反彈或震盪嘗試打底，當9/27出現長黑跌破Tb低點3.97並來到3.92，作多者有反彈宜站在賣方；即使來不及出脫，依黑K巨量突破原則，3.97-4.14-3.92-4.17這個嘗試打W底的走勢，其3.92為最後止損點。Td這根黑K棒則是低點有守，後市高點突破，暗示整理結束的先兆，理應翻多思考。

中國石化 MA4 MA5:4.23↑MA10:4.17↑MA20:4.044↑
600028 2005/11/21 開4.25 高4.29↓低4.21↑收4.25 量129007↓額5484↓換0.00% 振1.88% 漲(0.00)0.00%

單量 量:129006↓交易額:54836744↓

飛狐交易師

圖5-13　600028中國石化2005年9月走勢

盤整走勢的巨量應用

　　接著，我們來探討量叢裡的最大量，在股價趨勢中究竟有什麼意涵？圖5-14是觸控面板大廠勝華電子在2010年5月自20元大漲到9月57.2高點後陷入整理的走勢，在9/24的高點57.2元前一日，我們觀察標示量叢A是1根避雷針K棒的下十字線，所幸次筆是1根開高走高長紅棒，再次筆創新高來到57.2後開高走低形成長黑K棒。

　　這時留意量叢A的次筆長紅未出現增量，因此當出現黑K棒的回檔整理，我們觀察的重心是量叢A的低點支撐：虛擬低點52.3到本棒線實際低點52.8之間。接著在9/27出現1根跌破52.8的黑K棒增量（量叢標示m），雖然並未跌破52.3虛擬低點，但也暗示這根量叢巨量的高點55.7已是壓力。緊接著9/29出現跌破量叢A的向下跳空黑K棒，宣告多方退守將陷入整

理。當在48.5又出現量叢巨量的黑K，我們再把巨量高點51.5先視為壓力，次筆出現開高走高量縮的紅K棒，雖然再次筆是開高走低的黑K棒，但高點卻突破51.5已有突破的企圖。最高價突破已暗示巨量高點壓力被突破，此時的巨量低點即成支撐，也有出現底部換手的機會。

　　股價在48.5低點開始反彈，來到前波量叢巨量m的高點壓力55.7，但也隨即遭逢解套壓力而拉回。而且在高點56.3產生量叢巨量o，隔兩日後跌破巨量低點，也宣告56.3的壓力成形不易突破，將再度拉回整理。與上述相同的情形再度發生在量叢p，而這個10/21的巨量不但跌破前波48.5的低點，並產生45.95新低。說明這波至少是三波回檔整理。當再度發生黑K巨量並且是一個盤態的跌破，又是近期的最大量，次日的走勢便相當重要，最好的走勢便是量縮的多頭抵抗。我們觀察次筆是跳空開高，並突破

圖5-14　2384勝華電子2010年9-12月股價走勢圖

巨量虛擬高點壓力49.4的長紅棒線，又讓巨量低點45.95成關鍵支撐。短線沒有跌破45.95以前，將有機會出現跌深反彈。

圖中最重要的巨量研判還有量能形成三小波反彈的q、r，要留意r的高點壓力比q的高點壓力更低，持續是整理的走勢。直到11/24出現突破量，且次日是一根量叢巨量C的向上跳空長紅棒，才宣告q、r這段整理結束。後市的走勢請讀者自行推演。

量滾量

經過量叢的巨量研判法則與實例探討後，相信讀者對於大量應有初步認識，當股價出現大量也能做出初期判讀。對投資者而言，往往認為長陽K棒對買方有利，相對於黑K巨量則偏賣方思考。在股價強弱的判別上，這種方法未必是對的，即使我們認為巨量後逢空頭抵抗的機率相當高，仍須以**股價趨勢**原則判斷，例如：相對大量後，雖然次日是預期中的避雷針K棒，但在沒有出現**日落K棒**時，仍不宜貿然斷定股價必然回跌。

當股價大漲三日並且出現連續量增的走勢，法人機構或主力不需刻意宣傳題材，散戶自然不請自來。因為略懂技術分析者都知道**量為價的先行指標**，有量才有價！在控盤上，主力也往往利用這種散戶的群眾心理，當突破壓力時出現巨量長陽K棒，一般投資人都會以進貨解讀，主力便製造交投活絡、個股業績大幅成長、轉投資收益豐碩等利多消息，並透過媒體大力放送。所以價量關係會形成**量滾量**追漲模式！因為散戶都認為站在與傳媒都認同的方向，無疑是大幅獲利的機會。

圖5-15為上證指數在經歷四年半下跌後，從2005年7月20日展開反彈，並在年底暗示走強跡象。2005年底配合股權分置改革政策將在2006年第一季完成股改。新的《公司法》和《證券法》也將在元月1日生效實施，2006年是**十一五**第一年，經濟將繼續保持穩定增長；招商銀行節後復牌也在眾所期待下刺激市場人氣。大盤終於在2006年第一個交易日出現相對巨量！熊市持續了漫長五個年頭，正好提供股價一個喘息後開始增溫的

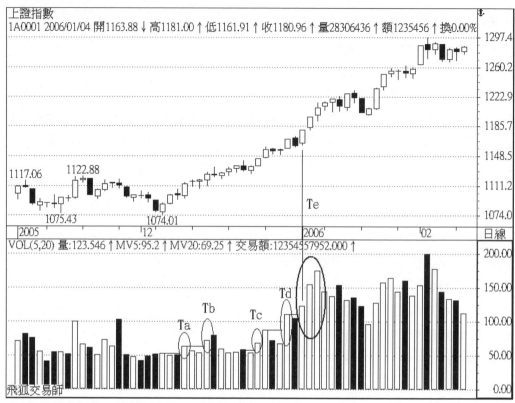

圖5-15　上證指數2006年1月4日巨量開紅盤

機會。1/4股指雙雙報收大陽線迎來2006開門見紅，爾後的兩日出現連續**陽助漲量**，開啟2006年開盤立即出現多頭最企望的量滾量型態。

　　價量結構研判當出現巨量時，其次筆K棒在主控盤研判上應於次日進行空頭抵抗的行為，但次日若是**價漲量增**的走勢，則顯示空頭抵抗失敗，故又稱為**該回不回**盤態，通常代表次日買盤再度積極湧入，股價欲罷不能、欲小不易。

　　量滾量的格局比較要留意後市不宜出現股價急挫量縮走勢，往往暗示量能不繼的現象，代表主力的控盤能力或擁有的籌碼薄弱。因此量滾量配合股價必然出現急攻且大幅拉升，後市須密切觀察，量縮不排除短線有反轉的疑慮；除非量縮後新資金持續進場，形成足夠推升多方續強的動能。

因此量滾量有其嚴密的定義，以下說明之。

量滾量的定義

一、**助漲量**：人氣退潮過程中出現量增的現
　　象為助漲量。配合當日收高陽K棒的助
　　漲量呈現價漲量增走勢，稱為陽助漲
　　量。

二、**量滾量**：陽助漲量出現以後，又出現價
　　漲量增時，此量盤態便稱為量滾量。

三、**助跌量**：量漲潮過程中出現量縮時，稱
　　為助跌量。

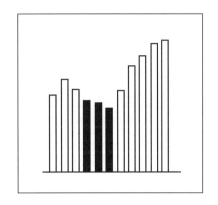

　　因此量滾量最容易分辨的時機便是出現巨量時，次筆K棒的收盤持續
上揚同時又是量增，可視為多方的強勢攻擊。另外，當底部出現連續三日
量增價漲的走勢，縱使後市出現量縮格局，此時多方攻擊視為有效突破，
亦為量滾量模式。量滾量格局常見於《波浪理論》的主升段攻勢，為了要
維繫主升段價量強勢的攻堅角度，以及時間延續，所以利用量滾量的操盤
模式是最佳呈現方式。

　　既然量滾量是多頭攻擊的最強悍模式，量能不可能一路遞增至最高
點，最後呈現**價墜量失控**的窘境。因此量滾量模式仍須中途換手，因為短
暫的休息才能延續股價走更長的路。所以股價上行的末端，往往呈現**量大
不滾**或**巨量長黑**的終結訊號。量滾量的初期往往無法獲得法人認同，甚至
引起投信法人機構兩極看法，樂觀者會認為量滾量是好現象，代表人氣回
籠，股市的結構正產生以往震盪或空頭模式的質變。相對的，保守的投資
人就會認為量滾量終有一日會出現無量崩跌，甚至投機股的走勢就更難以
獲得法人認同。

　　讀者可以多留意當大盤出現量滾量結構時，往往盤面上強勢族群會集
中在中小型股或產業高成長族群身上，大型股由於股本較大反應比較落

後。只要持續獲得投資人認同，量能可以持續供給，繼續量滾量往上行進仍大有可為。大量之後還有更大量，高點之後還有更高點，因此量滾量往往不會是頭部的徵兆，但如果量縮便要留意比較容易出現劇烈的震盪或回檔的走勢。

量滾量 —— 空翻多

當股價處於空頭格局或中段整理型態，從移動平均線的結構可清楚依短中期均線的排列辨識為空頭格局。往往因為產業缺乏題材，長期盤跌的股價乏人問津，一旦出現利多激勵時，法人機構率先底部積極介入，散戶則勇於底部搶買，造成股價在底部區直接出現突破巨量，接著出現兩筆以上的助漲量，空頭型態的空翻多量滾量格局於是在底部形成，可觀察範例圖5-16。

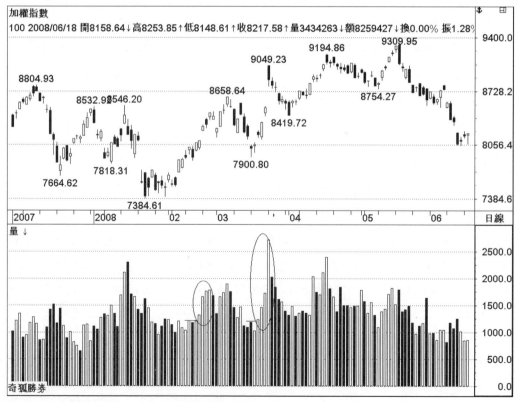

圖5-16　加權指數2008年2月-5月滾量盤

　　圖5-16大盤在2007年10月因美國債信風暴開始成形，大盤自9859一路
大跌至2008年1月的7384。緊接著在3月20日將舉行總統大選，由於國民
黨再度拿回失去八年的政權機會增加，大盤在7384落底後開始出現壓寶的
增量走勢，造成大盤空頭走勢出現直接空翻多的型態。3/20馬英九總統勝
選後，大盤也出現第二次量滾量的的型態，一路盤堅到5/20總統就職的
9309高點。

量滾量 ── 底部突破

　　當股價量縮價跌處於中線回檔整理，從均量研判法則必為人氣退潮走
勢，我們要確認股價由空翻多的條件：必須突破**末跌高點**研判翻空為多，
及拉回的空多交替能守住前波低點，用以確認底部訊號。如果主力要發動

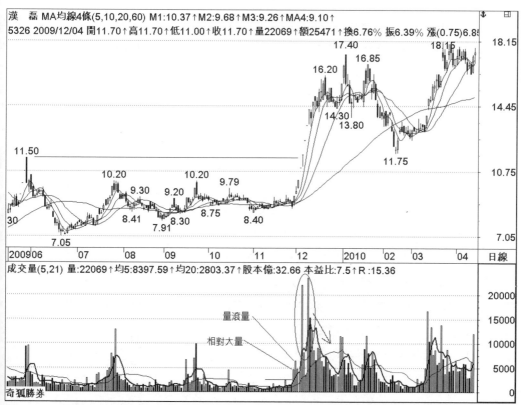

圖5-17　漢磊科技2009年11月-12月滾量盤

奇襲，往往在突破末跌段高點後呈現**量縮價不跌**的高檔平臺整理，並伺機發動量滾量直接將股價快速拉升。

技術分析市場常常認為突破壓力後**量縮價跌**是合理行為，然而**量縮價不跌**卻是異常行為！從圖5-17漢磊科技的走勢便給了技術分析研究者一種啟發。當底部型態出現突破量，接著出現次日量增，往往是突破末跌段高點9.79的先兆。突破壓力後，如果出現量縮的平台整理亦無妨，此時股價便有機會在量滾量後出現強勢軋空盤的走勢。

量軋空

量軋空的手法是主力控盤走法之一，這種手法常常被應用而且不會失效！因為股市有一種理論稱為**羊群理論**，心理學家曾經研究過人群的思考模式。發現群眾聚集時，每個人都會受當時群眾的情緒影響，並且消失了自我。群眾的情緒成為自己的情緒，大眾的見解進而取代了自我見解。因此股市流傳的名言——群眾往往是錯的，投資必須發揮獨立思考能力才可獲利！股票市場中要成為一位成功操盤手，他們所制定的投資策略往往與大眾相異。相對的，要成為一名專業控盤的主力，更會反市場心理而行，他們常觀察群眾的看法，從而擬定更佳的操控盤策略。

上述並非推翻傳統技術分析的研判原理，而是要闡述主力如果要能夠快速拉升股價，減少跟轎的單子與未來在高檔可能出現的賣壓，積極換手的控盤手法是必要的手段。當然能否換手成功，是股價未來漲幅的關鍵。研判上，除了辨別**量軋空**的走勢外，更需全盤衡量後市量價變化。因此相對巨量之後，量縮軋空可視為換手成功的指標，更是控盤手法中巨量換手的標竿。

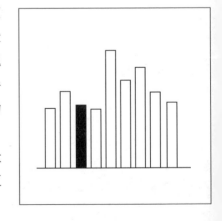

(一) **巨量**：量退潮過程中出現**相對巨量**的現象且為助漲量。當日大陽Ｋ棒助漲呈現價漲量增走勢。

(二) 次日出現開盤後快速拉升的長陽Ｋ棒，且成交量出現萎縮惜售的現象。便稱為量軋空。

(三) 此控盤手法普遍發生在中小型、小盤股板塊、投機或轉機股及主力板塊股，大盤指數發生的機率不高。

　　圖5-18航太機電原專攻汽車配件行業，06年1月22日上海市政府和航太科技集團攜手打造航太閔行，太陽能光伏和複合材料兩個上海市政府積極推動專案均落戶航太機電。同時股權分置改革方案在06/03/28前通過。觀察該股05年營收同比上升3%，實現的利潤總額卻同比下降28%。

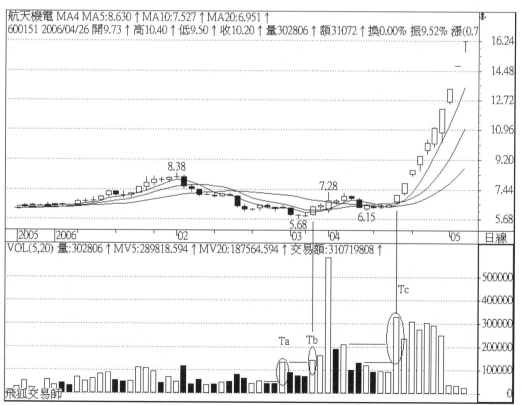

圖5-18　600151航太機電2006年4月20日量軋空走勢

但這種大好發展的機遇，並以投入新能源行業（太陽能相關產品）為題材，為該公司著墨的重點；其未來價值雖有待市場進一步評估，卻提供了主力良好的控盤環境。

該股在2/24出現人氣退潮後的第一根巨量Ta，次日即逢空頭抵抗而低開拉回。3/14出現第二次的巨量Tb，次日出現高檔紅K棒十字小防線、增量，形成底部量滾量模式，接著在4/7爆大巨量突破Tb的高點，並進行八天的整理。4/20出現Tc這根一過二 32.7萬手的相對巨量，依巨量原則次日理應進行空頭抵抗，結果次日跳空開高並以封漲停的大陽K棒作收，成交量則比前一日萎縮至23.5萬手，之後形成量縮飆漲的走勢，此即為主力控盤的**量軋空手法**。

接著我們要探討的是中小型板塊出現**量軋空**飆漲的走勢。上證大盤2007年3月剛剛站穩3000整數關卡，在多頭氣勢依然澎湃，行情向中低價股蔓延的趨勢意猶未盡，價格處於低檔尚未爆發的中小型股具備炒作的潛力，符合主力的選股品味。群體性的板塊走強，尤其是看盤中值得關注的焦點，因為這往往意味多頭主力集結新的力量。當時提供主力炒作的題材便是：**定向增發**。定向增發是借鑑國外市場引入的新融資發行制度，可實現控股股東資產證券化、引入新的戰略股東等戰略意圖。因此保險、社保、基金、券商、財務公司、QFII等機構，更願意透過這種私募方式，在增發的過程中，一次拿到大量優質籌碼。能夠定向增發的公司往往是基本面具有較佳投資魅力的上市公司。

圖5-19的三普藥業（600869）是青海省唯一生產銷售中藏成藥為主的上市公司，在藥製造行業中擁有高度資源優勢，2007年初召開股東大會，審議通過了公司非公開發行股票的議案，擬向控股股東增發7.44億股。剛好提供大盤熱烈環境下一個良好操作的題材。

從圖5-19該股於2006年上漲至一月下旬7.87後，進行三波拉回修正，並於5.9附近嘗試打底，直到2/15出現1根標示Ta-25562手相對巨量，使量

能開始增溫，雖然次日2/16因為巨量後的逢空頭抵抗出現避雷針K棒，2/26農曆年後開紅盤隨即以標示Tb這根大陽棒線突破2/16日黑K棒的高點，並且突破7.87前期高點，頗有宣告漲升氣勢的企圖。第二交易日2/27因為突破7.87高點後出現解套壓力而收低，突破後出現的拉回震盪整理是正常走勢，2/28持續前一日弱勢低開卻收1根量縮的小紅棒線，暗示多方要防守2/15這根Ta相對巨量的軋空低點，此時想要介入者應特別留意當多方守住軋空低點，能否出現底部第一次表態的增量日出K棒。

　　從圖中標示Tb相對巨量後的次日呈現**價跌量縮**走勢，暗示突破前期高點的解套賣壓不大，拉回的過程中，主力以Ta的**軋空低點**為防守點。留意觀察多方在3/1以1根收高的日出十字線表態，並在次日再度出現標示Tc的封漲停的巨量站穩8.21，宣告空頭抵抗失敗；次日出現3/5增量並創波段新高的長陽棒線，3/6的十字線只是盤中量縮洗盤的手法，3/7便開

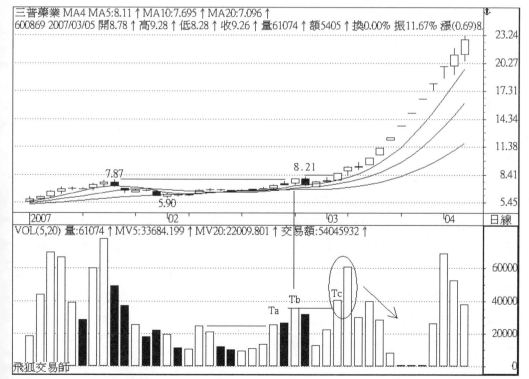

圖5-19　600869三普藥業2007年3月5日軋空走勢

始發動開高直奔漲停的軋空盤走勢，宣告**量軋空**型態成立，並且連續拉出8根漲停板。

　　假設原本看好這檔股票的投資人原本想利用拉回介入，卻因為上述Tb、Tc的二次量未創新高，讓市場資深分析師認為股價創新高為**二次價量背離**是**假突破真拉回**出貨訊號。市場的羊群心理便會影響到個人判斷而未及入市，失去買進連續飆漲的機會，這便是主力利用反市場心理的操盤手法。讀者要留意的現象是**量軋空**都有一個共有特性：當股價突破之前中段整理的波段高點時，經常出現**價量背離**的走勢，形成**小量闖大量**的現象，這種現象除了說明前期大量介入或高檔暴量震盪出貨的主力並未完全棄守（或籌碼尚未貨完畢），主力往往伺機尋找個股新的題材以提供炒作的憑藉，因此後市出現小量創新高的價量型態，配合利多消息便能一飛沖天無量飆漲。

突兀量

　　我們談過常態的股價與成交量是正比關係！人氣退潮後的空頭趨勢，成交量遞增是股價由空翻多上漲的動力，沒有成交量的股票難有漲升空間。但單筆成交量若忽然增加太大，也關係著股價究竟是準備從底部起漲或僅為一日行情的表現。

　　讀者可以觀察5日均量與當日量的關係，如果當日量爆得過大，產生**突兀量**。突兀量發生在中期空頭中的最低點，可觀察兩天，若股價急速拉升遠離底部區，可視為**底部換手量**，又稱為底部**背離量**。如果是在上漲中段，並且出現在突破前期高點時，就有機會形成中段**換手量**；但忌見於相對高檔區，尤其當型態已經到了滿足點，必須留意是主力出貨開始調節籌碼。如果股價為**盤整型態**，需觀察一週內變化，**突兀量**的低點若跌破，將造成底部支撐失敗的**萬里長空**走勢。所以盤跌過久的股票一旦出現異常大量，不一定就判斷是底部有主力進場。

一、突兀量：單筆巨量超越5日均量1.618倍，且突破20日均量。

二、突兀量如為收高助漲量，在相對低檔區，突破壓力時為底部進貨量。在波段最低點爆量有機會形成底部背離量。突破前波高點有成為換手量的機會。

三、當筆突兀量收高，次筆空頭抵抗後拉回，失守突兀量的低點且出現日落K棒，仍有出貨嫌疑，逢高宜先出脫觀望。

四、高檔忌見收低黑K的突兀量，隔筆K棒若無法創新高，宜防主力出貨或逢高調節。

圖5-20是中國船舶2001年11月至2002年4月走勢。這是一個很好的範例，從這個範例可以觀察到滿足區突兀量的出貨行為、底部區的背離量、多頭攻擊型態的助漲量等。

從2002/11/19出現股價突破月線的N字攻擊盤，到了11/30已經穿越9.89一飽以上的滿足區時，出現1根高腳十字36847手標示A的巨量，為當時5日均量20462手的1.8倍，故判定為**突兀量**，且為收盤收低的助跌量；暗示近期遲遲無法突破巨量高點10.19並跌破9.5巨量低點宜防高檔出貨！

假設我們無法預知該股後市在2002/1/12出現**懸崖盤**重挫，當股價拉回未破前波低點的8.51時，在02/1/7出現突破均線糾集標示B的巨量11848手，為5日均量5874的兩倍，是底部突破的陽助漲攻擊量，同時該筆巨量亦為**相對大量**，次筆1/8逢空頭抵抗是可預期，我們可能會進場作多，但觀察兩日，卻發現1/9跌破標示B的低點9.1，便暗示支撐失敗，作多者應止損退出。

該股在2002/1/12出現連續7根日落K棒下墜懸崖盤，並留下8.7殺多高點，均線結構呈現空頭排列，盤勢完全為空方所掌控！直至2002/1/23來到波段最低點5.88時，爆出標示C的31403手巨量，且為當時5日均量11607手的2.7倍突兀量。由於股價下跌底部量增屬於背離型態，當日K棒為長陽突破前一日黑K的1/2以上的**曙光出現**線型，為標準型態的**底部背離量**；不

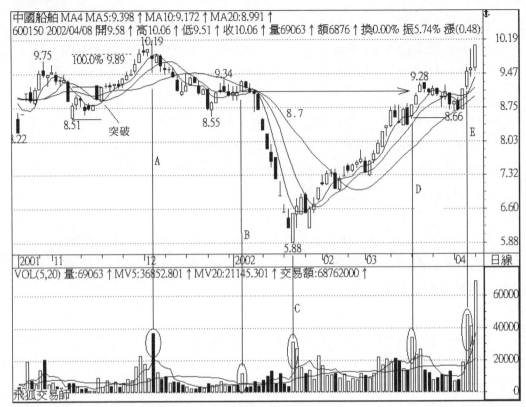

圖5-20　600150中國船舶2001年11月價量圖

但多方展現生機，更暗示底部主力進貨現象，讀者如無法確認可等待兩日左右，當股價突破底部突兀量的高點6.5後，再拉回時應積極逢低買進。

　　該股在2002年2月中旬突破月線形成對多方有利的格局，並於2002/03/11挑戰殺多高點8.7壓力，進行為期5日量縮整理。我們觀察5日均量也從波峰反轉拉回，當3/18出現標示D的34218手的紅K巨量，而且是5日均量20714手1.65倍的突兀量，應先視為突破盤局的多方攻擊量，股價必然將往更高點邁進，同時不要忘記往上攻堅的過程，9.28高點仍會遭遇前期標示B巨量跌破的套牢賣壓，因此再度拉回整理是可預期，而同時留意股價從9.28拉回8.66，剛好回探標示D這根K棒的低點的支撐。

動量控盤

　　成交量是一種動能，如同波浪與潮汐的關係，人氣退潮後的平靜股價在上漲初期，其成交量與股價之間的關係是：股價微幅起伏，成交量少量增減。當主力在底部區開始不斷吸貨，成交量也隨之起伏擴大，股價又隨著成交量放大而揚升。一旦股價開始進入主升段擴大漲幅時，成交量也隨之大幅放大。

　　股價如同平靜的湖面，當微風吹拂水面或投擲一顆小石子，就像主力在底部進貨產生成交量的輕微動能，水面自然會有一圈圈漣漪（capillary wave），其波長約僅數公分，週期可能僅僅一、兩秒。底部區的股價因為成交量擴增產生波動，漣漪依力學原理產生共振效應則可能出現宛如平常在湖中或海邊看到的波浪（wave），其週期可達數秒至十數秒，波浪的特性是可捲起十幾公尺浪花，如同進入主升段的走勢，價量齊揚的氣勢澎湃懾人。如果股價在主升段助漲推升後，進入超強勢的大漲小回，甚至會出現小量狂升的階段，就如同波浪利用其傳遞力量延伸，較波浪更平滑綿延，但週期更長的是湧浪（swell）。但是潮汐（tide）卻是另一種層級不同於波浪的股價推動力量。

漣漪、波浪、潮汐

　　漣漪、波浪、湧浪、潮汐永遠遵循自然律，雖然浪潮的形成原因不同，例如：漣漪、波浪是由風所造成，風就是波浪推動的動力，波浪的回復力則是地球的重力。潮汐則是天體引力造成，回復力是科氏力（地球自轉力）。這種力量依循著艾略特《波浪理論》的費氏數列變化。股價推動上漲後，總有一種無形的力量會將漲多的股價拉回修正，修正幅度與成交量消長的變化，我們便能夠將《波浪理論》的觀念延伸量化，做為成交量的研判依據。

連漪量

　　股價出現人氣退潮後，持續維持原有盤跌的走勢，市場資金因為行情
不佳、前景不明，進場意願不高，或是已經發生長期**多套多**的情況，造成
流動性資金不足，甚至上市公司因產業競爭力衰減，進而引發周轉不靈、
財務惡化等現象頻頻發生。在市場信心不足之下，除非有重大利多或明確
產業轉機，一般投資人不敢貿然進場，成交量因人氣持續退潮，頻創新
低，無法產生有效反彈或往上攻擊，成交量維持在月均量之下，因人氣渙
散，進而變成一種常態成為盤跌常態量，請看圖5-21。

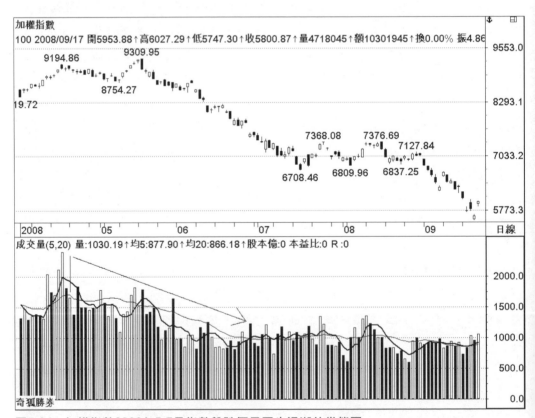

圖5-21　加權指數2008年5-7月指數盤跌價量同步退潮的常態圖

一、人氣退潮的量縮常態，底部出現第一次助漲的
　　相對大量，稱為漣漪量。

二、漣漪量產生後，N字量的虛擬低點即為作多止
　　損點。

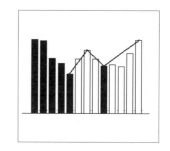

　　成交量的變化現象由高檔爆大量後遞減→多翻
空→人氣退潮→低檔常態量，接著便需底部整理→漣漪→遞增→擴增，如
同《波浪理論》正弦波的圓弧形週期一般，這就是成交量的生命週期。成
交量的5日均量跌破月均量，月均量反轉向下，中長期進入人氣退潮後的
常態量，底部的均量曲線如何確認弧形底出現後，股價將會開始反轉回升
了？依據筆者多年控盤經驗，提供讀者一種研判方法，當底部出現波動較
小的**漣漪量**，就是股價將回升的先兆，如圖5-22。

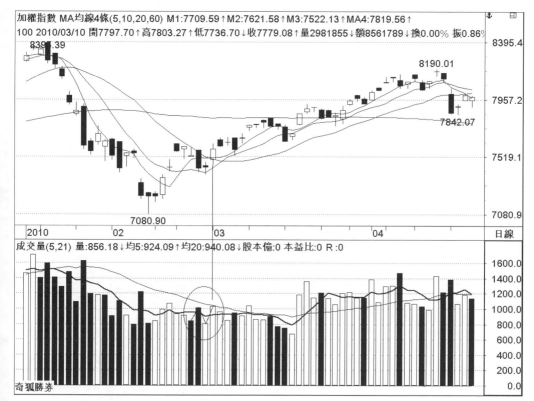

圖5-22　加權指數2010年3月1日的漣漪量

順勢量

　　股價在多頭走勢時，價漲量增、價跌量縮這是價量的合理行為，我們稱這種價量走勢為**順勢量**。除非價跌量增及價跌量巨增，是不同意義的異常行為。至於空頭走勢中，主力於高檔出貨，股價已經棄守，就不需要遵循順勢行為。因此在多頭走勢中，順勢量為研判多頭支撐的重要技巧之一。

　　順勢量不在於研判長線趨勢，而是用以研判短期股價的多空變化。因此順勢量的量潮低點往往是股價拉回修正後正反轉的轉折低點，故此轉折低點為多方支撐的觀察點。

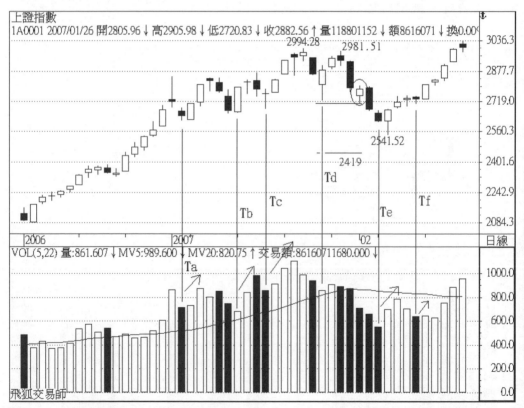

圖5-23　上證指數2007年1月至2月的行情

從圖5-23看出，上證走勢在2007年初的多方軋空後轉為盤堅的走勢，我們在研判指數能否持續維持多方攻堅的力道，依循多方量能變化價漲量增的特性，觀察月均量也是持續向上，在觀察2006年底之前，大盤一路出現紅K棒軋空，量亦為助漲量的特色，自然沒有反轉疑慮。但是2007年1月4日開始進入上下波動較大的震盪，每次拉回在沒有跌破**末升低點**產生多翻空的疑慮下，只要留意每一次量縮後**價漲量增**的順勢量行為。

從圖標示Ta、Tb、Tc、Te、Tf五個點位，可明確判斷都是順勢量的表現，即**價漲量增、價跌量縮**及短線正反轉支撐。例如：2007/01/04是1根高檔避雷針的倒T棒線，次日標示為Ta拉回量縮整理，接著發生Ta次筆量增日出K棒的順勢量，當Ta的低點沒有跌破之前，代表短期的趨勢仍為多方所掌控，籌碼相對穩定，指數並沒有反轉疑慮。

而07/01/26量縮標示Td連續三日價跌量縮，次筆為量增的日出K棒，自然是順勢量的行為，而上漲過程只來到2980.51未能創新高，當1/30出現長黑拉回修正，次日2/1又是1根開低跌破Td正反轉低點的**倒N字**K棒，暗示短線至少進入三波修正。所幸多方在拉回量縮後，於2/6發動增量的日出K棒化解修正的危機，同時股價在沒有滿足2419空方力道滿足區隨即反攻，為**空頭異常**行為，只要指數突破2801.69便可確認多方再度掌控優勢。

背離量

價漲量縮或價跌量增，甚至是價跌量巨增，都不是價量關係的常規行為，也就是說如果多頭要維持續多的行情，拉回量縮才能讓浮動的籌碼因整理幾天後趨向安定，因此價跌呈現成交量比前一日增加或股價下跌爆量，為多頭走勢中的異常行為。但是如果在空頭走勢中出現連續幾天下跌，成交量卻連續遞增，也是異常行為，反而暗示指數有正反轉的機率。所以成交量與股價盤勢出現背離方向，在不同股價位置往往暗示不同的意義。

一、多頭急漲後的高檔區出現價量背離的現象，是主力利用較少的成交量
　　推升股價，卻釋出較多籌碼，造成價跌量增為壓低出貨手法，達到調
　　節籌碼的目的。往往使得後市形成高檔區間震盪或盤頭的走勢。

二、空頭趨勢中的反彈遭逢壓力，並出現價量背離，代表主力逢高調節，
　　後市反彈結束後回落的機會極高。

三、空頭走勢中，價跌量縮是一種常態現象，如果出現連續幾天價跌量增
　　的價量背離走勢，往往暗示有心人士趁機逢低吃貨，股價底部區往往
　　不遠。

　　　　圖5-24是上證指數自1997年下半年股市開始長達兩年的調整前期。
1997年7月泰國引爆金融危機，隨後長達兩年的東南亞金融風暴全面爆
發。上證多少受到影響。上證自1997年7月進入為期四個月大震盪格局。

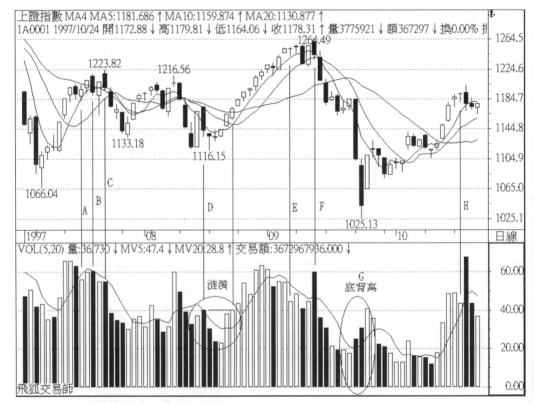

圖5-24　上證指數1997年7月中旬至10月的行情

圖中標示A、E、H皆為**價漲量縮**的背離型態，這三點不同的地方在於A是空頭中的反彈波，而E、H是短線的多方格局。因此上漲出現價漲量縮的背離量，標示A是因為反彈遭逢月均線壓力，短線主力利用後續震盪出貨。標示E、H都是之前指數剛剛突破月線翻空為多後，股價急漲遠離，月線因正乖離過大而做短線修正。

上漲過程當遭逢價漲量縮時，次交易日上漲需要能增量補強化解拉回的危機，而且這種補量模式必須連續兩日以上。標示A的上漲背離，次筆K棒雖然補量上，可惜再次日是下跌量增的走勢，中斷了補量續漲的機會。包括標示E、H都同樣面臨多方量能不繼窘境。因此我們可以大膽預測短線將因背離量出現，加深了拉回修正的疑慮。

上漲的走勢如果下跌量增也是價量背離走勢，如圖標示B、C的下跌量增，除非是特定人士故意利用下殺增量進行壓低進貨，其次筆K棒往往開高走高，呈現**上漲中繼**的換手量。否則股價高檔區發生價跌量增就應該懷疑是主力壓低出貨。圖中標示A、B、C組合便視為高檔震盪出貨。

標示D是指數在1216.56高檔倒N字，並跌破月線後，反彈開高於殺多高點附近呈現開高走低下跌增量的長黑K棒。這種下跌量增原為續跌的走勢，惟次筆K棒隨即量縮，並留下1根長下影線1116.15，是收在當日相對高點附近的上十字線，守住標示D的前一日順勢量低點，視為一種底部洗盤的模式，當出現漣漪量後，便可確認主力為故意壓低進貨的行為。如果應用巨量法則因**下殺出量**的高點被突破，當然應該站在多方角度思考；突破下殺出量高點時，並沒有限定需要比巨量高點更大的成交量。

底部背離量

圖5-24標示G的走勢是1997年9月上證指數跌破月線後，9月22日出現暴跌5%以上的長黑K棒，上證指數的兩段暴跌是先慢後快、先小後大，9月22日與23日的兩根長黑棒，同時為連續量增，也暗示調整結束。往往會出現底部背離量的成因如下：

消息面利空：自1264.49下跌分成兩段，到9/17的1162.24為第一段下跌，
反彈兩日到1185.10後開始進入追殺盤，顯然第二段下跌至1025.13已
經呈現擴大浪幅度（擴大浪1019.6）。時間上先慢後快、力道上先小
後大。可預知第一段下跌是順勢行為，第二段則為停損賣壓在利空中
退出產生價量背離走勢，反市場心理則認為群眾極度恐慌時，價量呈
現連續背離往往底部即將來臨。

　　空方能量極盡釋放的果，是恐慌性殺盤的因，讀者可曾思考：散戶釋
出龐大的停損單是誰在底部吸收？不是市場主力底部買進，便是政府護盤
基金。所以探底成功的當日，往往爆出價量背離後的短期最大量，當分析
師言論與眾多散戶的觀點一致時，也就是一路看空後市時；正因為市場都
偏空方思考，該賣出、該停損、觀望的人士都已經做出他們認為正確的動
作，因此市場空方能量竭盡浮動，籌碼反而趨向安定。

換手量

　　在巨量操盤法中，提示過股價創前波高點並爆出大量之後，利用**量軋
空**手法立即量縮上漲，這是主力**換手**的控盤手法之一。當股價大漲後，隨
著價漲量增，均量形成多方控盤的格局，為常態走勢。但隨著股價來到前
期高點附近突然爆出1根突兀量，接著後市行進**價漲量縮**的背離走勢，股
價形成量縮軋空上行，這便是主力波段換手的手法之一。換手的目的何
在？主力又要如何做線？都是本單元要探討的內容。

一、在多頭格局中，股價大漲後還要維持後市攻堅力道，主力有必要在股
　　價的中段做清洗浮額的動作。浮額由何而來？一是前期高點所產生的
　　套牢賣壓；其次是短線從底部進場，將造成未來高檔獲利了結賣壓。
　　這兩股壓力讓主力必須做**甩轎**的動作，當主力要把這些未來的不安定
　　籌碼利用洗盤手法逼使浮額下車，便稱為**波段換手**。
二、換手基本模式有兩種：一為**行進間換手**，代表換手的行為在一或兩日
　　內完成，換句話說，股價並未出現明顯的回檔整理，隨即再創新高。
　　另一種手法為突破前期高點後，日落K棒出現回檔做一週左右的量縮

整理。稱為突破關卡後的**震盪換手**。

三、主力控盤手法有部分區別,若是行進間換手為**一日洗盤**,即殺多→誘空→軋空;若是震盪換手則為:→殺多→誘空→養空→套空→軋空。

洗　盤

換手的手法有底部洗盤換手、盤堅盤換手、高檔換手出貨、關卡洗盤等等,限於篇幅以後有機會再與讀者們介紹。至於**換手**與**洗盤**密不可分的關係,因為漲勢過程,中途的回檔整理是必要,累積多方量能才能維持波段價漲量增的走勢(以5日均線觀察類似波浪的向上推動型態)。

我們思考:如果準備一筆在10元時可以買進10萬張的資金,當股價上漲到20元以上,原有的資金就只能買進5萬張。當然讀者可能會說股價上漲,主力手上的籌碼總值也會增加。但是主力為了維持每日股價活絡,左手進右手出達到成交量遞增的目的,其中損失的價差和交易成本,都會持續往上墊高主力的操作成本,並削減主力控盤能力。

不安定的籌碼往往隨著股價越漲越高越不安定,假設股價上漲到半山腰,主力便故意做假一些弱勢的K棒型態,讓散戶對K線誤判而出場,於是主力達到甩掉包袱及清洗浮額的目的,這種模式便稱為**洗盤**。主力控盤的洗盤手法相當多樣化,如:底部洗盤、突破洗盤、震盪洗盤、盤堅洗盤、狹幅洗盤、高壓洗盤等。所以**洗盤**關係著**換手**是否能夠成功,**換手**則是股價未來能否再度強勢拉升的關鍵。

從圖5-25觀察到:華亞科股價在12/3出現43144張底部突破量,當日5MV是15566張,這次底部突兀量明顯是讓股價挑戰月線壓力,雖然反彈到季線15元附近遭逢抵抗而拉回,該次拉回視為底部的波段洗盤;留意12月這段回檔,雖然微幅跌破月線,但仍力守關鍵K棒13.5-13.7的支撐。並在2011年1/4以多頭戰車K棒型態突破季線。在1/7向上跳空長紅再出現94920張的突兀量,這筆突破的目的在於脫離15.0以下的底部區,故稱為**突破突兀量**。大量之後連續六天的高檔洗盤是可預期的結果,因為前文已

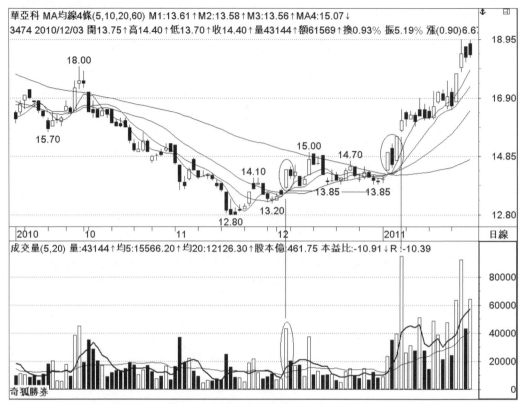

圖5-25　華亞科2010年12月中旬至2011年1月的行情

經說過出現巨量後容易遇到空頭抵抗，只不過該次空頭抵抗屬於弱勢行
為，因為不論整理多久，股價都沒有跌破15.55-15.7巨量支撐。

行進間換手

　　如果換手的模式是為甩掉短線跟轎的籌碼，主力往往採用**行進間換手**
的模式洗盤，圖5-26的第一金控（2892tw）於2010年12月2日出現爆量以
前，主力利用海峽兩岸簽訂MOU金融監理備忘錄後，ECFA將在2011年1
月1日開始實施，該股為官股銀行中最具公股行庫參股陸銀相。銀行業承
做人民幣業務及投資中國等條件為股價提供拉抬的亮點，題材為法人與主
力提供介入炒作的環境。該股於12/1挑戰前波高點12.5，次日隨即出現爆
量高達19萬張，盤中大幅震盪，主力達到洗盤的目的後，其次日整理後，
隨即再度跳空拉升。後續沿著5日線盤堅。

圖5-26　第一金2010年12月的價量走勢圖

　　行進間換手的特色是時間短、整理幅度少，更多的模式是**一日洗盤**的手法，由於個股信用交易制度中，融券放空的投機性更高，主力故意以爆量長黑K棒誘使多單出場即**殺多模式**。投資人認為股價漲幅過大有拉回整理的可能時，便會逢高融券放空，主力只要進行股價壓回的**誘空**，讓融券空單累積達一定程度後，隨即以偷襲跳空飆漲的**軋空模式**進行。因此換手洗盤後股價會繼續上揚進行另一波多頭的行進，融券放空的賣單急於更高價位進行停損回補，形成股價持續上行的隱藏性支撐力道。當然對分析師而言，更關注大量長黑換手後的**低頓點**，是波段未來相當重要的支撐觀察點。

震盪換手

　　換手洗盤的另一種模式為突破壓力後進行為期一週左右的反覆震盪整理，目的除了讓短線低檔買進的買單在高檔受不了主力進行上沖下洗的調整而願意離場外。更多的目的是為了讓前期高點套牢的籌碼願意因解套而出場，這種洗盤以達到消化最後套牢的籌碼方式便是**震盪換手**模式。

　　行進間換手的位置往往在股價飆漲的過程已經遠離前期高點，無所謂前波套牢籌碼。但是中期整理後，突破前期高點時所遇到的賣壓不小。技術分析的正常研判認為突破頸線後，往往會遇到空頭抵抗而拉回。只要思考：前期買進在高檔慘遭套牢的散戶，好不容易抱一檔套牢兩、三個月的股票，終於來到前波高點得以解套。如果散戶沒有獲得部分獲利以換取套牢兩個月的利息，又豈甘心賣出。因此股價在突破前高時，散戶寧可多看幾天，除非股價創新高後又再度回檔，甚至跌破前期高點，怕再度套牢的心理才願意賣出。主力便利用散戶的這種心態，進行震盪壓低股價換手清洗鬆動籌碼，這種手法便稱為**震盪洗盤**。

　　圖5-27是航太資訊股價從06年10月9日高點30.58拉回，進行為期將近一個半月以上的中段整理。在11/15發動標示A的紅三兵滾量盤以突破末跌段高點26.5。接著在12月4日突破前高30.58，次兩日的12月6日出現1根標示B當日多空交戰激烈的大量十字線，次兩筆K棒更是直接出現日落黑K的短線回檔。

　　股價在標示C這個箱型內進行為期八個交易日的震盪整理，至於回檔的震盪箱型低點是可以用短期指標或K線控盤的**轉折低點**法則預測。後市在12月18日突破33.96這根長黑K棒的高點時，暗示震盪洗盤的箱型整理即將結束，股價即將再發動另一波多頭的上升波。

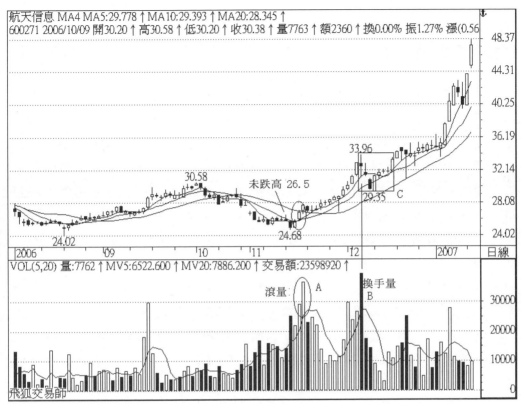

圖5-27　600271航太資訊2006年7月11日復牌後爆量長黑

小　結

　　換手在主力控盤手法上有兩個意義，筆者提過為了清洗浮額，另一個在主力控盤行為的意義是為了鎖定籌碼。我們在〈前言〉提示過主力為了維持每日成交量的遞增，必須拿出部分籌碼進行上下震盪沖洗，以虛造盤中交易熱絡的假像。因此控盤成本將隨著股價一路往上墊高。當股價大漲到中段以後，必須有新資金注入，主力會藉由邀請週邊次要主力進場幫忙鎖定籌碼鞏固股價；因此必須進行震盪換手，將部分的籌碼藉由正常交易轉手給次要主力，後市才會增強控制股價與進行軋空的能力。

指數控盤

長期空頭的指數，籌碼沈澱相當久時間，所以底部只要出現稍大的量能就可以止跌反彈，我們建議先觀察底部能否出現**漣漪量**，接著守住漣漪量的軋空低點，並出現空頭抵抗失敗。在底部上漲或反彈的過程中，因套牢的籌碼早已出場，或是套牢者已有長期抗戰的心理準備，因此股價從底部反彈的過程並未遭逢過大的反彈賣壓，故不需太大的量能就可以止跌反彈，這就是《波浪理論》常常談到初升段的過程，並不需要過大的成交量止跌，也能讓指數突破月線翻空為多，並且後市進行波段的多頭走勢。

當指數已經從空頭扭轉為多頭趨勢，在研判上，需留意多頭在什麼條件後只是回檔整理，或做高點後盤頭反轉回復下跌趨勢。因此在指數研判上，依據不同的多頭盤態分別有**止跌量、防守量、窒息量**的研判法則，甚至在頭部區的研判上可以洞燭先機，很多例子是在股評分析仍在急呼拉回作多下，筆者認為多頭已經產生疑慮，頭部形態已有成形的跡象，因為量能已經率先表態。

止跌量

如果指數已經從底部拉升並處於中期多頭，股價攀升已處於高檔區。量能無法同步放大，則要小心高檔無法提供更大動能，故無法支撐股價持續上行。多頭格局中，價漲量增、價跌量縮是研判多頭格局的重要法則，我們將要探討多頭在量能不繼出現指數拉回後，研判回檔終點的方法，以幫助讀者確立多頭回檔的**價縮價穩**的底部區。

一、多頭格局中的回檔止跌，代表指數從高檔拉回，波段可以月均線為支撐觀察點，當出現短期支撐量時，為波段底部的徵兆。

二、研判上，應用《波浪理論》費氏係數，當大盤成交量拉回黃金分割率**弱勢回檔**點先視為支撐。

　　圖5-28是加權指數歷經長線空頭，在2008年11月21日3955落底以後，開始進行多頭反攻，到了年中6/2來到7084高點後，出現首度跌破月線的整理格局。指數在標示6/2當日來到波段高點7084時，成交量高達2328.7億，次日隨即出現開低日落黑K，觀察幾天後可確認價量同步到頂後，理應開始進行修正。一般投資人也因為大盤漲幅已大，並出現空翻多後，6/8首度出現跌破月線的弱勢走勢。到底多頭是否在7084這裡已經從中期反彈結束，將回復下跌趨勢，並且指數後市是否會跌破季線支撐呢？

　　我們從標示7084高點這根2328億的巨額成交量，依據波浪黃金分割率的止跌量公式計算：2328×0.382＝889億。因此只要留意指數持續的回檔到889億以下。當大盤一路盤跌在6/18見到6100的關卡，次日出現陽母子K棒的多頭抵抗線，當日成交量832億，正符合我們預期的**止跌量**。暗示

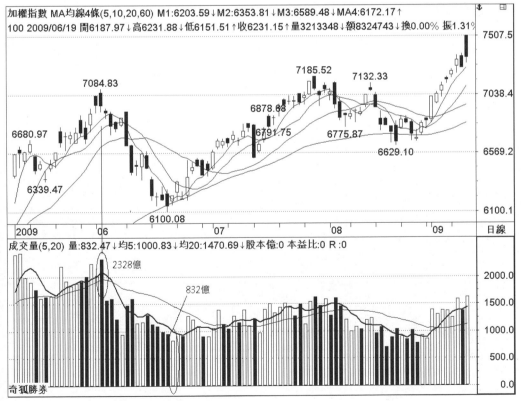

圖5-28　加權指數2009年6月的走勢圖

多頭只要守住止跌量前一日6100的低點，便可望完成**量縮價穩**的條件，後市只要增量攻擊便可望回復多頭走勢。果然指數在6/24出現底部漣漪量，接著多方發動反攻，7/1順利突破月線壓力再度回復多頭趨勢。5日均量與月均量的走勢也確認**人氣退潮**的現象已經結束，更確認指數中期回檔修正結束後，測試完季線回復上升趨勢。

　　圖5-29是上證指數2005年12月拉回1067.4後開始進行**三重底**的打底型態，這是關係著上證長線多頭發動至2007年10月6100點的起漲點。第三底於2005年12月6日1074.01完成擴底後，12/9標示A出現多頭攻擊漣漪量，暗示指數只要守住1094.74軋空低點再突破月線壓力，又形成多方有利的走勢。在12月14日突破季線，則轉為中期多頭控盤格局。均量結構也明顯出現**人氣回升**現象。

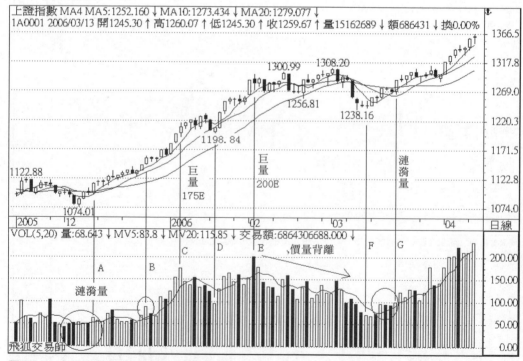

圖5-29　上證指數2006年1月-3月的走勢

　　到了次年2006年1月6日出現標示C的相對巨量175.38億，並呈現量縮兩日整理的先兆，這次量縮拉回僅來到標示D的96億後，隨即增量長紅再度挑戰新高，並未達到止跌量的條件，指數當然也沒有回探月線支撐。直到2/7再度爆出200億的黑K大量，之後進行連續兩次創新高，隨即拉回量卻未創新高的高檔**價量背離**型態。

　　此波走勢為震盪盤頭的型態，當成交量未再出現創新高時，我們研判參考的相對巨量仍是2/7標示E這根200億的巨量。並依據止跌量計算公式200×0.382＝76.4億，因此當股價拉回並跌破月線後，在3/10見到低於止跌量標示F這根68.6億的成交量。暗示只要守住這根止跌量前方的波段波點1238.16，再出現漣漪攻擊，則多頭不死，指數必再創波段新高。

　　對技術分析已有多空趨勢分析概念的讀者而言，這些研判法則會應用的比較得心應手。初學者仍須從基本價量關係的研判著手，並經反覆測試熟練後才能研判盤勢。關於上證自2007年10月17日高點6124.04拉回依據止跌量研判法則分析如下：

　　股價在多頭格局中不是**盤堅盤**便是**軋空盤**，因此當股價走**盤堅模式**，拉回的支撐會出現在月線附近或小破月線。頭部區的研判也可以採用止跌量的方法研判多頭是否結束！

　　圖5-30為上證指數在6124最高點前後，相對巨量為2007/10/12標示A的大量2215億，依2215×0.382＝846億，暗示10/29標示B是跌破月線，並進行多頭抵抗的陽子母K棒（小陽線）成交量為831億，符合846億以下的條件，因此這裡將進行反彈。後市只要留意指數未創新高並跌破5546.04便是空頭的開始。

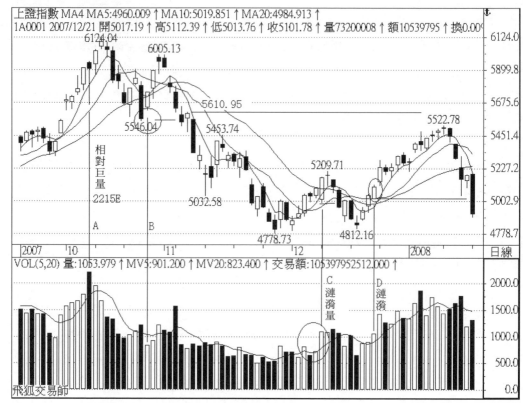

圖5-30　上證指數2007年10月17日後的走勢圖

防守量

　　主力控盤的行為有強弱區分，有在本書中提過多頭格局有**盤堅、軋空、強軋空**等三種盤態。止跌量的應用時機為多頭中的盤堅格局研判止跌時機。如果指數走勢是**軋空**的盤態，也就是遭逢前方的壓力卻該回不回，或已經面臨型態或波浪的高檔滿足區，例如：往上漲的指數已經來到從底部計算高檔的黃金分割率1.618以上的滿足點，卻仍然持續往上軋空不回的走勢，此時多方的防守點便需應用**防守量**研判。

　　止跌量所代表的意義是多頭行情中，指數進行常態回檔，回檔過程中，先前較低檔區追價的浮額籌碼便會考慮先行獲利了結，因此下跌的過程便可清洗浮額，使成交量進入止跌回穩狀態。軋空的模式也是必須採樣

短期頭部相對巨量量（峰量）決定，大部分軋空模式由於容易出現急漲後的快速拉回，依據量比價先行原理，所以成交量會先進入防守量，而不一定看到止跌量才會止跌回升。

圖5-31為上證自2007年2月從2541.5上漲到4335.96後，進行4335-3404之間為期一個半月中段整理走勢。我們從3563.54整理後漣漪量的發動，同時均量也見人氣回升，大盤再度回復上升趨勢，平常我們研判滿足點會以股價為研判依據。

指數從7/20發動漣漪攻擊，可以預測指數的目標將往4382.5以上挑戰，如此便能突破前期高點標示H0的4335.96。指數在價量配合得宜下，上攻至7/26標示A這根K棒突破H0，接著次筆K棒進行空頭抵抗。

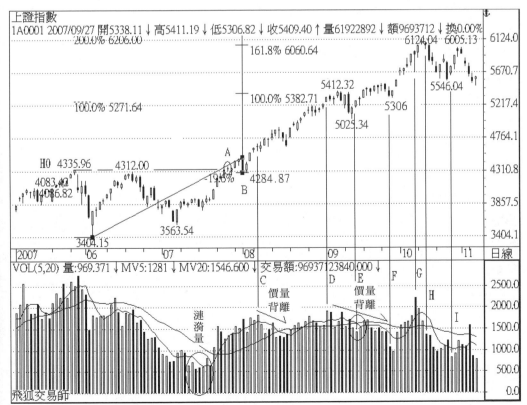

圖5-31　上證指數2007年6月5日中段整理後的走勢圖

7/30創新高暗示空頭抵抗失敗，股價將進行**潮汐攻擊**，所以上漲目標可以大膽預測將挑戰4335.96的一飽5271.6以上目標。其次在標示B這根K棒上才是波段從3404上漲以來，首度出現大量黑K洗盤的潮汐低頓點，亦即突破H0後，空頭抵抗的**該回**走勢，同時回檔低點4284.87跌破4335.96。當8/3出現**再突破**的走勢，即為**該回不回**的潮汐發動！潮汐的目標便將往5382.7以上挑戰，與上述翹翹板目標5271.6接近。標示C開始進行的走勢便是價量背離的軋空盤。

9/3在5日均量的波峰前後出現標示D的1909.98億相對巨量，同時股價在後兩天也滿足前段所述5271、5387兩個滿足點。因此股價在滿足之後拉回至5025.34是可預期，不過要留意的是這段拉回標示E量縮點，成交量並未隨著萎縮至**防守量**1909.98×0.618 = 1180.4億以下，因此股價的**軋空模式**尚未結束，將會再創新高，在指數再度突破5412可驗證。

而其防守量的支撐在突破新高後的拉回9/27標示F的1064億，完成回檔後的支撐點5306.8後再度創新高，持續進行後市軋空。我們對指數的預測便可往上調整到潮汐的擴大浪6064，以及翹翹板二吐6206附近。

當股價於2007年10月12日出現高檔陰子母K棒2215億爆量走勢時，要留意當滿足6064以上時股價的變化。依據新巨量2215億 × 0.618 = 1368億，出現逆勢向上最高點6124.04時，次日標示H當日成交量是1361億，便暗示這裡多方只能進攻不能退守，否則宜防高點已經完成，軋空業已結束。當然對多頭而言，軋空結束指數並非就此轉空，仍然可以回復盤堅的走勢。至於在6124高點後指數作頭反轉研判，我們在止跌量的研判方法已經做過說明。

窒息量

　　窒息量的發生只能在多頭格局中研判，長期空頭指數隨著指數持續下跌創波段新低，人氣與籌碼持續渙散，自然不宜猜測低點。因此對多頭趨勢而言，窒息量是研判中段整理止跌的訊號。

　　由於籌碼經過一段時間沈澱後，底部經常在窒息量出現後一週內落底，但當時一切景氣、行情都有待利多激勵才能讓人氣轉趨熱絡，一般投資人大多處於觀望狀態，伺機等待變盤。因此窒息量後將開始出現多頭反攻，我們將探討實戰上窒息量的研判技巧。

一、多頭走勢當指數跌破止跌量的支撐，暗示人氣退潮，指數將會進入中
　　期整理或轉為空頭趨勢。
二、空頭盤跌走勢時，窒息量固然可以研判落底的可能，使用上仍須留意
　　相對巨量的正確取捨。

　　在圖5-32中，2007年5月30日股票交易印花稅大幅上調影響，上證指數從4335.96高點大跌，滬、深兩市股票出現大面積重挫。證監會同時發佈將堅決依法打擊利好消息提前走漏的內線行為。

　　因為提前獲得消息的投機者事先大幅拉抬股價，待消息正式公佈後再出貨，由後知後覺的一般投資者隨後接盤，打擊內線是股市健全發展的必要手段。但在利空襲擊下，上證重挫，市場上幾乎滿城儘是跌停板的股票，在連續暴跌的背後，投資人信心受到動搖，成交量於是進入萎縮。

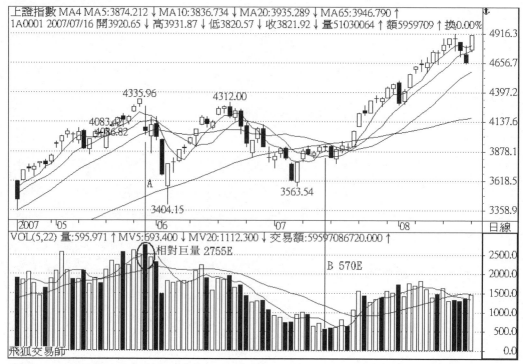

圖5-32　上證指數2007年5月中段整理的窒息量

　　讀者可以從均量結構明顯區別5MV跌破20MV、同時20MV自高檔反轉跡象明確，暗示人氣退潮已經確立，指數或有跌深反彈，但將進行中段整理格局。

　　因此中段整理勢必要等到窒息量出現，才可能出現回升的確認訊號。我們從標示A的相對巨量2755億，依**窒息量**公式2755億×0.24＝589.5億，可以等待到7/13出現標示B的570.8億後，一週內止跌反彈後確認指數將開始進行多頭攻擊，至於涉及黃金分割率的再計算演示法過於繁雜就不在此贅述。以下筆者列出部分範例提供讀者參考。

圖5-33 上證指數2007年5月中段整理的窒息量

　　在圖5-33中，雖然我們沒有藉助均線研判趨勢，不過也可以清楚的觀察到指數是多頭優勢的格局，雖然股價沒有明顯拉回，但只要經過技術面訓練後的讀者都可以輕易掌握到成交量變化。也就是說雖然股價沒有三波拉回整理或出現急速的拉回走勢，但從5日均量的曲線變化可以觀察到波峰、波谷的走勢。我們取樣的峰量便是5日均量波峰的最高量，並從而計算股價整理的結束點。

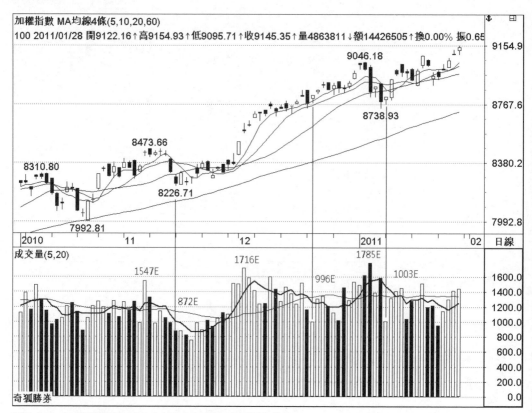

圖5-34　加權指數2010年11月-2011年1月的防手量

　　圖5-34告訴我們不需要藉助過多的指標研判，因為大盤處於軋空盤態，我們可以隨著盤勢藉由防守量的公式計算預測低點。

　　首先在圖上8473高點的大量為1547億，其防守量為956億，當大盤從8473拉回到11/15的872億，當日雖然是黑K棒來到8226低點，觀察次日多頭抵抗開始回升，則8226低點支撐有效。緊接著在12/2出現中繼換手量1715億，這段走勢並未出現拉回，反而呈現該回不回的量縮軋空盤，因此當大盤震盪盤堅，來到12/20出現長黑下殺，次日隨即開高量縮996億，剛好符合防守量1059億的要件，因此可以大膽預估沒有跌破8740低頓點以前不會走空。**以下範例請讀者自行推演。**

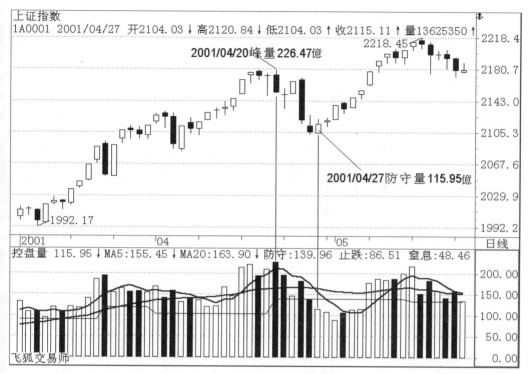

上证指数
1A0001 2001/04/27 开2104.03↓ 高2120.84↓ 低2104.03↑ 收2115.11↑ 量13625350↑

2001/04/20峰量226.47億

2218.45

2001/04/27防守量115.95億

1992.17

控盤量 115.95↓ MA5:155.45↓ MA20:163.90↓ 防守:139.96 止跌:86.51 窒息:48.46

飞狐交易师

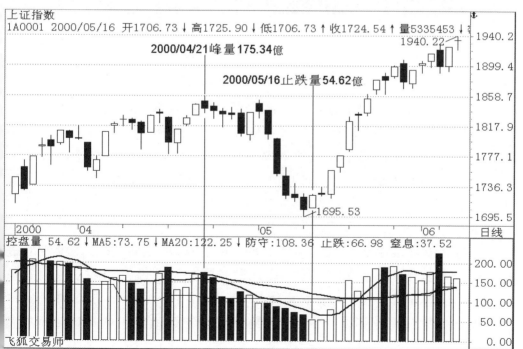

上证指数
1A0001 2000/05/16 开1706.73↓ 高1725.90↓ 低1706.73↑ 收1724.54↑ 量5335453↓

2000/04/21峰量175.34億

2000/05/16止跌量54.62億

1940.22

1695.53

控盤量 54.62↓ MA5:73.75↓ MA20:122.25↓ 防守:108.36 止跌:66.98 窒息:37.52

飞狐交易师

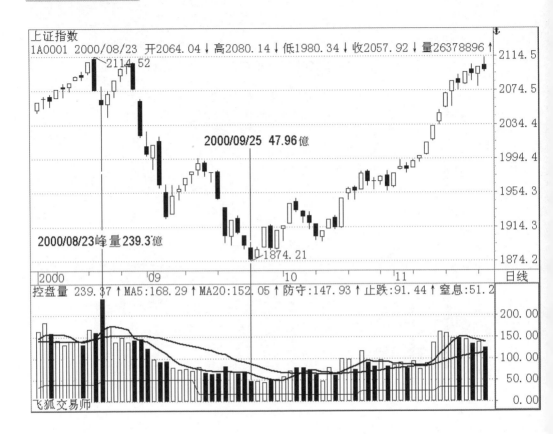

討　論

　　股價的任何反彈都是修正前一波跌勢，因此從波浪的角度思考：大浪
反彈，中浪反彈及小浪反彈是修正不同浪潮，在研判上不可一視同仁。相
對的，反彈後的拉回也不盡相同，那麼拉回時的量能當然也會出現完全不
同的表現。因此如圖5-31（第281頁）潮汐攻擊盤的量能研判就變得更複
雜。

　　另外，假設反彈中的大浪，大浪裡的中浪拉回，也需視其為浪潮的級
數來決定量能變化。譬如：反彈中的A浪裡的第二小浪及第四小浪，回檔
的B浪裡的a小浪及c小浪的成交量變化、B浪回條結束後C浪反彈裡的的第
二小浪及第四小浪及三波反彈後的拉回都是回檔的浪潮，然而其意義不盡
相同，所以量能當然完全不同。《波浪理論》中艾略特沒有刻意強調成交

量與波浪的特別關係。

　　本章已經提過，漣漪、波浪、潮汐是由不同動能所推動產生的攻擊結果。主力的量能控盤行為，譬如：在底部攻擊的漣漪量、波浪形成的攻擊量能表現恰與這種關係密不可分。至於潮汐的攻擊則是一種換手洗盤的行為，研判方法更細膩更複雜，而前文所提的各種洗盤技巧，限於本書篇幅已經相當龐大，筆者期望能在下一本書再對於個股的主控盤中量能控盤的手法做更詳盡的分析與研討。

附註：收盤成交量預測

【上證指數當日成交量預測】

09:30　開盤量小不預測

10:00　　　VOL × 7.56

10:30　　　VOL × 3.94

11:00　　　VOL × 2.74

11:30　　　VOL × 2.18

13:30　　　VOL × 1.78

14:00　　　VOL × 1.48

14:30　　　VOL × 1.19

【臺北股市當日成交量預測】

09:30AM VOL × 4.1=

10:00AM VOL × 2.7=

10:30AM VOL × 2.2=

11:00AM VOL × 1.8=

11:30AM VOL × 1.62=

12:00PM VOL × 1.47=

12:30PM VOLv1.35=

13:00PM VOLv1.15=

KD指標主力控盤法

很多技術分析的研究學者對於指標不屑一顧，主要的原因是**價是因指標是果**，因此所有技術指標必然有落後的缺點。讀者們學習指標幾乎都是從KD、RSI或威廉指標入門，這些指標都有一種特性：它們都會在被限定的區間0-100之間上下擺盪，這是因為先天公式的一種設計，可以幫助讀者理解目前股價的多空趨勢，或說股價是在高檔過熱或低檔降溫後整理。如果能夠先明白公式的原理，理解這樣的觀念，再深入探討後便不會誤用，當然也可以駁斥指標無用論。

主力從進貨開始規劃一檔股票的未來路徑，當然可以透過事前計算讓指標呈現與股價對稱的走勢，無論股價是在中期急拉噴出、中段快速急跌拉回洗盤、洗盤完畢換手再度軋空，甚至是高檔震盪出貨，指標都會呈現主力的心態。但有些時候是反應了主力的相反心態，很清楚的就是要拉抬股價卻讓讀者以為指標轉弱應當賣出；換句話說，故意設計成一般投資人研判錯誤的買點或賣點訊號，甚至出現誘多或誘空的洗盤線型。

主力當然可以透過對股價控盤（開盤叫價與收盤的作價行為），讓指標呈現與主力所預期的結果一樣。本章的目的不在探討傳統關於KD指標的研判。而是期望透過**主力控盤**的觀點推敲主力的心態與行為。讀者只要藉由本章有系統的歸納與導引，訓練嚴密且合理的邏輯推導，經過一段時間後便能透視主力的控盤行為。同時本章所有控盤原理與思考邏輯也可以依理推論至其他擺盪指標。此控盤模式亦是筆者在十年前教授技術分析進階班時首度揭露，願將此心得與讀者分享。

原　理

隨機指標的理論基礎，綜合了動量、強弱力道與移動平均線的優點；
KD原名為**隨機指標**（Stochastic），是藍恩博士在1957年首次發表。因為
指標中有K、D兩條曲線，所以俗稱KD指標。

一般以九日為週期，其計算公式如下述：

$$RSV = \frac{C-9L}{9H-9L} X100\%$$

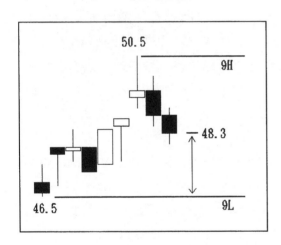

RSV稱為**未成熟隨機值**，代表
目前收盤在九日行情中的強弱位置
值。分子（C-9L）則表示收盤與九
日最低點的距離，因此RSV指標可
視為9日內多空力道的強度。

再取RSV的三日**平滑移動平均
數**（EMA）就是K值

Kt=K[t-1]×2/3＋RSV×1/3，K值為RSV的三日移動平均數
Dt=D[t-1]×2/3＋Kt×1/3，D值為K值的三日移動平均數

其中Kt代表最後交易日的K值，K[t-1]代表前一日的K值，上述公式採
用的便是**平滑移動平均數**。個股剛上市的初始值設中值50。傳統研判方式
經常以K值突破D值稱為**黃金交叉**是買進訊號，當K跌破D時稱為**死亡交叉**
是賣出訊號。買賣訊號與研判方式在坊間已有很多論述，請自行查閱在此
不再贅述。因為我們重視的是多空力道的消長，而非僅僅侷限於交叉時買
賣訊號。

多空位階

　　讀者如果期望依照著坊間技術分析書籍裡對KD指標**黃金交叉**和**死亡交叉**的解說從事買賣，往往發現錯誤訊號甚多，偶而對但卻時常不對！僅僅重視KD交叉的買賣訊號，忽視指標所在的多空位置，便容易誤用。

　　首先，指標已經反應了目前股價所處的多空位置，由於股價經過數學公式計算後，原始設計者又在指標上標示了三條線，這三條分別是代表高檔的80、中值50與低檔區的20。我們以另一種觀念來理解；也就是空間被這三條線劃分成四個區間，稱為**多空位階**。一般在討論股價趨勢的觀念中，不外乎把股價的強弱分成幾個週期，即下圖中的五種股價盤態：

軋空	
	80
多頭盤堅	
	50
空頭盤跌	
	20
殺多	

(1)超強勢（軋空盤）
(2)多頭趨勢（盤堅）
(3)整理趨勢（震盪、整理）
(4)空頭趨勢（盤跌）
(5)超弱勢（殺多盤）

　　依據上述趨勢劃分，指標區間可以分成四個位階：
　　指標在50-80為多頭位階，即多頭盤堅格局。
　　當K值在80以上超強勢為軋空格局。
　　指標在20-50空頭位階視為空頭優勢。
　　指標在20以下，超弱勢即殺多格局。
　　如此一來，指標的表現將會一目了然。當然可以只就K值探討。

圖6-1　宏碁電腦（2353tw）2008年4月- 8月股價與KD指標圖

技術面現象

1.圖6-1在2008年5月中旬以前股價維持在月線上，KD指標都能在50以上
擺盪。5月中旬以後股價跌破月線，股價屬於盤跌格局，偶而出現跌破
50也隨即遭逢**空頭抵抗**而拉回。

2. 股價在53.7元落底後，7月中旬開始突破月線翻多，當股價沿著月線盤
堅，KD指標則維持在50-80之間震盪。有時也會突破80**該回不回**，呈現
軋短空格局。

3. 圖6-1指標顯現了股價的多空：5月中至7月中是空頭走勢，7月中旬過後
轉為多頭優勢的格局。

勝　華 MA均線4條(5,10,20,60) M1:52.12↓M2:52.60↓M3:52.46↓MA4:44.22↑
2384 2010/10/20 開49.85↓高50.20↓低49.00↓收49.40↓量81238↑額402080↑換6.28% 振2.37% 漲(-1.20)-2

圖6-2　勝華科技（2384tw）2010年7月~10月的K線與KD指標圖

技術面現象

1. 圖6-2說明勝華在2010年8月以前因為接獲iphone的訂單，股價在20.1止跌落底後，開始進行多頭的盤堅格局。當時短中長期均線都是對多方有利的型態。

2. 勝華於2010年8月2日出現長紅突破前波高點29.8以後，次日空頭進行抵抗，因此留下十字震盪線，再次日又是1根小跌0.2元落尾的黑K棒。接著，8/5出現創新高但卻留下上影線的吊高小紅棒，這時的KD指標已經來到78左右，由於已經快進入高檔80超買區，我們就要密切觀察後市。

3. 當次日是1根拉漲停的長紅棒時，指標也同時進入80的高檔區。次日8/9開始進行連續三個交易日的空頭抵抗，卻無法將股價攢破10日均線。因此多頭在8/12再以長紅棒突破空頭抵抗區，並讓指標進入**高檔鈍化**的走勢。我們觀察即使K值偶有跌破80，但於短期又迅速回到80之上。依指標的多空位階定位為**軋空格局**。

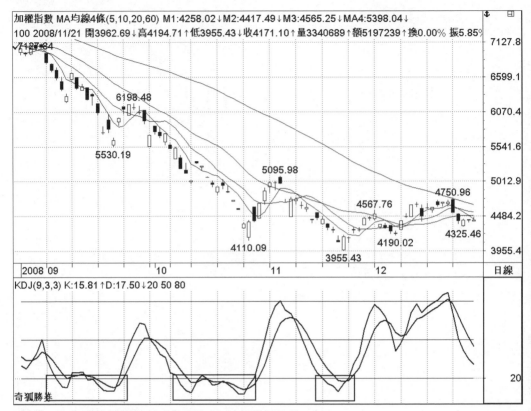

圖6-3　加權指數2008年11月21日3955.4落底前後的KD圖

技術面現象

1. 圖6-3顯示加權指數在2007年底月因為全球金融風暴，自9309高點一路
   回落，急跌後往往因為遠離季線，產生負乖離過大，而出現跌深反彈。
   只是每次反彈無法突破季線仍屬弱勢，故維持長空的趨勢。

2. 指標顯示：分別在2008年9月、10月出現打底失敗後再度探底，股價頓
   失支撐呈現**下墜追殺**。當指標出現跌破20且**該彈不彈**，甚至出現20以
   下的**鈍化現象**時，顯示所湧現的失望性賣壓極強，甚至股價出現連續跳
   空下跌的現象，稱為**殺多格局**。

    從以上三個圖例，可以體會初步的心得：**指標的研判需與K線走勢一
併觀察，應用與研判才會得心應手，而不是K線歸K線、指標歸指標分別
解讀。**

　　讀者可能留意到上述幾個範例，只探討K值，那麼D值是否也要研判？如果深入觀察指標，可以發現K值反應速度較快，因此我們可以研判K值的位置迅速做出買賣決策；D值反應則略落後於K值，在數日後，便可再觀察D值驗證或確認股價的強弱。

多空抵抗

　　當股價趨勢是空頭時，指標震盪的區間理應在20-50之間，當股價出現反彈並使指標進入我們定義的**多頭位階**時，股價往往會遭遇空方壓制，因此股價究竟受到空方壓制成功又回復到空頭的趨勢？或是突破空頭的防線，趨勢轉為**空翻多**的型態？

　　以上文字很明確表示：當空頭走勢時，指標來到50將會遭逢空頭在當日或次日擺出重兵防守；這理由很簡單：如果空頭不守，那麼在前文定義的股價被限制在**空頭位階**將無意義，亦即位階將被突破。如果位階被突破，趨勢自然就會被扭轉或改變，指標就會從空方的50以下穿越50以上，形成趨勢對多方有利的位階，也就是多頭盤堅的型態。

多頭趨勢

　　由於KD指標的時間是採用九日週期，因此在研判波段時可以採用20MA的月線做為趨勢參考。當股價位置高於月線20MA並且20MA趨勢向上，這兩項條件成立時，若出現K值跌破50時，多頭就必須做**防守盤**。這種多頭防守的行為稱為**多頭抵抗**。

多頭抵抗

　　當多方防守成功，則可望讓多頭維持續多的走勢，但是我們如何研判多頭是防守成功呢？就必須有一個觀察**防守**的法則。觀盤的技巧是：當發現K值跌破50，要特別留意次筆K棒的表現。往往出現多頭防守現象，八成的走勢次筆K線容易出現開低走高，或帶很長的下影線但收盤相對高的十字線，甚至直接跳空開高（陽母子或直接日出）的走勢！只要後市股價不破多頭抵抗的關鍵點，便視為**多頭抵抗**成功，並且後市將持續多頭格局。

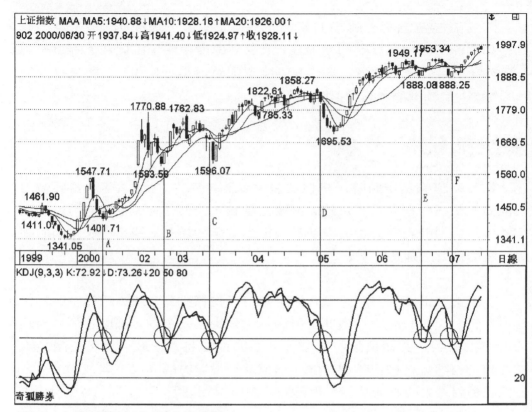

圖6-4　上證指數2000年1月-7月KD圖

　　從圖6-4上證指數在1999年底，觀察股價開始突破月線20MA的壓力，指標從空頭優勢的50以下強勢突破50，讓指標位階跳升到50以上多頭優勢的位階。股價從底部連續長紅直攻到1547.71之後，下跌的月線已經走平，但股價卻出現急速拉回探底，當1/14來到1401.71，當日指標也從50以上回落到46.51，K棒隨即留下1根帶上下影線的**紡錘線**，之後的次筆隨即跳空開高收高，這兩根K棒形成**陽母子線**，視為多頭抵抗的型態。因此當關鍵的1401.71關鍵點沒有跌破以前，趨勢維持多頭續多的格局。

　　圖標示B之前，是指數創新高後在1770.88時，不幸出現空方強烈表態的**複合陰子母**K棒，造成2/23股價拉回跌破10MA，當時的K值54.03，次日隨即出現開低走高且越過前一日高點的**日出**K棒，當日的K值剛好跌破50，這種情況視為指標落後反應，股價在指標跌破多頭位階當日同時進行

多頭抵抗！多方的關鍵支撐仍然要看波段低點，也就是前一日的 1583.58。

　　圖標示C的時間是2000年3/15指標跌破50，次日卻是1根跳空下殺的長黑K棒，依研判原則，3/16這根黑K的低點1596.07仍視為多頭抵抗的關鍵點。後市只要守住這個關鍵點，多方又利用兩根長紅再度突破壓力，後市持續看多不變。

　　圖中標示D的時間是5/9小黑K棒，同時讓指標跌破50，其次日多頭抵抗宣告失敗，同時股價也正式跌破月均線20MA在1821.7的支撐。因此造成指標直接向下測試多頭最後防守的20才止跌，後市要再回復多頭趨勢便要想辦法繞指標，還要回升到50以上。圖中標示E、F皆可利用多頭抵抗相同的方法證之。

空頭趨勢

　　當趨勢為空頭時，K值多維持在20-50 之間震盪，檢查均線結構，股價也是低於月均線20MA的位置，而且月均線20MA的方向持續向右下方移動。當指標來到我們所稱的多頭位階時，意即K值往上突破50時，將會遭逢空方的反向壓制股價續漲的力道。

空頭抵抗

　　緊接著，討論當空方優勢時，K值突破50後，往往在次筆K棒出現**空頭抵抗**的行為！空頭趨勢在K值突破50當日或次日會遭受空方擺出重兵防守，因此K線容易出現開高走低黑K棒，或留上影線極長的避雷針K棒，少部分也出現直接低開的線型。只要後市股價沒有突破，並且站穩這個空頭抵抗的壓力關鍵點前，都視為空頭抵抗成功，後市當然就會繼續維持空頭優勢的格局。

圖6-5　瑞儀科技（6176tw）2009年8月-11月K線與KD圖

　　圖6-5是瑞儀科技2009年8月跌破季線後出現的中段整理，短期在49元
高點出現後，跌破月線並一路盤跌，在36元落底前的走勢。從指標走勢及
股價與月均線的關係，很明確暗示8月到11月上旬前空頭優勢的格局。

　　圖標示A為股價首度跌破月線又反彈，但指標在7/31突破50，股價當
日來到48.95的高點，當日隨即出現長腳十字的多空交戰線。由於空方的
壓制讓次日出現開低走低報收黑K棒，暗示指數沒有突破48.95的關鍵壓力
前，要預防股價自此從多翻空，等到指標落入空方優勢的50以下位階時，
暗示這個位置可能是最後的賣出訊號。

　　圖標示B的位置是股價正式跌破季線，K線連五紅來到9/2，當指標再度因為股價強彈而突破50，次日仍然是1根來到44.8元的長紅棒，我們先排除股價強勢的先入為主觀念，仍將44.8元視為空頭抵抗的關鍵點。接著次日出現開低盤，但盤中急拉突破前一日高點來到45元，可惜盤中再度震盪走低，於是留下1根頗長的上影線，並且以中黑棒下跌2元報收。之後連續幾日未能突破關鍵的44.8壓力，多頭反彈宣告終止，並且持續回復空頭趨勢。於是股價再度跌回月線之下，持續空頭趨勢。

　　圖C的10/13是1根大漲2.3元的長紅棒，並且讓指標再度挑戰50以上，可惜日再度遭逢空頭抵抗，以開高走低的小黑K棒報收！雖然空頭抵抗收的只是開高走低的小黑K棒，同時指標仍然維持50之上，但小黑K棒之後40.5這根日落黑K則宣告空頭持續壓制的宣示，不但警告意味濃厚，甚至出現連續黑K棒往下摜壓。

　　往後股價再度盤跌一路破底，直到10/29，終於在36元觸底後開始反彈。

馬其諾防線

　　在多頭走勢，原來維持50以上震盪的K值，不幸跌破50後不積極防守，亦即多頭抵抗失敗。那麼對多頭而言，最後堡壘就剩下20的防守線，這個防守線一旦失守，未來將有一段頗長進入弱勢整理階段的黯淡歲月，當然是空頭型態。換句話說，就是多頭先失守50的**多空分界**，如果又失守

趨勢的定義：超短線定義為下跌趨勢，觀察今日低點往往續破前一日低點，故當某日出現低點比前一日墊高，且高點突破前一日高點時，稱為**出頭**，為股價不想跌的暗示。如果上述條件再加上收盤收高在**主控K線**便稱為**日出K線**，這是主力積極作價行為。反之，在上漲趨勢中，往往低點持續墊高，當出現當日低點比前一日低點低時，便稱為**落尾**或出尾，但收盤收低時主控盤稱為**日落K線**。此趨勢的詳細解說請參考第一章。

20的多頭堡壘線，便會讓多方陷入非常不利的地位！就位階的觀點來看，從多頭位階落入空頭盤跌的位階，對股價已經是相當落寞；如果不幸從空頭位階再落入連續追殺，甚至無量跳空下殺的殺多盤，誠屬不幸！

因此多頭力道在K值跌破20時，勢必做出孤注一擲的**堅決防守盤**，一旦失守多頭防線，引用二次大戰邱吉爾評論法國的馬其諾防線所說：「**將在更不利的情況下奮戰，那就用時間換空間吧！**」亦即空方優勢後，只能讓空頭最強的急殺盤變成盤跌盤，再想辦法從盤跌轉為盤堅做**多空調整**，乃至**翻空為多**回復多頭優勢的格局，這些層層往上突破關卡的過程對多方而言是多麼艱辛！因此筆者十幾年前在師大活動中心講解指標研判時，特別提出多頭**馬其諾防線**的指標概念，就是提醒讀者們應特別留意這個多頭的最後堡壘！

所以多頭防守的要塞只有兩種走勢：
(1) 盤堅格局時，K值破50進行多頭抵抗。
(2) 萬一空方發動奇襲，盤堅轉短線追殺，多方未及防守50的多頭防線，20將是多方的最終防線；因此超賣線稱為多頭的**馬其諾防線**。

圖6-6是金融類股指數2009年4月開始的K線圖，雖然2008年全年陷入全球金融風暴一路走低，在2008年底於434落底後震盪盤堅，3月傳出海峽兩岸簽署MOU（金融監理備忘錄）的消息後，外資及投信機構法人基金大幅買超，並快速推升指數在4/17見到704.61後才回落，當4/27以長黑跌破月線支撐前，指標仍然維持在50以上，維持多方優勢的走勢。兩日後於圖標示A的4/29見到611.75的低點，當日出現第一個轉機的十字線，同時指標來到20的多方馬其諾防線。我們觀察到次日是以跳空開高直接脫離611.75的關鍵點。所以後市得以有機會再創新高。

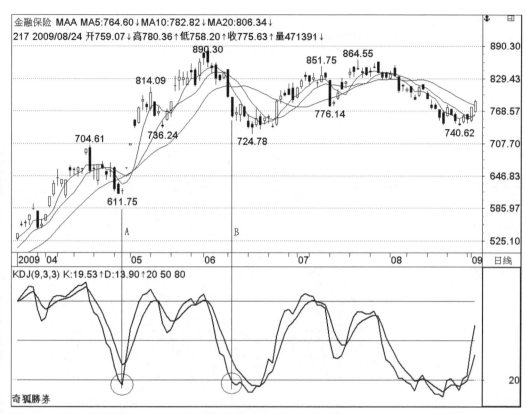

圖6-6　金融保險指數2009年4月-9月KD圖

　　圖標示B的位置是6/9再度出現連續長黑攢破月線，雖然6/10以1根小十字線宣告多頭防守的意圖；可惜後兩日出現多頭抵抗失敗，也讓指標跌破20出現**該彈不彈**的走勢，後市從此便轉成箱型整理格局，也就是說，這裡可以先判斷股價出現多頭疑慮的現象。

　　相反的推論，若是空方優勢的格局，指標K值維持在50以下震盪，當跌深後出現多方急彈一路挺進，並且讓50位置的空頭抵抗失敗。對空方而言，其最後的防守線就只好退守到80。萬一此最後防線又宣告失守，多頭將會利用空頭抵抗失敗的力道一路挺進，空方未能即時壓制，也將會用更長時間換取再度讓盤勢翻空的機會！因此80可以說是空方最後的堡壘，亦稱為**空方馬其諾防線**。

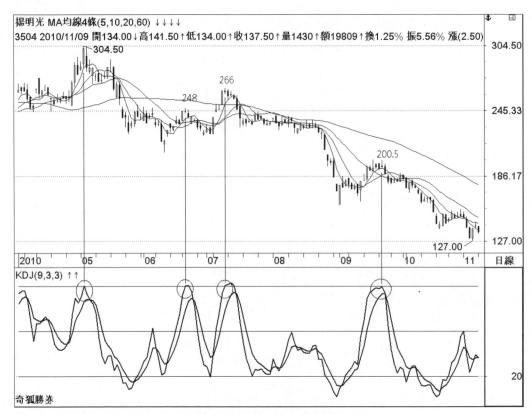

圖6-7　揚明光學（3504tw）2010年5月-10月的K線與KD指標圖

　　圖6-7是揚明光學在2010年的多頭轉變為空頭趨勢的走勢。由於其微投影用於手機題材，股價隨著大盤在2008/11/21落底，從低點33.35元飆漲至2010年1月大漲到321元，拉回測試季線後，反彈再做304.5元第二個頭部。當8月公布財報每股EPS僅僅2.84元之前，顯然股價已經率先反應。市場上傳言雖然微投影是未來的明星產業，但上半年因為缺料的關係，揚明光的營收與獲利無法大幅成長，讓對微投影題材懷抱過高期望的主力率先下車。

　　圖標示2010年5月第一次K值衝到80，留意當時的均線仍對多方有利，會出現指標突破超買區，隨即見到波段高點，往往暗示趨勢僅為盤堅。或者後市有可能從多頭轉為空頭的盤跌。緊接著股價跌破季線後，6月中旬到7月初出現三波反彈，股價都是反彈到指標衝到超買隨即遭逢壓

力阻進。當股價出現這種指標暗示時，我們可以大膽預測未來的趨勢將為空頭主導。

　　如何知道空方馬其諾防線確認失敗呢？
其一，可以利用後文將介紹的**軋空盤**研判方法，亦即突破80＋該回不回，
　　股價軋空後，往往數日後才會見到波段高點。
其次，是觀察最後一次指標突破80超買區的壓力區，當股價拉回整理後，
　　再度向上攻擊並且突破這個壓力。
最後，以波浪的觀念分析，往往反彈三波中的a波與c波的高點，都容易出
　　現K值衝到超買區後，股價見到高點隨即反轉。
因此c波假設是一個五波攻擊波，亦即原先預測三波反彈後將結束攻勢，
但c波出現等浪以上延伸，這時K值衝到80超買區不見得會遇到波段高
點，隨即出現股價回落的現象。那麼原先預測的反彈c波可能是誤判，既
然是誤判，當然就可能是擴大的c波，或是五波中主升段的第3波。

　　古云：「股法如兵法，不知彼無以為戰。」上述指數或個股，不論是
空頭格局，甚至是空轉多前的底部整理。聰明的讀者應當發現，當均線空
頭排列出現急速反彈時，K值從20向上穿越50並且突破80，就算是這麼強
勁的**過三關**情況，往往不用考慮太多，先賣一趟再說吧！當然，如果短期
內又發生第二次同樣狀況時，便要密切觀察後市變化，例如：股價並未出
現破底的現象，趨勢就可能正式從空翻多。否則，股價豈不一路追殺到
底，永無翻身的機會。

　　空頭防守要塞常見於兩種走勢：
　　(1)盤跌格局，空方壓制在50附近。
　　(2)多方發動奇襲！空頭最後退守80位階。
　　在空頭走勢來看，最後空頭防線一旦失守，未來空頭將有機會被多頭
趨勢取代。換句話說，空方將一敗塗地，趨勢轉為多方所掌控。

本節最後要提醒讀者：**指標運用要到相當熟練的程度，其基本趨勢、道氏型態、主控盤態不可偏廢**；也就是說，指標不可單獨研判。一旦建立了趨勢觀念後，指標研判又能深入研究透徹，要掌握指數或股價波段高低點轉折並非難事。

軋空與殺多盤

我們在前文提過當多頭格局中，K<50出現多頭抵抗是可預期，即使多頭行情，股價強勢上漲讓K值突破80，往往次日仍應遭逢空頭抵抗，這是因為股價的位階關係，如果突破80空頭抵抗失敗，自然讓多空位階關係轉移，也就是出現跳階的現象，指標從**多頭位階**將會跳升至**軋空位階**。

軋空盤

我們觀察當指標突破80且**空方馬其諾防線**失守，則股價將出現**該回不回**，主控盤態就從**盤堅盤**轉成**軋空**或**強軋空**，當然，這種狀況往往發生在多頭格局中，畢竟空翻多後又直接轉為軋空的機會是微乎其微。很多讀者認為KD指標超過80，進入**超買線**，暗示股價已經來到相對高檔，後續的行情可能止升回跌而放空股票。主力則利用此心理弱點進行**軋空**。爾後指標便維持在80以上數日，甚至長達一個月以上，此時就是坊間所稱的KD鈍化現象。

圖6-8台股中有山寨機之父之稱的聯發科技2454tw的走勢圖，聯發科是一家掌控DVD、手機、電視晶片的IC設計公司。手機晶片在新興市場市占率高達七成龍頭地位，支撐該股維持高股價趨勢。2009年4月30日公司將舉辦法人說明會當日，市場預期五一長假將有助於通訊產品銷售，股價一開盤即封漲停。次日5/1開盤再度漲停，並讓圖中指標衝到80超買區，次日再度跳空漲停，為**該回不回**的走勢。依軋空操作原則，暗示該股在指標突破80當日為跳空長紅（或漲停亮燈），股價將至少有機會連軋三日後，至5/6見到405高點。後幾日雖然有突破405元高點機會，可惜並未站穩，此後股價在高檔震盪數日後開始拉回修正。

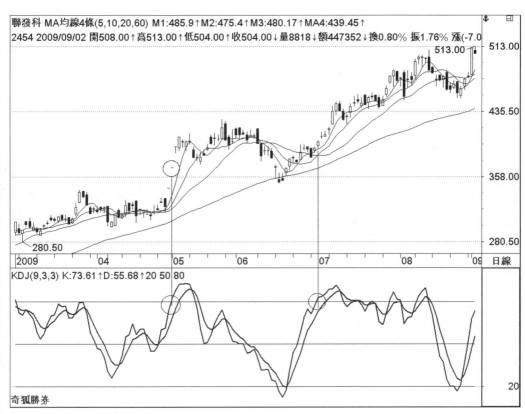

圖6-8　聯發科2454tw於2009年5月-8月股價走勢圖

　　圖中第二次指標衝到超買區，是6月30日中國移動3G手機td-scdma規格的終端產品第二次採購招標方案出台，市場又預期聯發科將在內地大規模出貨td-scdma晶片。7/1當日股價開盤隨即開高收高，並讓指標再度突破80。雖然次日繼續跳空開高來到411元，卻遭逢空頭抵抗留下避雷針K棒。但股價並未出現明顯回落修正，仍維持超強勢的高檔平台整理，並且在7/6突破這個空頭抵抗的411元高點。暗示空頭抵抗失敗，所以股價又出現連續上衝三天，突破新高來到7/8見到448元才開始出現明顯回檔整理。

間接軋空

　　當指標突破80**超買區**，次日理應進行空頭抵抗的走勢，股價將出現**該回**的型態，如開高走低黑K棒、或留下較長上影線的黑K棒、甚至直接開低走低；也有少部分出現小紅K棒的型態。無論如何，我們研判時不應預

設立場，次日仍視為空頭抵抗，如果發現股價雖然遭逢空頭抵抗的打壓，卻能守住關鍵的虛擬低點，並且於數日即突破空頭抵抗的壓力，仍視為空頭抵抗失敗，主控盤態仍將從**盤堅**格局轉為**軋空盤**。

直接軋空

當K值突破80指標超買區，預期次日應出現空頭抵抗的走勢，若次日股價卻出現向上跳空長紅的**該回不回**型態，如：個股開高後瞬間拉升漲停、或開盤開高後震盪衝到漲停的走勢，這種股價出現**強軋空**的現象稱為**直接軋空**。則股價（指數）理應直接先軋三日，才會見到再一次的空頭抵抗，主力將會將出貨點推升到三日後，此**強軋空**的現象，筆者習慣稱為**軋三下**。

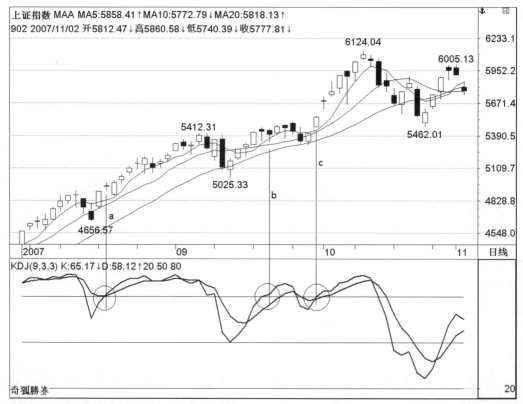

圖6-9　上證指數2007年8月-10月走勢圖

從圖6-9上證指數在2007年8月到10月走勢圖發現指標在8/21突破80來到81.7，次日空頭抵抗直接開低才強勢收高，此關鍵點4999.19即空頭抵抗的壓力，但次日收小陽棒隨即突破（實過），暗示空頭抵抗失敗，因此盤態進入軋空盤。同時股價也在三個交易日後出現狹幅震盪整理。

圖示b的時間是在9/19，雖然是1根帶下影線的小陰棒，指標再度來到81.7。而次日是開高走高的小陽棒（高點5482.42），但後四日K棒並未正式站穩此壓力，因此空頭抵抗仍屬有效。但是近四日的整理皆守住關鍵低點5336.06，並於圖標示c被9/28開高收的長陽棒一舉突破，暗示後市再度進入**軋空盤**，此種空頭抵抗與關鍵虛擬低點之間的平台整理型態，稱為**間接軋空**。

另外，我們可以觀察有趣的現象，軋空三日後的10/11，出現避雷針後的收最高價的長陽棒線，與我們預期中拉抬三日後見壓似有差異，因此暗示在極度的利多之下，指數恐怕再拉三日後才會見到壓力。

殺多盤

我們提過即使在空頭走勢時，當指標跌破20則**多方馬其諾防線**必須力守，否則股價將出現**該彈不彈**，甚至**該撐未撐**的走勢，主控盤態就從**盤跌盤**轉成**殺多**或**強殺多**。後市呈現連續落尾K棒持續創新低，甚至出現跳空急殺走勢，稱為**指標殺多**。主力利用指標下降到相對低檔的超賣區，投資人想利用跌深搶反彈的心態，將手上剩餘的籌碼壓低出貨。

圖6-10是原相科技3227tw是台股一家IC設計公司，因為承接高毛利率的任天堂的Wii遊戲產品Wii搖桿感測元件受到矚目。自從次貸風暴侵襲以來，預期遊戲機出貨將大幅縮減，股價2008年5月7日來到當年次高點294元後，在5/26出現**倒N字**走勢，指標從原先的**多頭位階**在5/28以1根長陰棒讓指標下探20以下。次日5/29在221元出現帶下影線陰棒的多頭抵抗，後市從盤堅轉為盤跌盤。

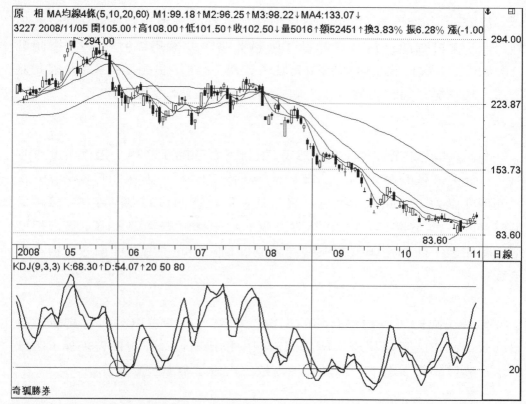

圖6-10　　3227tw原相2008年5月-10月走勢圖

　　8月中旬股價探底來到8/22時，指標再度跌破20超賣線，次交易日8/25是1根最低來到157.5元的小陰棒，視為多頭抵抗的型態，雖然次日8/26開低但並未正式跌破支撐。可惜往後數日雖有反彈，卻遲遲無法站上8/22這根關鍵K棒的虛擬高點。因此當9/3正式跌破157.5元的支撐點，後市便出現追殺到107元的走勢。

直接與間接殺多

　　當指標跌破20超賣線，次日理應進行多頭抵抗的走勢，這種狀態我們視為**有撐**的行為。如果多頭抵抗出現，雖然有支撐但卻反彈無力（即無法突破關鍵壓力），稱為**該彈不彈**；極短線當股價再度回跌並且跌破多頭抵抗的支撐，這種情況稱為**間接殺多盤**。

　　如果指標跌破20超賣線，應進行多頭抵抗，但多頭抵抗的次日就直接跌破此多頭抵抗的支撐點，出現**該撐未撐**的實破行為。或指標跌破20超賣線的次日，K棒出現跳空直接下殺的長陰型態。這種現象便稱為**直接殺多**。直接殺多往往連續數日直到空方力道竭盡，股價才有止跌的機會。

　　圖6-11是上證指數2008年3月至7月的走勢，觀察到標示a的3/13是1根持續盤跌的黑K棒，當日指標跌破超賣線的20，次日多頭抵抗日是1根下影線比上影線長的上十字線，此多頭抵抗的支撐即3891.7。只是多頭抵抗的次日3/17出現正式跌破支撐**該彈不彈**的中陰棒線，宣告多頭抵抗失敗，因此後市視為**間接**的殺多格局。圖標示b的4/18看到指標跌破馬其諾防線，次日多頭抵抗低點3073.56為支撐。之後數日，指數利用多頭抵抗的力道強力反彈，直到指標上衝到空方馬其諾防線才在3786.02結束反彈。

圖6-11　上證指數2008年3月-7月走勢圖

圖標示c的位置是6/10出現1根探測前波2990.79低點的K棒,這根K棒是1根下跌7.7%的跳空下殺的長陰棒線,暗示空方強烈的殺盤力道。次日6/11理應進行多頭抵抗,當日也出現1根十字轉機型態,可惜多頭抵抗的次日6/12即以1根中黑破線,暗示多頭抵抗失敗**該撐未撐**的型態,這種現象稱為**直接殺多盤**,後市將容易出現連續落尾的走勢。

轉折高點與轉折低點

我們在前一節中說明軋空盤與殺多盤,從指標所顯示的走勢驗證。文中所提的範例與實戰經驗是要提醒讀者們:決定研判方向時,觀察關鍵點是**指標戰略K線**的方法!也就是說指標研判時,千萬不要埋著頭只看指標的走勢,而忽視K線的走勢。其實以對應的方法來看,指標的強弱不全都反應在K線的關鍵位置了嗎?這是研判所有技術分析指標很重要的技巧,不但可以破解指標鈍化的盲點,更可以很明確的設定支撐與壓力的位置。筆者願意將指標戰略K線的心得公開,肇因於諸多演講場合,總是遇到很多投資人自行研讀技術分析書籍後,詢問這些常見的共同盲點,**其實就是當研判指標買進與賣出訊號時,從來沒有對應K線的趨勢與變化。使得指標研判的技術將永遠只停留在見山不見林的階段。**

轉折低點

當股價是軋空格局時,常是在一個推動浪的主升段(或末升段)走勢,因此當指標軋空時,K線型態往往出現爆大量後,以日出的中繼K線收高,指標接著出現軋空後的鈍化,個股的成交量呈現價量背離的走勢形成量軋空,上漲時往往見壓不是壓一路過關斬將,在突破如前波高點的關卡處,出現空頭抵抗失敗股價連續挺進,讓融券放空的人來不及回補,主力便達到軋空單的目的。但我們又如何知道主力是否已在軋空段的末端出貨呢?

從圖6-12上證指數在2009年5月到8月這段期間,指標出現兩次軋空盤,7月指數則出現主升段軋空。姑且不論讀者對於波浪熟悉程度如何,我們觀察到大盤2009年6/3是間接軋空的盤態,並且首次出現K值跌破D值

接著拉回80以下的現象。發現盤態處於軋空盤時，當指標回落到80以下
（如標示a的6/12），當日（或次日）往往出現日落K棒的走勢，再次日則容
易出現股價低點，這裡股價低點2722.22，此支撐便稱為**轉折低點**。後續走
勢只要指數沒有跌破**轉折低點**，多方再度以日出K棒發動攻勢突破盤局，
那麼後市將會持續軋空，當然股價仍有創新高的力道。

標示c是2009年7/29當日以大陰棒跌破10日均線，讓人對軋空盤心生
疑慮，我們觀察7/29日之前低點墊高的出頭K棒持續上漲，指標顯示持續軋
空的狀態，緊接著7/29當日來到高點3454.02隨即壓回讓指標跌破80，次日
理應出現軋空盤的多頭抵抗。觀察次日開高震盪收高呈**陽母子**K棒，故取
最低點3174.21即為轉折低點。此低點未破自然後市軋空持續。圖b則是KD
指標高檔死亡交叉的誘空行為，這是一種主力洗盤的技巧。

圖6-12　上證指數2009年5月-8月走勢圖

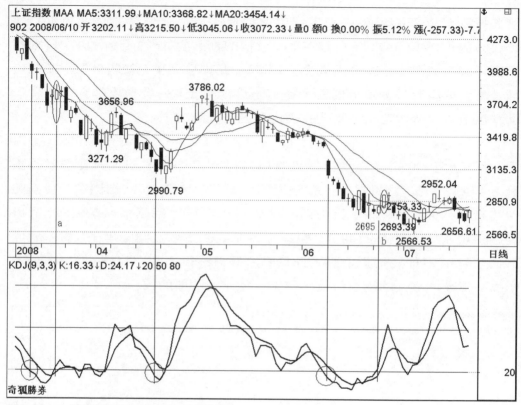

上证指数 MAA MA5:3311.99↓MA10:3368.82↓MA20:3454.14↓
902 2008/06/10 开3202.11↓高3215.50↓低3045.06↓收3072.33↓量0 額0 換0.00% 振5.12% 漲(-257.33)-7.7

3786.02
3656.96
3271.29
2990.79
2952.04
2753.33
2695 2693.39
2656.61
b 2566.53
a
4273.0
3988.6
3704.2
3419.8
3135.3
2850.6
2566.5

2008   '04   '05   '06   '07   日线

KDJ(9,3,3) K:16.33↓D:24.17↓20 50 80
20

奇狐勝券

圖6-13　　上證指數2008年3月-7月走勢圖

轉折高點

　　如果指數是殺多格局呢？聰明的讀者是否可以猜出指數往往是在該浪潮的主跌段或末跌段中，殺多盤態因指標跌破20後仍呈現低檔鈍化，故指數在下行的過程往往見撐不是撐。主力為達到殺多的目的有兩個解釋：

其一是準備壓低後進貨，但是軟性盤跌的速度太慢或盤跌目標還未達主
　　進貨的規劃區，於是利用殺多盤加速到達主力心中的目標區。

其二是主力為了清洗套牢的籌碼，利用殺多的手段以逼迫止損單的退
　　出。相對的，我們如何利用指標來預測指數或股價已經止跌？

　　我們利用之前說明過的圖例，圖6-13中有三次指標觸底跌破20的現象，圖中第二次觸底在前面的文章中討論過，它的多頭抵抗是有效，因此

在此不列入研判。而標示a是因為2008年的3/13指標觸底緊接著多頭抵抗失敗，造成指數連續下殺⋯當3/20以1根下影線極長陽線，與前一日組合成**陽子母**K棒，K值也突破20（同時讓指標K突破D），我們觀察再次一日則是1根不想漲的小十字組合成**母子**K棒；因此也暗示3/20的高點3857.62即為**轉折高點**，未突破**轉折高點**後市仍有持續**殺多**的危機。圖標示b即6/10跳空大陰棒的殺多盤，當6/24指數利用橫盤四日讓盤勢止穩後出現攻擊K棒，並讓指標突破20，我們預測次日理應出現空頭抵抗，即**轉折高點日**；實際觀察次日是1根中陽K棒（高點2910.48），因此需觀察後市數日能否突破2910.48這個壓力，當遲遲無法突破壓力，就是暗示後市有機會再度探底，果然大盤在7/1再度破底，並於7/3在2566.53止跌後才開始反彈。

短線操盤法寶

正背離

當指標呈現**N字**時，即指標向上越過前高，稱為**指標正背離**，簡稱**正背**。要留意在這裡所定義的**背離**純粹就指標的現象而言，與坊間所稱的指標與股價比對的背離觀念不一樣。在運用指標正、負背離的方法之前，仍需有研判多空方向的基礎，如果空頭格局時，出現指標正背離，宜防極短線遭逢空頭抵抗。如果在多頭格局時，當指標出現正背離訊號，則指數或個股創新高後，未出現止漲訊號前，是多方急漲軋短空行情，這是追買加碼的訊號。

負背離

指標出現**倒N字**則代表指標向下創新低，稱為**指標負背離**簡稱**負背**。在多頭格局中，看到指標負背離，股價在次日理應進行多頭抵抗，故先找支撐；當出現日出K棒時是逢低承接的好時機。在空頭趨勢中，若發生指標負背離，且出現該撐不撐時，宜防極短線強追殺的超弱勢訊號，反是加碼追空的訊號。

以上說明的短線操作，多空方向建議以股價與月均線的關係輔助研判方向。當股價高於月均線且月均線持續向右上方移動時，視為多頭格局；反之，則視為空方優勢的格局。

圖6-14是旺旺集團控股在港上市後，回台以TDR（臺灣存託憑證）申請掛牌，2009年4/28日首次公開募股（IPO）後走勢。雖然圖中標示的關鍵點相當多，看起來相當複雜。我們只要探討的是極短線的分析。首先盤態N字與指標N字要先區分清楚，仔細拆解細節便可充分掌握短線多空。

5月12日股價衝到新高28.8元開始高檔震盪，5/26日拉回到圖標示a處，K值跌破前低40.8來到33.0並創新低，首度出現指標倒N字負背離，次日隨即開高收高，這兩根K棒構成**陽母子**，展現多頭抵抗的企圖，暗示短

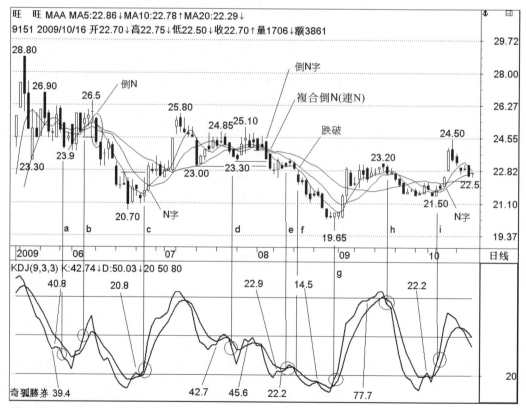

圖6-14　旺旺ADR在臺2009年6月-10月走勢圖

線守住23.9元，尚無翻空的疑慮。惟6/4圖標示b處的K值49.4突破前期40.8高點，出現N字正背離，次日十字線當日最高點來到26元為觀察重點，在未站穩26元高點也沒有實破23.9元前，就是**震盪**格局。在箱型盤操作中，這是掌握高出低進的重要技巧之一。

　　圖c是研判20.7元底部是否成立的重要研判技巧，當6/24的K值在20附近低檔區出現N字正背離訊號前，三條短中長均線結構空頭排列且月均線在股價上方向下移動，明顯當時趨勢對空有利，K值正背離當日是1根上影線較長的**下十字線**，但卻是創四日新高的**一過三價**寶塔翻紅型態。由於K棒出頭且收盤收高視為**日出K棒**，對極短線多方是有利的走勢。無論如何，研判仍依據操作法則：**當均線與股價趨勢為短空優勢時，正背離次日需留意空頭抵抗的型態。**

　　次日6/25開高盤且以1根大陽棒線報收（同時是盤態的N字攻擊），當日高點23.2先視為壓力。因此後五個交易日呈現空頭抵抗的震盪是可預期，而7/3這根突破23.2元且突破五日盤局的長陽棒，宣告短空抵抗失敗。但要留意股價即使極短線強勢，卻要留意波段來到26.5高點附近的倒N盤態的壓力，因為這根K線倒N字跌破且多頭抵抗失敗，造成盤態**盤整**轉為**追殺**，直到20.7元才止跌。其虛擬高點25.6-25.9之間的壓力不可忽視，這波反彈到7/7的高點25.8元之後，開始拉回的走勢是可預期結果。

　　圖標示d是均線維持向上短多優勢時的指標負背離（K值39.2），其多頭抵抗讓股價跌破月線後在低點23.2元反彈。在反彈震盪過程到8/5當日出現盤態倒N字，不幸的是8/6又是倒N字，連續兩根棒線都是倒N字稱為連N，這根連N又是一破二低點的**複合**倒N字，空方壓力極大，而在下跌過程又是空方優勢，圖e之前的指標負背離可留意，但可忽視它的作用。

　　圖e是8/13日跌深反彈讓K值23.84突破22.9，空頭中的指標正背離，因此觀察次日是否出現空頭抵抗，次日的K棒是一根帶下影線的小黑K棒，暗示23.45高點是壓力，未突破前當出現日落K棒時空頭續空方向不變。

圖標示g是創波段新低19.65元，當日出現K值15.7N字指標正背，依據空方原則，次日仍應視為空頭抵抗，次日9/1開低反應空頭抵抗的意圖，但是卻以收高小紅K棒報收，並且是1根日出K棒，就要留意空頭抵抗是否失敗。當9/2又是1根突破前四日高點的長陽棒，同時也宣告空頭抵抗失敗，暗示19.65元短期底部可獲得多方支撐。這波反彈一直到23.2元，遭遇前方圖標示f的K線盤態倒N字的虛擬高點22.9才軋然而止！9/17在高檔出現指標負背離，次日9/18出現1根**母子**結構小紅K棒的多頭抵抗，可惜9/21隨即跌破造成多頭抵抗失敗，遂開始進行波段的拉回，修正到**中勢回檔**的21.4元附近。在圖標示i的10/5出現一根日出K棒指標正背離，才開始發動第二波攻擊盤。並且反攻到24.5元，先化解8/5日25.1元附近倒N字的24.4元壓力，才進行波段的整理。

天蠶變控盤

從指標位階的觀念很容易觀察在多頭趨勢時，指標維持在多頭區間上運行，如果大勢不佳，個股不免受到空方趁勢打壓，無法持續維持多頭盤堅或軋空格局。若不幸股價回檔過深，讓指標落入空頭位階。主力只好在低檔區重新吸納浮動籌碼並經整理後，伺機突破極短線空方壓力讓股價再度**翻空為多**。突破壓力後再拉回的過程，如同股價空翻多的趨勢一般，做**空多交替**型態，當第二次突破壓力；便有機會讓股價回升再創波段新高，此控盤法即指標的**天蠶變**控盤法則。

圖6-15是中國泡麵龍頭頂新集團在臺灣的子公司味全食品1201tw於2007年初的走勢圖。由於挾著頂新營收持續創新高的激勵，股價在2005年8元落底後，長線沿著月均線一路盤堅。圖標示a股價在1月11日以長黑拉回測試月線21.14的支撐，指標原為多頭位階，自然以多頭抵抗的心態看待，因此次日跳空開高讓20.8的支撐得以守住，後市得以突破新高來到27.8元。27.8元高點拉回二度測試月均線，則是在圖標示b的1/13日股價位於23.7元的位置，次日走勢如出一轍再度以開高的**母子**K棒防守。

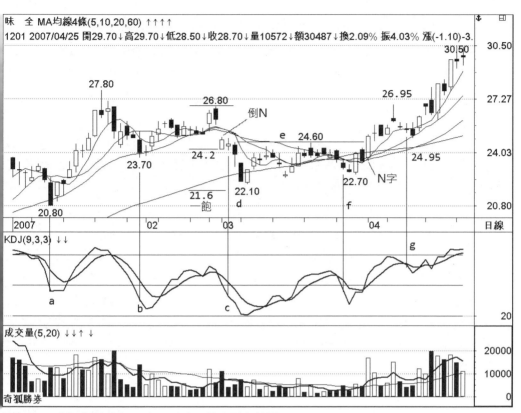

圖6-15　味全食品1201tw在2007年1月-4月走勢圖

　　只是23.7低點止跌後，波段並未再創新高，僅盤堅至26.8元，造成3/1日股價回調過程以跳空低開跌破均線糾集25.3元，盤態形成K線盤態的**倒N字**！圖標示C，正是KD指標在3/2跌破多空中軸的位置，次日理應進行多頭抵抗。次日3/3是1根帶下影線支撐的錘子陰棒，可惜3/5由於1根長黑棒線隨即跌破此支撐。要留意指標跌破多空中軸後，多頭抵抗的錘子K棒也同時跌破23.7的大級數倒N字盤態（創波段新低），其高點是24.65又形成殺多高點，同時指標業已處於不利的空頭位階，暗示未來24.65這根黑K棒線將產生多方續攻的壓力。

　　股價只能順勢拉回至相對低檔區打底，我們可以留意圖標示d這根長陰棒線雖然跌破前述多頭抵抗的支撐，但也同時出現指標**負背離**，因此次日3/6理應進行負背後的多頭抵抗。我們留意次日開低22.1後隨即走

高，這根棒線便形成多方相當期望的小陽棒關鍵點。為什麼這樣說呢？

第一、是從跌破月線這根盤態**倒N字K棒**暗示股價有機會向下滿足一飽的21.6元，事實上，股價卻在22.1止跌，當這種情況發生時，就是盤態的**空頭異常**，暗示空頭理應打壓的動作沒有完成，相反的思考便是對多方有利！

第二、由於盤態已經從盤堅轉為盤跌，唯一翻多的方法就是想辦法打底後再度盤堅，因此出現22.1元低點後，次日隨即以日出K棒表態轉強，暗示主力有意利用指標負背做多頭防守盤。

既然多頭防守，第一個目標當然是往壓力挑戰，於是股價打出雙底後在3/20開高攻擊，強力挑戰24.65這裡的壓力，這個目的是為了讓套牢在24.65附近的籌碼獲得釋放。不過要留意，這時的指標是屬於空方優勢的50以下往上攻堅，突破多空中軸遭逢空頭抵抗，本來就是合理走勢。等到突破多空中軸達三個交易日以上，後市要留意指標是否有機會形成**空翻多**的走勢；假設股價拉回不破前低，盤態形成極短線的盤堅，則指標拉回將以多空中軸為支撐。

於是我們觀察當股價再度拉回，3/27指標跌破50（如圖標示f的位置），次日3/28多方是否抵抗？次日的K線是1根上影線稍長的小十字（低點22.8），我們需要留意22.8能否守住？當多方守住22.8並且出現攻擊型態時，主力強烈暗示投資人，這裡是**空多交替**完成的位置。所以看到3/29以1根開盤先破底22.7後，再突破前一日高點的出頭長陽棒**陽子母**完成底部轉折，雖然次日3/30有零星抵抗卻是持續出頭且量縮的黑K，無礙多頭續攻，並在4/2出現再出頭長陽棒線，這3根K棒組合的型態為**多頭戰車**換手攻擊的線型。因此後市便是突破關鍵壓力後，並沿著十日均線的形成高飛的型態。此即主控盤法所稱的**天鷺變**。至於圖標示g則為主力洗盤操作，讀者可自行體會。

空多扭轉

從指標位階的觀念延伸出股價的多空方向，也可以發現多頭趨勢時指標維持在多頭位階很少跌破多空中軸，相對空方格局也有相反型態。如果

我們期望在波段低點進場，又如何選擇好的買點呢？

　　股價在空頭走勢結束時，**翻空為多**型態是研判底部條件的技巧，而往往股價拉回做第二底時，做盤態**空多交替**也是必要的。我們在研判底部的確認訊號，應先以趨勢為觀察重心，接著以K線盤態與指標盤態做為驗證。如何研判**翻空為多**呢？有兩個技巧提供大家參考：

第一、股價一定要強勢突破**空方的壓力**，也就是說空頭位階的股票　　進入多空中軸遭逢空頭抵抗的壓力必須被突破。

其次、在趨勢中出現突破**末跌高點**的走勢。接著，指標會隨著股價突破後的回落順勢拉回，我們只要觀察這段拉回的**空多交替**過程，指標回到多空中軸的多頭抵抗是否成功？

　　相反的研判方法是：一檔長期作多的股票，可運用指標的研判確認股價已經**翻多為空**，理應逢高賣出。

　　在2008年10月，領先全球推出快閃記憶體代替硬碟當做資料儲存裝置的輕便型筆電EPC，是華碩電腦2357tw的創舉。圖6-16是華碩推出市場卻被分析師預期普遍不看好下，股價在2008年10月推出新產品時持續破底。觀察2008年底的走勢。11月底圖標示a指標首度突破中軸隨即遭逢空頭抵抗，即39.15的壓力。圖標示b處雖然股價突破39.15空方壓力，可是當日指標突破中軸遭逢空頭抵抗40.7的壓力，同時並未突破末跌高41.35。雖然圖標示c是指標拉回中軸有守的型態，可惜這波反彈無法創新高僅僅來到39.4，造成趨勢**盤堅疑慮**，而且拉回不幸失守34.1讓空方趨勢成立。這種型態便是從箱型震盪轉為盤跌的走勢。

　　2009年1月14日股價破底後，因為一日反彈形成極短線的末跌高點32.15，並持續探底。到了2/6圖標示d反彈的壓力31.95，因為指標突破50達三日以上，我們開始留意這檔股票是否有機會正試圖破31.95指標空方壓力，到了2/13發現1根大陽棒線正式突破**末跌高點**32.15，同時指標續創新高，趨勢已完成**翻空為多**的走勢。接著股價持續反彈到季線34.25高點

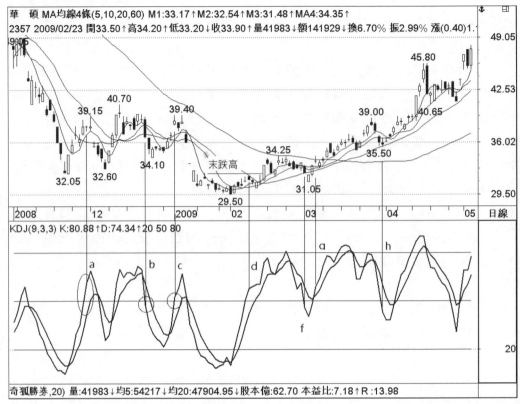

圖6-16　華碩2357tw於2009年1月中線打底完成的走勢圖

後，遭逢**空頭馬其諾防線**的空頭抵抗而拉回是合理預期。我們要留意這段拉回的**空多交替**過程是否能夠翻多成功？換句話說，如果股價拉回過程，指標能夠守住多頭位階的50關卡，就有機會讓指標形成**空多扭轉**的換手。

因此當圖標示f的3/2這天出現指標倒N字負背離，同時指標自多頭位階回多空中軸，暗示次日的多頭抵抗相當重要。次日3/3則是出現1根開低來到31.05隨即走高的陽棒；可惜的是下降跳空缺口仍未回補，直到次日3/4出現1根站穩月線且出頭的大陽日出K棒，暗示這裡的多頭有意防守，便可嘗試作多，因為有機會**空多交替**成功。3/6是圖標示g的位置，當日的指標出現N字正背離，暗示未來只要空頭抵抗失敗，且守住關鍵的32.8虛擬低點，該股便表態**翻多**成功。爾後我們觀察指標的走勢，的確維持多方位階的盤堅格局，即使有拉回多空中軸時，多頭也防守成功。

指標控盤與主力作價

　　我們在指標**軋空盤**時提過：當股價是軋空格局時，往往是在波浪的主升段走勢中，因此指標軋空時，K線型態往往出現成交量持續創新高量，股價在大漲後會出現中期**天量**以突破前期高點（往往是初升段）的壓力，此時股價的震盪將會加劇，指標容易出現**軋空鈍化**後的拉回。當股價守住**轉折低點**後再度上行，此時往往見壓非壓，直到在這個**潮汐轉浪**換手後的等幅或1.618倍才會出現滿足。

　　圖6-17是味全食品1201tw的走勢，股價在13.1落底後積極反攻，於2008年11月11日突破末跌高19.0元，圖標示a為指標攻抵80，次筆長紅軋空脫離底部區。接著來到11/27的高點21.15後，進行一個月整理，可發現當12/22圖標示b，指標回測多空中軸支撐區，次日多頭抵抗的低點18.8有守；暗示初升段可能仍有續創新高的實力。當股價來到2009年1/7見到高點23，股價維持高檔震盪一周後，在1/13出現頭部的倒N字虛破，次筆實破後一日多頭抵抗進行反彈。反彈到1/19僅僅來到21.9，雖突破殺多第一壓力21.8，卻無法突破22.2關鍵壓力，同時觀察指標已經落入短空有利的空方位階。

　　短空優勢的股價又在2009年2/2出現1根大陰棒線，次日2/3跳空18開低走高，但已經跌破前5根K棒的低點，且跌破18.8頸線，形成大級數的**倒N字盤態**，雖然次日股價利用多方**馬其諾防線**抵抗，但趨勢偏空確立。未來反彈的過程沒有突破當時的末跌高點21.9以前，將無法讓趨勢扭轉為盤堅格局。同時暗示有機會造成潮汐的發動，亦即出現波段三浪的回調整理（即圖上標示(a)-(c)的走勢）。所幸未完成潮汐等浪14.96的目標而在15.85止跌，形成拉回的三浪為**縮小浪**。由於先前的走勢是**懸崖盤**的走勢，因此當股價在15.85的次日利用指標**正背離**，次筆K棒出現跳空大長陽棒宣示**該回不回**的走勢，並脫離底部區，初升段23後的拉回能否已經完成第二浪的回檔修正呢？除了底部正背離的虛擬低點16.1不破外，如果股價強攻並能

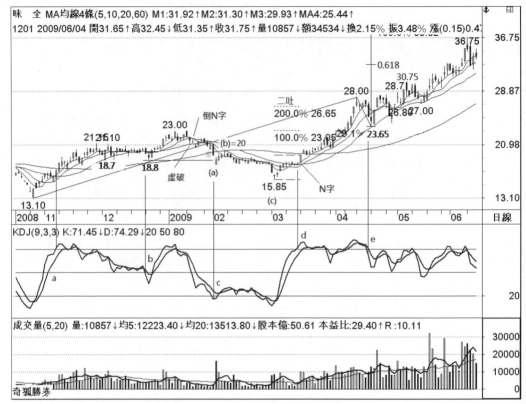

圖6-17　1201tw味全食品在2008年11月-2009年6月中線換手的走勢

讓指標進入軋空區，宣告股價將有企圖要挑戰b浪頸線20。

　　我們觀察標示d的3/13日指標突破80，次日3/16股價出現該回不回，3/16這根長紅又是攻擊N字，暗示沒有跌破18.2軋空低點，理應往一飽的目標23.05挑戰。這個目標正好可以突破b浪高點20壓力。事實上，該股一路攻堅，在4/13這天突破二吐26.65目標，才開始進行較大的回檔。而且回檔到圖標示e轉折低點23.65，多頭即適時出現抵抗的現象，並製造後市出現22,456張大量換手的契機。於是我們依據**潮汐**的推浪法則預測未來目標將往38.6或更高級數的47.7以上滿足。

　　另一種主力的作價方式，為主控盤王子復仇記的解套波的走勢，主力企圖將路線規劃為解套並加軋空的走勢。此較複雜的走勢超出目前範例解說範圍，筆者只提觀念希望讀者自行體會，當4月股價突破原初升段23元時，倒N字後反彈的逃命高點21.9這個重要的壓力時，主力便將軋空目標規劃往27.95挑戰。當股價一路軋空到4/13圖標示d的高點28元滿足了27.95的目標後，才開始出現急跌拉回修正；即為圖標示e的位置。

討　論

　　傳統研判K值從低檔20附近，K值向上穿越D固然是買進訊號，只是**殺多盤**中應謹慎研判，否則應留意可能僅僅是**超弱勢反彈**，觀察**轉折高點**壓力是否突破？及後市是否出現持續盤跌的可能。筆者提示的觀念，想讓讀者建立KD黃金交叉之虛擬低點的觀念。當讀者將KD黃金交叉視為買進的止損點時，便比較容易從容應對。套一句話：「下雨前天空必然滿布烏雲；但天空出現烏雲則未必一定會下雨。」這意思是說：假設空頭的命題成立，那麼KD死亡交叉，依理應該開始出現拉回修正，但我們觀察圖6-15標示g，當時KD死亡交叉設為提示賣出訊號，所以獲利了結；那麼勢必損失後市另一大段上漲的豐厚利潤。這時我們依照KD死亡交叉設立虛擬高點為壓力的觀念，當震盪幾日後又突破此壓力，不正是告訴我們這個死亡交叉是個假的賣出訊號嗎？

　　相對的，多頭發動的起漲點，KD必然交叉向上應視為買點；但未必這個買點就一定有效。如果多方守住黃金交叉的指標低點，才有可能讓之前K值低於D值之下短空格局，轉為極短線多頭，萬一跌破指標低點有不願漲的暗示。在此，筆者說明的用意，是要告訴讀者並非我們完全不探討D值的走勢，只是在主控盤的操作中，D值有它另外的特殊意義。

　　例如圖6-18是一汽轎車000800的走勢，我們連續看三個KD死亡交叉的走勢，可以發現這三個賣點訊號，只有9/23標示第二個死亡訊號有效，其他第一個交叉訊號在8/31依據死亡交叉賣出將會賣在最低點的前兩天。第三個在10/30的賣出訊號，當日留下上影線極長的避雷針線，次日開低隨即走高成1根大陽棒線，如果次日賣出正好賣在大漲波中的半山腰。

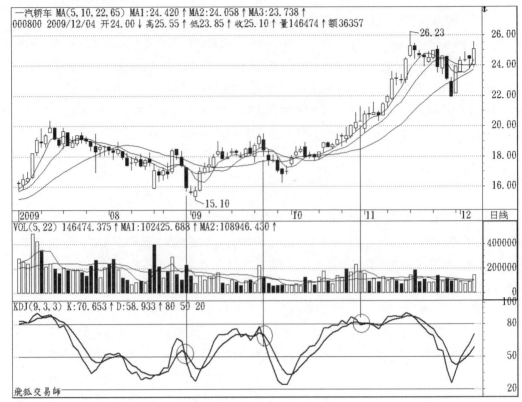

圖6-18　一汽轎車000800cn在2009年8月-10月的日線圖

　　不過如果您已經將本章的內容融會貫通，相信筆者所提出這些主力控
盤與指標戰略K線的觀念，雖然無法如九陽神功為您馬上打通任督二脈，
但至少多空分辨與短線操作自保有餘，等到熟練後更能暢行無阻。而轉折
高點與轉折低點則是另一個相關的延伸研判法則，當它與波浪結合時便可
以推演波浪未來的走勢與目標的預測，在最後一節筆者只是提出一個範
例，不論是K線盤態、指標都可以預測波浪的走勢。或許有機會以後筆者
會針對波浪的走勢再深入分析；另外，坊間關於指標創新高股價未創新高
稱為**熊式背離**，研判上仍須小心，因為往往波段軋空盤相當容易出現這種
走勢，放空者將慘遭軋空的命運。至於指標控盤的主力洗盤技巧等比較用
於個股的研判上，只好留待筆者公餘有空，有機會再與大家深入探討。

7.

實戰觀盤與選股技術

對於已具備技術分析基礎的投資人，看到盤面上超過一千檔股票時，要如何選股呢？面臨這種難題的投資人應該不少。選股時除了要考慮指數不同格局，是拉回在月線獲得支撐，或是拉回季線才會得到支撐？每次大盤修正後，是否回復多頭運行，或由多頭轉變為空頭走勢？這些都是投資人在選擇買進個股時首先面對的頭痛問題。即使大盤只是漲多的拉回整理，仍必須關注目前國際股市正處於修正階段？或國際上利空消息面襲擊？甚或大盤正處於渾沌不明的盤整階段？該如何決定買進哪一類股？

雖然本章擬將前幾章的操作策略，藉由整合的方法，進行選股要訣研討；但只具備技術分析能力恐怕還不夠，很多操盤的理念是在實戰中學習，更多時候是選股技術受到當時外在環境氣氛影響，綜合了多空因素，才能凝聚主觀判斷決策，如果能保持這種敏銳度，就能讓操作經驗不斷累進！當然，透過主控盤的研判技術，可以掌握具體的買賣時機，逐漸減少**研判盲點**危機。所以至少能先對指數趨勢與多空週期有深入認識，在選股能力提升與買賣點切入時機必然能有效掌握，也更容易擬定操作策略。所以本章開始，筆者希望以輕鬆的心情，將一些不容易在其他技術分析書籍中看到真正的觀盤技巧與實戰經驗，與讀者分享。

除了保持輕鬆且正確的態度，筆者必須提醒投資人幾點操作紀律。一個成功的投資者除了態度擺正外，至少必須具備趨勢研判、選股策略、資金規劃等三方面的技能與紀律，這是操作證券商品成功率要提高到八成所必須把握的態度。**趨勢為尊**是證券操作者必須依循的方向，順勢操作一定

比逆勢而為成功機率高許多，我們選擇買賣訊號時，不可忽視的就是趨勢的力量。其次便是**選擇正確的主流族群**，假設目前主力的資金是往大型資產股或銀行股移動，我們卻堅持操作中小型科技股，結果可想而知，相對報酬必然低很多。因此趨勢方向研判正確後，搭上主流族群的列車，無疑是擴大獲利的關鍵。我們最常聽到有些人有偏頗的個性，尤其性喜彰顯自己的選股能力，總是在下跌的趨勢選擇逆勢上漲的股票，雖因小幅獲利而沾沾自喜，甚至四處宣揚，但事實是其他隨著大盤下跌股票卻選擇性的遺忘。

最後，**資金的規劃將決定成敗**。依目前操作的幾檔標的，擬定初期投入金額或成數，並為未來在某個時間點或股價突破壓力時，決定繼續加碼與否，能夠從容計算短期與長期的資金比重。我們常見周遭的朋友看好股市後便將全部資金投入，當大盤遭逢風險而大幅拉回時，因為沒有停損機制，造成資金長期套牢。即便大盤已跌到相對低點，往往手中缺乏資金，就算當時研判正確又如何？如同散戶的宿命總是在等待解套。決定資金分批投入的方式相當重要。當擬定好了策略，便要嚴守紀律，即使短期套牢認為個股有其價值而逢低加碼，也必須有底限。換句話說，如果已經到了最後底限，股價仍然跌跌不休，應考慮是否斷然停損。因為誰都抵不過現實這個惡魔，沒有人永遠成功，如果總是獲利，怎麼會有主力套牢？最後變成公司的大股東。

因此筆者建議在獲利的狀態下做加碼，這是資金控制的趨吉避凶之道。所以筆者喜歡引用好友大眾證券自營部徐義吉協理的一句話：「**態度決定高度，姿勢決定後市。**」懂得趨避的正確姿勢，理解不在烽火上添油，懂得大盤止穩時大膽在低檔添加柴薪，類似金字塔的投資哲學拉高底部比重，讓成本迅速降低。大喜大悲看清自己，大起大落看懂趨勢！所以我們常常說敵人不是別人，往往就是自己。很多人投資策略漫無章法，多空操作完全是被自己喜好與搖擺不定的態度打敗！

交易策略

　　投資人對於大盤行情的研判必須遵循先研判**股價趨勢**，接著觀察本波**主流族群**，再決定主流族群裡所挑選個股的買賣時機，並且控制**投資風險**三大操作，才能克服心理障礙，獲致成功。

趨勢為尊

　　我們常常聽到：大盤趨勢向上尚無反轉疑慮時，不應隨意猜測高點，猜測高點的結果往往難以突破心理障礙。**這裡所說的心理障礙，便是賣出後股價又創新高，你是否願意以高於你賣出價格再度追價？** 我想一般人是不會這樣做，但基金經理人便敢如此追價！缺點是造成短線操作頻繁，因為有可能一創新高後，股價便再度拉回跌破買進點，這時候，投資人又要面臨賣與不賣的停損抉擇！即使後市繼續上漲時，追價也會讓作多成本容易往上墊高。當然，你也可以笑話基金經理人操作的是大眾的資金，又不是他自己的錢，反而容易克服心理障礙。反之，當大盤處於空頭市場，應極力避免作多，並應利用反彈高檔尋**高檔轉折點**放空，以加速獲利。

　　大盤趨勢持續向上時，主流族群自然也會跟隨大盤上揚，上漲的幅度往往超過大盤上漲幅度，此時應勇於買進主流股，當大盤的趨勢有作頭或震盪不漲疑慮時，依遵循的技術分析定律，克服貪婪心理肯於回檔前賣出部分持股。事後追蹤，發現漲幅最大的族群或個股，往往不是與大盤同步從底部向上的類股，例如：權值股常常和大盤同步。所以第一波漲幅最大的這些族群總是領先大盤落底！這時候如果能夠審時度勢掌握機先，通常這種會看出主流股的人，平常就已經培養了宏觀全局的操作理念。

　　筆者先試舉大盤為例，後續章節再說明主流股的特性。圖7-1的背景是2007年10月雷曼次貸消息出現時，指數從高點9859開始多轉空的回落；次年，2008年3/20藍營取得總統大選勝利，馬英九總統在520就職當日，大盤正好反彈到B浪最高點9309……我總記得當時大多數的外資研究報告，都將台股指數預測上萬點－端午節前的這段喧鬧。之後，開始歷經

美國部分中小型銀行股紛紛提出破產保護，直到9/16雷曼銀行宣布倒閉。其實當時的台股指數正好從9309下殺後，6月開始進行兩個月的箱型整理，接著從8月的高點7376破底下殺到9/18波段低點5530的前兩天。脆弱的大盤遭逢雷曼的利空，當然再度悲壯的向下沈淪，直到10/28日來到次低點4110，反彈無力後再度拉回破底，終於在11/21在3955完成底部。讀者要留意這4110、3955兩個低點的時間，因為這裡是大盤能否在3955落底的看盤關鍵因素。

當大盤出現連續重挫時，我常戲稱金融風暴往往是高點打對折，只怕殺不夠，只好再打八折！西元2000年美國科技泡沫化，大盤自高點10393一路下殺，打完對折至少看到5000，遭遇賓拉登911事件，再打八折來到4000，筆者始終覺得大盤低點差不多了。我們不是悶著頭拿著計算機用所有已知的技術分析方法，例如：波浪與黃金分割率，成交量與指標背離等，自我感覺良好又偏執的認為低點應該到了！我相信投資股市超過十年以上的讀者當時心中挫敗，同時對技術分析老是有「看山不是山，橫斜看不同」的感慨。如果我們能先審視全球股市，觀察當時全世界投資圈最夯、最關注的金磚四國，便可嗅到投機資金已經率先在新興市場佈局。換句話說，台股指數的低點可能也不遠了。

假設美國的銀行業持續引爆倒閉潮，全世界股市的底部將遙遙無期；金磚四國又怎麼會在10/27或10/28這兩日（相當於台股的次低點4110）觸底開始反彈，即使台股指數在11/21又拉回跌破4100，出現新低3955。這時觀察其他四國的走勢，除了俄羅斯稍弱外，雖然印度與巴西也隨著國際股市拉回但並未跌破前低；甚至上證指數還維持更高姿態的整理態勢。國際上，不管是私募基金、避險基金或常態的新興市場基金敢在這時候開始佈局新興市場，必定認為全世界的股市底部不遠且風險不大。更簡單的解讀是：新興市場國家政府自有資金不足，更不可能在低點時，敢大膽啟動護盤基金護市。否則就沒有所謂新興市場股市的推手是資金行情這種資金流的概念，已開發國家擁有的大筆資金往往像蝗蟲一樣一窩蜂的熱情投入，當然是推動新興國家指數大幅上漲的原因。

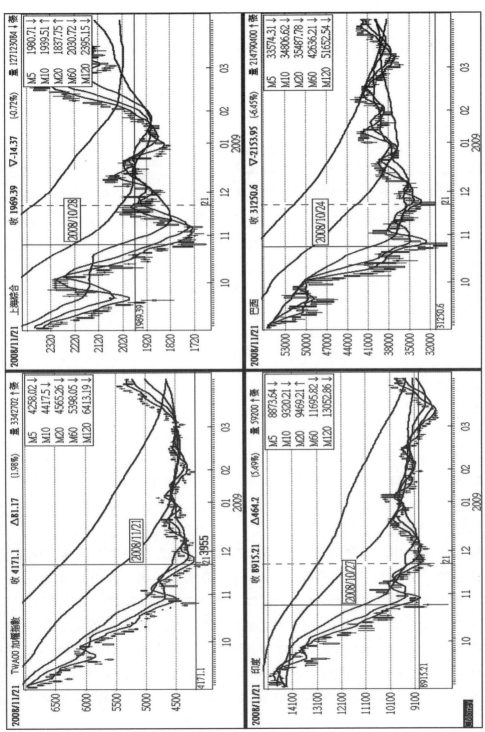

圖7-1 2008年11月台股與上海、印度、巴西三地指數比較圖

　　所以新興市場的指數往往是國際股市中觀察的領先指標，甚至比起原物料（近期較夯的無疑是黃金、紐約期油、鋼鐵裡的銅、鎳期貨等）的走勢更具參考意義。而美國股市反而是落後指標；君不見台股在2008年11/21在3955落底後開始進行反彈，美國股市卻因為金融股下殺，在2009年3月6日落底才開始反彈，這時國際股市瀰漫著詭異多變的氛圍，深怕又被美股給拖累了，美股才是落後指標！相對的情況，發生在2011年上半年除了俄羅斯股市能創新高外，其他新興市場，如：中國上證指數、印度和巴西都在2010年11月前出現高點開始大幅回落，是否也暗示亞洲股市2011年上半年的行情受到影響似不易避免，因為資金行情先行落幕！這些投資新興市場的資金已經逐步撤出且班師回朝，回到已開發國家中。缺乏動能的這些新興國家與亞洲股市怎麼可能不受影響呢？所以以後再聽到美國股市創波段新高，台股指數開盤還大跌這種話時，姑且一笑置之。一天行情的影響或許不免，要因此改變波段的多空是不容易的。

選擇買進時機

一、底部洗盤

　　談了一些觀念後，我們也要回到技術面探討！當股價從下跌一段時間進入短期底部整理，可以應用**底部洗盤**技巧，先觀察股價突破最近一次的壓力，可能是殺多高或末跌高。並且突破解套點再次拉回時逢低介入。此回檔幅度必須不深，且不破前波低點，當股價再度轉折向上，並出現長紅棒穿越壓力的動作，加上動能超越的條件，未來必有一段不小的漲幅。

　　圖7-2是600085CN同仁堂2008年9月在13-16.5止跌失敗後，股價再度破底的走勢。當股價跌破9月的低點後，出現連續落尾下挫的**懸崖盤**是利空中常見的走勢，在標示(1)出現**一止跌**訊號，接著連續兩筆黑K棒壓回，終於在標示(2)出現價量同步N字突破的底部攻擊訊號。等股價上撞月線後拉回第二腳的位置，從KD指標的底部測試技巧，或運用底部量拉回洗盤的技巧，便可在標示(3)的位置判斷為底部發動第一波後，拉回的第二隻腳的落底點，並在標示(4)出現日出K棒時介入作多。

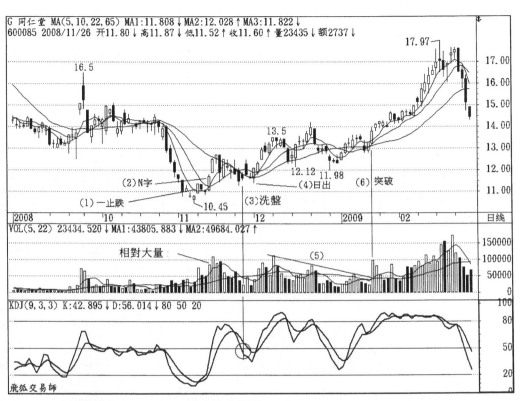

圖7-2　600085同仁堂2008年11月股價走勢圖

二、中段整理

我們來看一個相當標準的中段整理走勢，日線的中段整理一般有幾個特性，型態上是向下收斂三角形，或是高檔箱型。均線的結構可留意季線仍維持向上，這種現象暗示中期仍具備向上的支撐力道。其次，就時間波而言，整理的時間約長達兩個月。搭配MACD指標方便做輔助研判。

圖7-3是皇翔建設自2010年7/28在底部盤整區，以1根長紅棒發動起漲。這根長紅不但突破季線，而且出現一過二突破。接著沿5日線連續軋空到8/9的60.9高點，才拉回測試10日線，即標示(a)末升低點55.7；我們觀察KD指標，明確顯示了軋空的指標盤態。當多方發動第二波攻擊，再突破新高來到69.7高點後，才開始進入比較長的整理。從8/25標示(b)這根倒N字的K棒，暗示了整理的可能性，所幸次日在標示(c)61.2沒有追殺卻出現多頭抵抗的小黑棒。接著觀察8/30時，5日線跌破10日線，代表盤勢將

進入短線整理，除非能夠快速的將均線扭轉成多頭排列。後市顯示8/23的69.7高點到9/28的62.8低點前，這段時間僅僅零星攻擊，卻未構成創新高的要件。

直到9/30多方發動N字突破，次筆10/1的K棒（標示e）是開高震盪的連N字小紅K棒，K線盤態是連續攻擊的宣示，可惜連N字後緊隨的空頭抵抗，成功阻擋多方攻勢。一週內空方發動標示(e)的倒N字跌破，讓前面的多頭攻擊力道被這個下跌力道抵銷掉。並且依據倒N字的攻擊目標應該向下往60.5滿足。同時短中期均線形成對空方有利的排列。極短線一路盤跌到10/20，在f號棒線時，出現MACD指標之DIF剛好跌破零軸，看似多頭行情已經結束了。然而多頭行情是否已經結束？或是調整結束後將再繼續上攻？讓我們先來分析多空雙方力量的拉鋸。

從圖中觀察到對空方有利的因素：
(1)短、中、長均線已經變成空頭排列。
(2)標示f的低點62.4跌破62.8的頸線支撐。

慶幸的是，62.4並未跌破61.2，為什麼這時候看61.2？我順便在這裡釐清一個波段觀念。從69.7拉回61.2這段，是一次對55.7上漲到69.7的修正。接著在69.7以上的極短線攻擊並未突破69.7新高，直到標示g攻擊才突破69.7，因此自69.7開始的波段連線69.7-61.2-71.5-62.4，那麼次級低點61.5、61.7、62.8該如何看待呢？因為後市並未跌破破61.2，因此尚無翻多為空疑慮。至於71.5已經突破69.7的高點，所以依據波段原則將61.2標示為新的末升段低點。但短線看來，空頭力道還真不輕！

接著考慮多方因素：無論68.8-62.8-71.5-62.4這段是穿頭破底的型態。一般這種走勢如果不是主力高檔出貨完畢，將剩餘的籌碼壓低出貨；便是上漲前夕進行強烈洗盤的詭計。62.4一跌破62.8頸線，多單便容易因為跌破頸線而停損；接著要觀察的就是倒N字的目標是否往下滿足60.5？如果空方力道果真將股價推向60.5滿足，多方將陷入險境。所幸f號線

MACD指標之DIF剛好跌到了零軸下。我們分析：

　　(1)雖然5、10、20日均線已經空頭排列，慶幸的是60日季均線還保持
　　　　上揚。而且剛好及時提供支撐。

　　(2)回檔低點62.4還沒有跌破末升段低點61.2。

　　多頭又如何宣告結束調整繼續上攻呢？首先，股價必須在季線附近多
頭抵抗，接著就要想辦法突破標示(e)這根倒N字的關鍵壓力，把原本對空
頭有利的環境轉變為對多頭有利的因素。11/2這根標示(g)的長紅棒就是多
方發動攻擊的關鍵，次筆11/3標示(h)的K棒，是1根上影線較長的十字
線，然而要留意不但是1根出頭收高的K棒，同時也突破前高71.5。次一日
11/4的跳空開高收漲停的長紅棒，自然宣告進入軋空，也說明前1根類避
雷針線有誘空的動作，暗示了中期底部整理結束的徵兆。

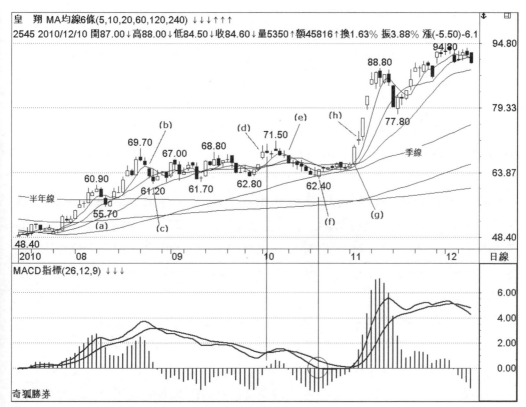

圖7-3　皇翔建設2545tw股價在2010年8-11月走勢

　　讀者從以上綜合說明，應該留意股價有時是買在突破壓力時，並非保守的等待量縮低檔時買進，假設選定的是一檔冷門股，往往中期一直呈現量縮整理，別的族群或類股早就已經大漲，此時買進的股票即使沒跌，績效也遠遠落後大盤。除非選定的股票有相當把握的基本面因素，否則應該極力避免買進低檔的非主流股。

　　所以個股拉回有**翻空**疑慮時，尤其是以前波漲幅比其他族群大的個股，短中長均線結構皆呈現空頭排列，只要季線上揚，為**短空長多**格局。當MACD指標之DIF回測零軸，股價再度站上關鍵價位，往往形成中期落底，整理後再發動多頭攻擊的機會相當高，相對的買進風險便相當小。當然，不是所有中期整理都是要等到DIF指標回測零軸，所以這是一個標準型態的範例。

弱者恆弱的慣性

　　投資人應當對於盲目的買進行為養成自我克制的能力。要培養冷靜的頭腦、不隨意聽信謠言、注意股價的脈動，養成勇敢果決的決策行為。巴菲特曾說：「我的成功來自於自律與散漫這兩種東西，對自己要求的自律，以及別人的散漫。」套句黃俊雄布袋戲的台詞：「鏘！鏘！鏘！別人的失敗就是我的成功。」

　　風險控制的技巧在於分批佈局規劃和停利點、停損點的設立。底部買進個股在突破壓力後拉回量縮回測支撐點，假設要加碼也應在獲利的狀態下加碼。風險控制的關鍵在於首次介入即虧損不應隨意加碼，因為經常是往下加碼的結果是越攤越平，萬一股價一路破底將導致血本無歸。

　　所以我們常聽到當大盤出現多翻空時，經常後市伴隨著第一波修正的類股，往往是累積漲幅較大的個股先修正；第二波才是本益比高的類股修正。第一波漲幅大的股票因為大盤大幅回落，自然因為漲多與股價基期較高，容易遇到獲利了結的壓力，甚至低檔沒什麼漲幅的個股，第一波反而沒有什麼修正的壓力。

圖7-4說明大盤自2010年底大漲至2011年2/6開紅盤最高點9220前後的走勢。大盤此波是從11/15的8226低點起漲，合計漲幅達12.1%。從第2小圖裡的第一金（2892）發現從19.35起漲到1/19高點27.55（比大盤提早見到高點）漲幅是42.4%。所以當大盤第一波修正，依潮汐推浪為9220下跌至2/25的8470低點，這段大盤跌幅8.2%，第一金這檔前波漲幅最大的股票從27.55修正到23.05，跌幅為16.3%。說明當大盤下殺到季線以下，造成多頭疑慮時，前期漲幅最大的個股將會快速急跌。等到大盤在3/4高點8829反彈結束後，將開始進行向下等浪修正，其目標將往8077以下滿足，此波使得在季線附近的大盤直接摜殺到3/15跌破年線8146以下才止跌。大盤跌幅為8.6%，雖然第一金第二波也從25.3下跌到22.1，跌幅12.6%，至於個股往往比大盤幅度大是合理的預期。

這段時間也正是開始公布前一年財報與第一季財報的時間；發現第一金2011年第一季的每股盈餘EPS居然有0.3元（高於2010年Q1的0.15元）。第一季每股獲利成長一倍對股價具有支撐力道。

相對於電子股，由於第一季台幣大幅升值，法人已預估電子股將受到匯損嚴重干擾，弱勢的股票如：IC設計的驊訊（6237）的第一季EPS居然-0.19元，2010年全年每股盈餘僅0.11元。難怪大盤自2010年底一路上漲到2月這段，它仍然持續盤跌。等到大盤開始出現跌破季線的修正，股價居然還在40元附近，比第一金高顯然相當不合理。於是此波驊訊從39.5下跌到29.65，跌幅高達25％。這便是我們常說的本益比過高甚至混水摸魚的弱勢股，更應當出現本益比修正。

當我們發現主流族群出現明顯修正，不應該沒有戒心，有幸參與主流股的激情演出，在大盤劇烈修正的過程，至少應該部分停利。萬一不幸持有套牢的弱勢股，大盤上漲時還逆勢猛跌，應該果斷的做出停損。更要預防大盤第二次修正時，這些弱勢股仍然持續修正，甚至跌幅更大。這經常是投資人無法克服投資心理，大盤上漲不敢追強勢股，於是認為還沒大漲的股票，股價還在底部區，卻不幸買到明顯是不會漲的弱勢股，但是心理

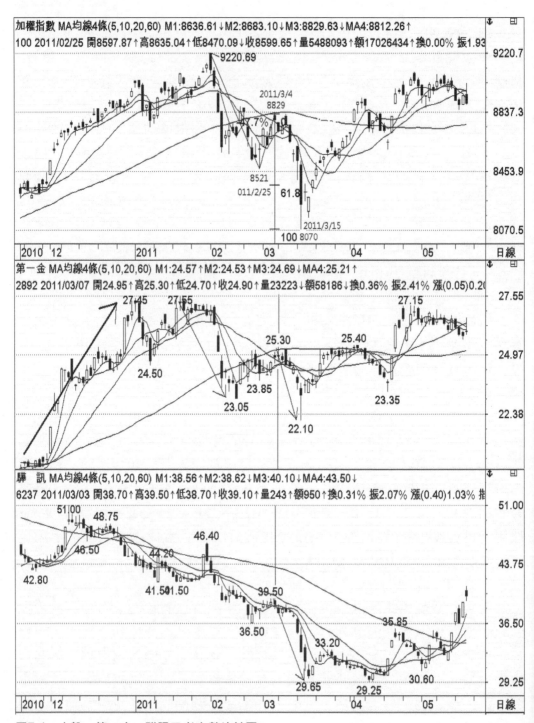

圖7-4　大盤、第一金、驊訊三者走勢比較圖

素質的缺陷，更不願做出買錯停損的動作，我們在股市常聽到的名言：
「**強者恆強、弱者恆弱。**」就是這個道理！

掌握主流

　　市場上往往存在一種現象：資金一定往最有利於資金聚集的方向發展；當景氣低迷時，投機性股和冷門股走多的機會較大。因為投資大眾不願將多餘資金投入股市，績優股與權值股因量能不足難有表現，高價股也往往表現不一；冷門股、小型股由於籌碼較輕，賣壓不重，股價也低，主力容易拉抬。

　　當大盤景氣明朗，趨勢走多時，績優股、業績股則因此先抬頭，後續才會伴隨著基本面出現轉機，具題材的個股也跟著增量活躍。選股策略應當以基本面為考量條件。

一、不同週期的主流族群

　　如果能分辨波浪的三波上漲、兩波拉回修正，這種標準型態走勢時，在各不同週期將有不同的主流出線。主升段時只要多頭格局沒有破壞，我們可將部分資金佈局整理後的補漲股，但重點是：族群應不偏離領導大盤上漲的主流股。例如：大盤上漲以高科技股為主，金融與航運為輔。當大盤陷入震盪，高科技股則出現回檔整理，而金融或航運卻維持較抗跌，或持續小幅上漲，甚至能突破新高時。資金的佈局可在電子、金融、航運三大主流族群**平衡佈局**。這點策略是避免族群輪動喪失介入時機。

　　隨著指數漲幅擴大，業績股、主流股漲幅亦相對大盤強，投資人因逢高風險倍增，便會追逐相對大盤落後的補漲股。往往在末升段噴出時，漲幅最大者反而是這些基本面存在**轉機**疑慮，卻在月營收公佈時出現轉機題材的族群，這些族群的個股也因為大盤大漲而出現**補漲行情**。緊接著，投機股亦因轉機股大幅拉升，雞犬升天，帶動另一波投機股行情。轉機股的漲升段也會出現在指數的主升段與末升段中，尤以轉虧為盈、具合

併題材、借殼上市、轉投資題材、業外收益大幅成長者。

另外，要培養多看各大財經網站解盤分析的習慣，只關心當天強弱勢股就只有當天的體會，如果連續觀察一段時間後，可以事先幫助投資人建立波段主流股的掌握。雖然比大盤強的類股可能是主流，不過主流股絕不會只漲一天，一定是一個波段連續上漲。筆者的意思不是要讀者每天打探消息或總是依循別人解盤的方向操作，而是希望大家培養觀盤的能力。基本上，整理或打底的股票能夠出線連續三天上漲便必須列入追蹤，接著查閱財經網站的這些族群是否具備主流題材，這些題材不外乎：基本面強勢，或當時的熱門議題、或具備轉機效應。基本面就是營收持續創新高，或每季獲利持續成長，題材強勢。

什麼叫做題材？**題材就是當下流行的事物，它們經常是投資人甚少聽過的名詞，或是聽過但仍然搞不清楚內涵**。例如：未來的明星產業，雲端概念、LED室內照明、物聯網、智能電網等題材。近三年的熱門題材，如：民眾對於電子書的接受度高，出貨量開始大幅成長，2009年出貨382萬台，該年電子書族群出現大漲，因為預測2010年達1,140萬台、2011年預估2,056萬台。2010年則以智慧型手機題材最熱門，蘋果的iPhone因而帶動光學族群大漲。2011年iPad平板電腦帶動觸控面板族群大漲一波。

至於即時訊息的熱門題材股又是什麼？例如：海基、海協兩會將討論開放陸客自由行議題時，就應留意哪一類是受惠股？是觀光還是航空股，或許大筆血拼消費受惠的百貨股等。就業績題材而言，第一季末往往是電子股陸續召開法說會的時點，只要第一季營收獲利佳並公布前一年財報好，對第二季展望表示樂觀的族群，這個族群都會率先起漲並且都有表現空間，所以就稱為業績題材股。

波浪週期與族群輪動

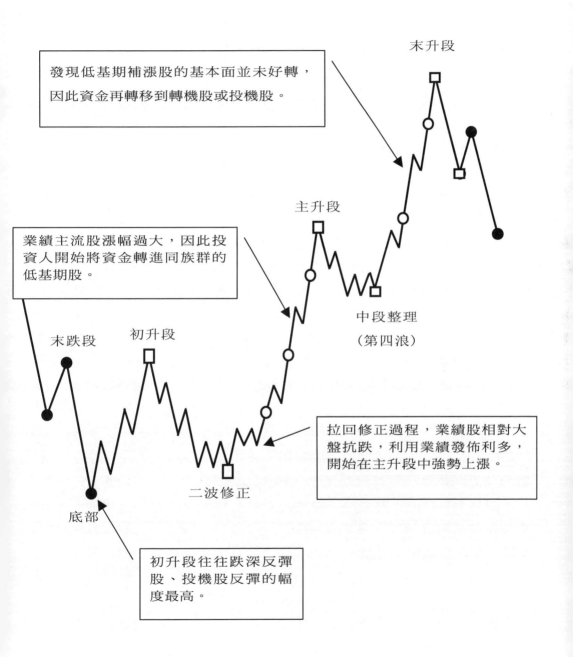

發現低基期補漲股的基本面並未好轉，因此資金再轉移到轉機股或投機股。

業績主流股漲幅過大，因此投資人開始將資金轉進同族群的低基期股。

拉回修正過程，業績股相對大盤抗跌，利用業績發佈利多，開始在主升段中強勢上漲。

初升段往往跌深反彈股、投機股反彈的幅度最高。

末升段

主升段

中段整理
（第四浪）

末跌段

初升段

二波修正

底部

二、主流族群的觀盤技巧

　　股價處於相對高檔或剛剛越過前波高點，但拉回修正的幅度不深，一般股價回檔到月均線後，便呈現量縮整理；當再出現攻擊盤態（如N字突破、一過三價寶塔翻白、量增日出、或跳空向上開盤收中紅以上），應逢低介入。但首先我不想著墨過多技術面的解釋，固然技術面是選擇買賣時機的技巧，但我相信更多讀者缺乏觀盤的實戰經驗：我常被主要客戶問：「當大盤拉回整理後，我要觀察哪些族群？才能縮小選股範圍得以節時省力。」

　　多頭股價大漲小回是常態，股價漲多後拉回修正也是正常走勢，不過我們首先會面臨一個抉擇：大盤這次拉回是多頭的休息站，還是由多翻空的判斷？建議讀者必須觀察前波的領導族群，首先是前期領導族群裡的帶頭者是否出現重挫？假設大盤急速拉回，領導族群裡的主流股難免也會拉回整理。所以次要的觀盤重點是帶頭者能否維持比較強勢的高姿態整理？在力道盤態的觀念裡，就是守住弱勢回檔以上的位置。當大盤開始止跌，領導股能否再度引領類股族群率先創波段新高？理由是當主力面臨重大抉擇時，是否出現陣前換將的窘境？如果前波的主流股都不敢重整隊伍率先衝鋒，在後支援的部隊又怎麼敢超越敵方壓力線。所以當然是繼續操作前波強勢股，挑選在拉回的過程中比大盤跌幅更小、更高姿態整理的個股。

　　大盤從2008年11月3955開始起漲以來，真正出現**像樣的回檔**只有在2010年1月從8395拉回7080，接著反彈到8190後又回探底部來到5月7032這段三浪回檔修正。修正完畢後，開始進入第三季（Q3）電子的旺季，又逢第四季年底的五都選舉！在執政黨積極護盤下，前一舉將大盤推升並突破年初8395的高點。漲勢延續到次年2011年春節開紅盤2/6最高點9220這段走勢。接著出現連續四黑的下殺，並且跌破季線來到8574後進行季線下震盪。

　　各位不妨留意各個重要的時間點，在2010年12月大漲至9220高點前這段大漲的族群並不是電子股，而是官股帶動的金融股。電子漲幅最凶的則

是太陽能上游的藍寶石晶片族群，例如：中美晶（5483）、綠能（3519）、達能（3686）等。

圖7-5是綠能這檔底部在84元，在1/11開始發動底部漣漪量，次日K線出現N字起漲，第三天跳空開高直奔漲停，大盤這三天可是呈現一紅二黑的格局。從後續的指標觀察，這檔股票突破盤整區後發動軋空，一直攻到1/26的高點139才陷入整理。

這段整整漲了將近55%才整理兩天遇到1/28封關日，2/6大盤開紅盤在9220高點剛好出現高檔最忌諱的陰子母K棒，於是綠能也跟著大盤拉回。大盤居然出現連續四黑K棒急殺還摜破季線，把多頭信心打得四處潰敗。綠能這檔股票回檔僅僅回到弱勢回檔120.7以上，在大盤跌到8574時這天，它卻在123.0止跌。當然，這檔前波的主流龍頭股還是我們關注的標的。

等到大盤在季線下整理嘗試止跌時，它又率先發動攻擊並一舉創波段新高，一直到3/8該股來到163.5元才開始作頭拉回。從123到163.5這段漲幅達33%，而大盤還在嘗試區間橫盤。後續因為大盤再度破底回測年線，當然造成該股漲多後主力不少壓力，不敢再度衝高而軋空。

筆者在此要提醒的重點是：如果大盤在季線止跌成功，綠能這檔維持高姿態整理的股票第二波軋空或許不僅僅是33%而已。當然，投資人也必須敢於123附近持續操作抗跌的強勢股。

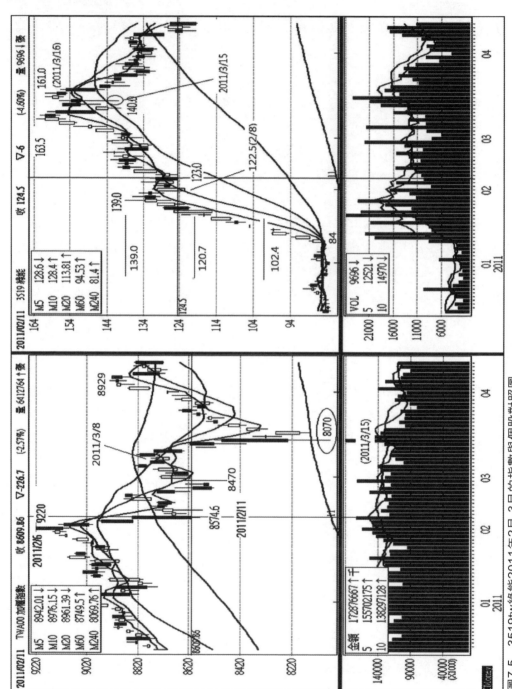

圖7-5　3519tw綠能2011年2月-3月的指數與個股對照圖

三、底部主流股

圖7-6　上證指數與上海鋼鐵指數2003年9月同期比較

　　圖7-6是**上證指數**與**鋼鐵指數**同期走勢**疊加圖**，說明為2003年9月到
2004年2月走勢，從圖中看到鋼鐵指數在標示A（2003年9月30日）已經止
跌，隨後展開反彈，而同期上證指數還在繼續盤跌，直到B（2003年11月
13日）創了新低點1307.40後才開始反彈。

　　這一段走勢中，鋼鐵指數明顯強於大盤，並比大盤領先止跌，且指數
也快速穿過月線，11月當大盤破底時，鋼鐵指數不但拉高形成逆向走勢，
其底部比大盤提早出現，並領先其他族群率先強勢反彈。這說明什麼？在
大盤見底前，已經有先知先覺的主力在鋼鐵族群中提前佈局。同時也告訴

我們要留意觀察大盤的底部是否也將出現。

圖7-7是電子指數在2008年11/21與大盤同步落底，由於電子指數走勢與加權指數完全相同，我將大盤的點位標示電子指數圖上，更容易理解。我們發現大盤在11/21落底前，遊戲軟體都已經在9月中旬率先止跌，這種情況一旦發生，就要密切關切大盤止跌的契機。當大盤於11/21在3955完成底部時，遊戲軟體族群指標網龍（3083）早已突破季線，並且再度拉回測試已經走平等待上彎的季線，我們觀察宇峻（3546）也有類似的走勢但季線維持下滑，而智冠（5478）因為差點回測前波低點，落底低點在10月附近明顯落後整體族群。因此當大盤開始突破月線，我們當然要緊盯遊戲軟體股的**龍頭股**，一旦網龍出現發動攻擊的動作，就要果斷買進，要買就是買領頭羊。

同樣都是買進遊戲軟體股且績效得以高於他人，便需培養發掘主流族群的觀盤習慣，這是技術面的培養。要抓住領漲個股，能快速提高獲利能力和水準，這是操作心態的養成。我們可以利用軟體各項排行功能，例如：波段的類股資金變化（大盤資金流向）、漲幅排行、法人短期進駐等各種研判主力和法人籌碼變化來發現主流股。這種方法也適用於大盤震盪時，發現資金動向與族群輪動的蛛絲馬跡，掌握原物料股、中概股、金融股、資產股及電子業績股等族群輪動特徵和節奏，就不會錯過每一波段不同主流股的上攻行情。

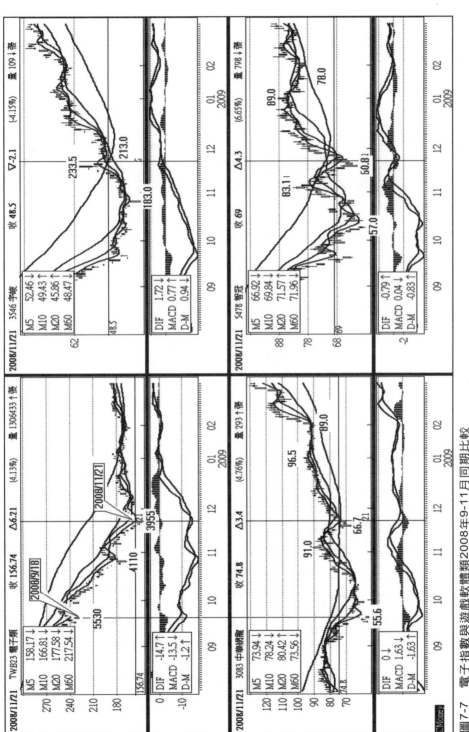

圖 7-7　電子指數與遊戲軟體類2008年9-11月同期比較

主控盤均線進階技巧

移動平均線進階研判

移動平均線可分為一、中期趨勢、二、葛蘭碧原則、三、三線閉合變盤等幾種應用技巧。臺灣股市一般採5日、10日、20日、60日季線及120日半年線、240日年線。香港股市則採用以10、20、30日均線。

1. 短期移動平均線：一般建議以5日為週期
2. 中期移動平均線：一般以10日為期間
3. 長期移動平均線：一般以20日為週期
4. 趨勢移動平均線：一般都以60日為週期

移動平均線有其基本的研判技巧，這些原則仍是研判與操作的參考依據。雖然這些是相當傳統的研判，但仍有相當高的參考價值。

(1)上升平均線不宜作空，下跌的均線不宜作多。

(2)移動平均線本身即具有支撐、阻力、助漲助跌特性。

(3)多空排列法：

　　A.黃金交叉：即短期平均線突破中期平均線交叉後，移動平均線持續上揚，作買進信號。

　　B.死亡交叉：即短期平均線跌破中期平均線，持續下跌，作賣出信號。

(4)應用穿越原則：短期投資人應用於股價向下跌破平均線便賣出，股價向上突破均線便買進。

(5)整理：上升的移動平均線開始走平時，多頭應獲利了結。下降的移動平均線開始走平時，空頭亦應平倉獲利回補。

葛蘭碧法則

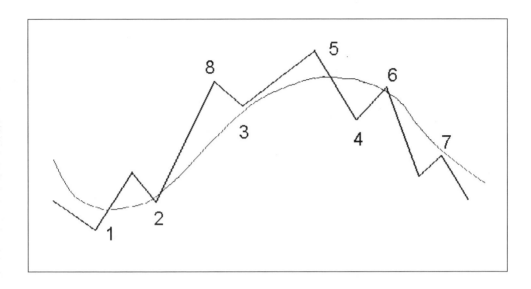

(1) 平均線維持下降，股價從均線的下方向上突破平均線時，Ｋ線正處於**底部**階段，為**買進信號**。

(2) 當移動平均線維持上揚時，股價雖跌破平均線下，立刻又回復到平均線上，為**買進信號**。

(3) 股價維持在平均線之上，大漲後回跌均線附近，但未跌破平均線，股價又立刻反轉向上時，Ｋ線型態為**大漲小回**，可以**加碼買進**。

(4) 當均線趨勢向右下方移動，為空頭走勢；股價也低於平均線，由於利空突然暴跌，因為遠離平均線產生負乖離過大，極可能再趨向平均線靠近。Ｋ線急跌後將會出現**跌深反彈**型態，為**買進時機**。

(5) 平均線走勢從上升趨勢漸走平，股價從平均線的上方往下跌破平均線時，Ｋ線為**盤頭**特徵，應是**賣出機會**。

(6) 平均線繼續下跌時，股價雖上升突破平均線，但又立刻回復到平均線之下，型態顯示股價反彈測試頭部區的壓力，為**假突破**訊號，是**出貨時機**。

(7) 股價在平均線之下，均線趨勢也向下緩慢移動，股價上升但達平均線附近便又告回落，Ｋ線型態為**大跌小漲**，是**賣出時機**。

(8) 股價持續上漲並且高於平均線之上，均線持續上升，股價出現利多突然暴漲遠離平均線，因為乖離過大，很可能再回跌平均線附近；K線型態為連續大漲後拉回整理，是回落的先兆，為**賣出時機**。

有些技術分析的書籍將規則(2)與(3)對調，理由是：由空翻多的階段時，突破均線後的拉回，以不跌破均線為佳。但筆者認為股價剛剛由空翻多，依波浪理論提示：第二波的拉回往往比較深，跌到初升段起漲點的0.382位置。此時K線型態為**探底**走勢，所以容易形成假跌破。因此(2)的買點跌破均線較符合波浪週期的特性。而(3)的買點因為在主升段中，除非拉回以後構成中段整理的特性，否則大漲的小回理應維持在均線以上，維持較高姿態的整理態勢。

每位投資人的個性往往會影響選股心態，保守的投資人經常是選擇(2)與(4)的買點；積極的投資人則常會先觀察(2)的位置時，股價拉回測試均線後，能否再度往上突破攻擊，並且在增量長紅才積極追價。操作習性沒有對錯，只有積極與保守的買進策略。至於您是屬於哪種投資策略？需要探討自己的操作模式。

趨勢特性

讀者可以參考20日移動平均線，做為股價的趨勢方向。並利用不同週期組合判斷股價波動。筆者不再說明一般技術分析都會提到的均線特性，而從實戰的觀點來分析這些特性。

當20日均線向上時，趨勢為多頭走勢，股價續創新高，應順勢作多，直至均線走平下彎，股價跌破均線反彈無力，多頭結束。但均線維持一段時間的多頭排列，即5MA高於10MA，且10MA高於20MA，為**全多排列**。應用主控盤的技巧研判股價拉回時，KD指標回測50的多頭防守位，又逢月線支撐時，考慮主力是否故意拉回做清洗浮額的動作。

　　當20日均線向下時代表股價趨勢為空頭，股價持續破底，應順勢作空，不搶反彈。一直至股價突破20日均線一段時間，空頭結束。換句話說，股價翻多則必KD指標空頭的防守位也被正式突破。當空方向下，均線被股價突破時，我們觀察KD指標往往是突破50，甚至因為股價強彈而突破80，這時要特別留意空頭抵抗的股價型態，接著股價回檔，KD指標都能維持在50空方防守位以上時，要特別關注指標回測50時是否出現多頭抵抗，這是我們在判斷空翻多的絕竅。

操盤要訣一：多頭排列拉回支撐逢低介入

　　當三條均線全多排列，股價因為5MA跌破10MA所以拉回測試月線，觀察KD也回測多方防守位。當出現日出K線為逢低買進時機。

圖7-8　一致藥業000028cn在2008年11月-2009年2月走勢

圖7-8說明一致藥業2008年底至2009年初的多頭走勢，當底部10.45確立後，均線轉成**全多排列**。每逢股價拉回月線支撐。觀察KD指標同時也來到50的多頭防守位，當關鍵價位的支撐獲得確認，只要多頭攻擊訊號發動，往往再度突破新高。第三次KD跌破50要留意關鍵價位已經前一日率先見低點，故支撐以該底部為關鍵點。這裡我們要思考的是：5日均線跌破10日均線是不是賣點？

盤要訣二：空頭排列反彈逢月線壓力

當三條均線全空排列，股價因為5MA突破10MA所以反彈測試月線壓力，觀察KD也反彈測試50空方防守位。當出現日落K線為逢高賣出或放空時機。

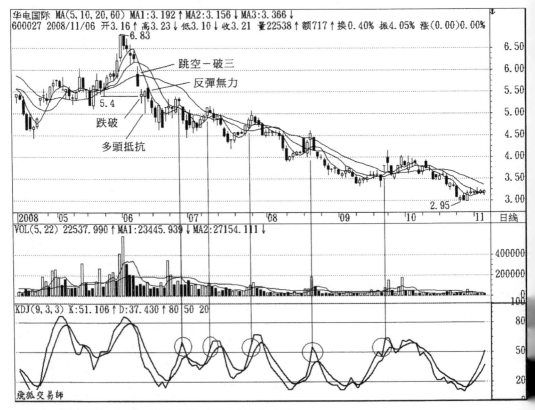

圖7-9　600027cn華電國際2008年6月-10月走勢圖

圖7-9為華電國際2008年5月盤底失敗後，形成空頭優勢格局，股價反彈月均線逢壓力，KD指標同時也來到50的多空分界位置，當關鍵價位出現壓力確認，只要空頭攻擊訊號發動或多頭防守出現轉弱訊號，往往再度跌破前波低點。思考坊間書籍甚至分析師都認為均線5MA突破10MA黃金交叉，為何一叫進卻買了便套？

交叉法則的盲點

初學移動平均線的投資人，在熟讀**葛蘭碧買賣原則**時，往往認為短期均線向上突破長期均線為**黃金交叉**，應做**買進**，**死亡交叉賣出**；實戰操作時卻往往追高殺低。我們仍採用一般投資朋友常用的5、10、20日均線，輔以60日季線、120日半年線為參考。參看圖7-10：

圖7-10　3481tw奇美電2011年1月-05月走勢圖

從圖7-10可見奇美電在1/10（標示a）為空頭趨勢，並且均線已經全空排列，如果依照5MA突破10MA黃金交叉法則買進，圖標示b-d，其結果都是買在反彈的相對高點。因為實戰經驗不足的讀者往往忽略了本章提示的**趨勢**作用。

操盤要訣三：黃金交叉空頭為賣點

當股價中期受到月線壓力一路壓制，盤態為殺多格局，均線結構為全空排列時。應留意當出現5MA突破10MA黃金交叉，股價反彈時為多頭出貨位。當出現次日即為短線高點，且見到日落K線轉弱訊號時，理應逢高賣出。請參考圖7-11。

圖7-11　台股加權指數2002年6月10月走勢圖

　　當股價在季線下，且為殺多盤。當均線出現5MA<10MA<20MA全空排列，為空方極優格局。短期5MA突破中期10MA，由於仍處於20MA月均線下方，且月均線持續向下。理應應用**相反原則**，逢高找賣點，或逢高放空。

操盤要訣四：死亡交叉多頭為買點

　　當股價中期為軋空盤態，均線結構為全多排列時。應留意當出現5MA跌破10MA死亡交叉，股價拉回往往是主力故意壓低進貨的手法。當出現當日或次日為多頭抵抗，且見到日出K線轉強訊號時，理應逢低介入。

圖7-12　上海股市工業指數2009年4月7月走勢圖

圖7-12股價從2009年4月突破新高後，出現該回不回的軋空盤態時，均線5MA>10MA>20MA的全多排列，多方優勢相當明確。當短期5MA跌破10MA，由於仍處於20MA月均線上方且月均線向上。理應應用**相反原則**，死叉為主力洗盤手法，應逢低找買點。此時可以觀察KD指標輔助研判，往往指標回落50隨即遭逢多頭抵抗。

三線閉合──變盤點

由於均線有支撐、壓力的特性，因此當平均線出現短中長期三條均線糾結時，表示股價多空不明，當然這時候均線便無法提供支撐或壓力，但也暗示將是變盤前兆！筆者從民國84年中，在師範大學活動中心講授技術分析時曾提出完整理論，包含：均線閉合、價量研判、指標變化之綜合實戰要訣。在多頭市場末期，當股價不再創新高時，**多頭三線閉合**，應注意股價可能反轉向下。在股價出現連續黑K線或長黑增量跌破20日均線，讓趨勢轉空，應注意股價反彈無法突破20日均線時為放空時機。

操盤要訣五：多轉空波段變盤

多翻空有兩種類型：當三條均線出現糾集（或稱為閉合），股價出現大量長黑K棒直接跳空跌破月線，或是當日長黑摜破月線的支撐。另一種型態雖然未見長黑摜破，但月線下連續三日出現黑三兵下跌型態。都可以大膽預測趨勢將由多翻空。

口訣↪三線閉合、黑K摜破、三線轉空！

圖7-13是生化股佳醫在2010年12月下旬，原多頭排列的均線，由於股價在末升段低點97.2以上維持將近月的高檔收斂整理，所以讓原本多頭排列的均線糾集。因此出現1根大結實的長黑棒線跌破月線支撐，次日雖然有大量帶下影線高腳十字棒的多頭抵抗，之後三連續收斂成母子線，可惜無法出現多頭攻擊，當母線跌破後宣告多頭抵抗失敗，因此股價在此從多頭轉為空頭優勢的格局。

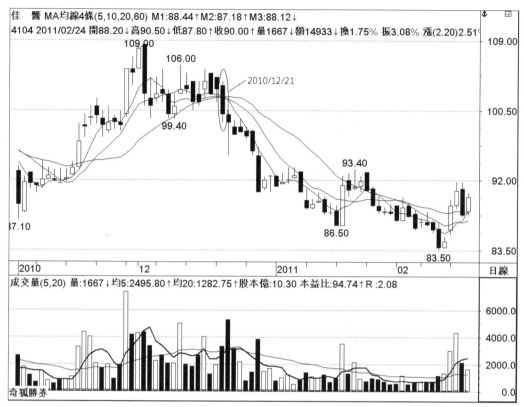

圖7-13　4104tw佳醫2010年12月-2011年2月走勢圖

操盤要訣六：波段空轉多變盤

　　空翻多的類型只有一種：三條均線出現閉合，股價出現大量長紅突破短中長期三均線糾集區，我們可以大膽預測趨勢將由空翻多。如果不見長紅但連續三日小紅或中紅K棒突破，第1根紅K棒若未帶量，則三日內補量皆可視為有效的動能超越。暗示股價業已打底完畢，趨勢將正式扭轉為多頭格局。未來的月線也將從走平轉彎向上，空頭排列的均線亦將扭轉為多頭排列。

　　口訣➪三線閉合、長紅突破、動能超越，為波段買進訊號！

圖7-14　2384tw勝華2010年3月均線與股價走勢圖

　　圖7-14是Apple供應商觸控面板的勝華在2010年2月空頭優勢的走勢圖。3/5之前股價不但是急殺的凶險走勢，而且均線是全空排列的型態。直到股價在20.85-25.15之間收斂整理讓均線得以糾集，這是以時間換取空間的做法。3/5這根長紅K棒突破均線糾集區，觀察成交量也出現突破代表短期的5日均量，與長期的20日月均量。又是一過二相對大量，圖中次日再度跳空長紅脫離均線糾集區，成交量又是增量的量滾量格局，暗示股價突破洗盤後，股價將會快速脫離盤整區。

　　空頭市場末期，當股價不再創新低價時，由於5日均線在股價**觸底**後，產生第一次回檔，股價低點不破前低，5日均線與20日均線之間的差離就會變小，股價再度上升時，使5日均線與10日均線被往上帶到20日均線附近。也使原來維持下跌的20日均線出現下降角度趨緩，甚至上升，故出現變盤時機。

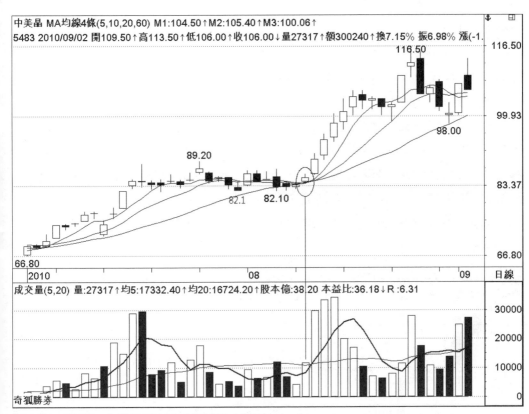

圖7-15　5483tw中美晶2010年8月10日走勢圖

操盤要訣七：波段多續多變盤

　　多頭的股價出現回檔整理時，Ｋ線在型態上容易出現Ｍ頭或**三重頂**的特徵。因此均線也會出現整理末端的糾集。觀察當出現中長紅帶量脫離均線時，成交量出現大於5日與20日均量，往往是股價的**攻擊點**。此為移動平均線應用上相當重要的技巧之一，即**與其拉回買在最低點，等待上漲曠時費日**。不如**買在起漲時**，是謂買的好不足買的巧。

選股要訣

　　讀者常常提問：關於《主控戰略Ｋ線》曾提過的買點策略。即在選股策略時曾提過：趨勢選股理應從月線尋找縮腳、週線確認底部、日線找買點的策略著手。何謂縮腳？何謂底部？何謂買點？筆者在此提出運用本書

前幾章所闡述的觀念說明。

操盤要訣八：月線縮腳、周線打底、日線找買點

　　圖7-16是招商銀行的月線圖，從月線圖觀察該股2008年下跌過程中，8月時曾經出現收斂的母子型態，接著10月出現高點23.08的日落黑K棒**母子破**。觀察6週期的RSI指標也持續向下，直到跌破馬其諾防線後在10.68處止跌。該股在10.68長黑觸底後，與次三筆K棒的結構是**複合母子線**暗示股價四個月的盤底型態，接著在2009年2/26當月出現**日出K棒**為止跌的第一訊號，RSI也轉折向上，其低點13.59為波段支撐。並開始進行五個月的中線反彈。

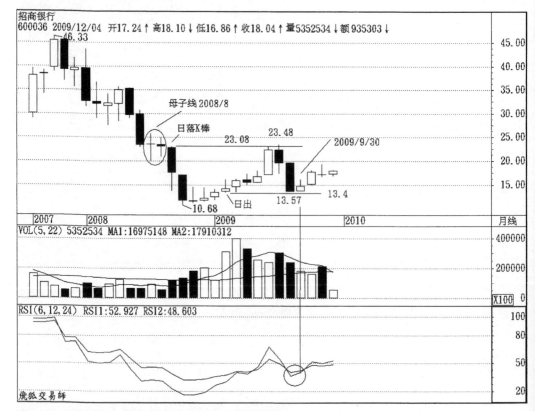

圖7-16　600036cn招商銀行於2009年9月月線圖

　　當然我們會留意反彈到23.08以上將進入2008年9月的解套區。股價在
來到23.48後開始拉回嘗試構築長線的第二隻腳。便可留意2009年8月回測
到2009年2月的日出K棒13.4時的支撐，觀察到9月RSI轉折向上出現縮
腳。接著我們便要觀察周線何時有出現打底訊號。

　　當月K線9月回測2009年2月的日出K棒的低點獲得支撐，並且出現**指
標止跌**現象，從圖7-17的週線圖，可觀察到週線不但在9/4該週出現底部
中紅棒，並使指標轉折向上，接著次週9/11出現週K線出頭，並且是1根紅
K棒的**日出**線型，因此暗示股價在13.57已經出現打底走勢，當然次週出現
空頭抵抗的黑K棒是合理行為；其次兩週出現日落黑K棒，暗示將拉回做
週線第二底部。只要不再破底只待日線轉強便有機會出現多頭反攻的型
態。但請讀者別忘了當9月的月K線完成時，其週線理應已完成四週的週K

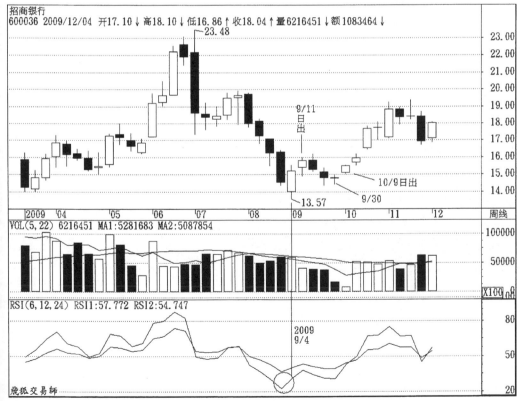

圖7-17　600036cn招商銀行於2009年10月第一週週線圖

線，也就是走勢已來到圖中9/30這根十字線的母子結構。因此在日線的買
點如果不是在9/30該週，便要等到10月的週線轉強時才會出現買點。

從圖7-18日線圖中，很容易看到9/24這根14.36打底又出頭的陽子母
線，這個14.36的低點有幾個技術面的意義：

第一、正好回探9/2上補下降缺口後，次筆K棒該回不回，同時又是一
　　　止跌的低頓點14.4。

第二、自底部13.57彈升到1619這段如果是初升段，拉回的位置在回
　　　檔2/3的位置。

第三、自16.19高點的次三筆黑K棒是1根倒N字的型態，14.36並未滿
　　　足14.1的空頭滿足點，因此有機會出現空頭異常的盤態。

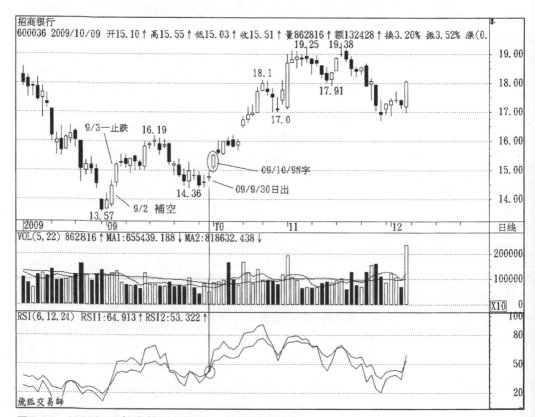

圖7-18　600036cn招商銀行在2009年10月時日線圖

　　雖然次日9/25只是1根十字線的母子線，已暗示多方將會防守14.4這個支撐。9/30指標出現底部虛擬訊號，十一大假結束後，10/9以1根跳空上開的長陽棒線，以N字盤態劃開攻擊的序幕。次筆K棒雖是1根避雷針的下十字線，不但沒有跌破軋空低點，更守住強軋空虛擬低點，暗示目標將往二吐的17.93以上滿足。同時留意指標10/20出現軋空盤態，因此10/26滿足二吐來到18.1之後，預期將會出現拉回整理的走勢，但也將會守住指標之轉折低點。以推浪的角度預測，雖然留意股價拉回兩天後守住17.0轉折低點，當出現日出K棒攻擊向上時，由於波浪型態已是在第五浪的走勢，末升段在滿足主升段的0.618即19.32附近，並隨時應留意日線轉弱當11/9這根日落黑K時，便是逢高減碼，或逢反彈應站在賣方。

　　或許讀者會想到一個問題：究竟是月線日出線轉強，隨即在週線看到日出線後即追價買進？還是必須等月線空頭抵抗後拉回整理，等第二個月當週線轉強時才買進，這很難有標準答案！筆者平常喜歡看Discovery頻道，曾經觀賞過獵豹與鱷魚的捕獵習性。獵豹的時速可達110公里，捕獵是靠速度取勝，看到獵物隨即加速攻擊，但是快速奔馳只能維持3到4分鐘，否則將因體溫過熱而死。所以六次捕獵中僅有一次成功。鱷魚也是掠食動物，鱷魚的捕食策略是靜靜的趴在水中，然後突襲沒有防備的獵物。牠的時速只有18公里，靠的是牠強而有力的顎骨，只要被鱷魚咬到的獵物幾乎很難脫身。但牠最長未進食時間可達三年，顯然與獵豹幾日沒進食就變有氣無力的瘦弱完全不同。

　　股票市場就像是非洲大草原，有各種獵物；要選擇哪一檔股票要看自己的操作習性，如果你的個性像鱷魚一樣，必須等到看準才會下手，並且一檔股票可以波段持續長抱幾個月，就需要觀察長線空轉多後，筆者建議從月線著手，月線轉強再度拉回時等週線與日線出現低檔轉強時買進。如果你的個性喜歡短線強勢股，如同獵豹看到獵物便快速跟進，幾日內便一直循環這種追逐的動作。那麼只要月線維持多頭，週線轉強後，日線一旦出現攻擊訊號，便應該看到價量突破隨即買進。這牽涉到操作個性，沒有一定的買賣心法，也沒有所謂對錯。

操盤要訣九：時間波轉折

多頭行情，小循環為7天，大循環約為21天；股價從峰頂下跌修正的時間為上漲時間的0.618倍。如上漲21天，則回檔整理時間約13天。盤整時其小循環大約7天。時間波週期是技術面頗有爭議的議題，信者恆信，不信者嗤之以鼻，時間波週期是由費氏係數而來，亦為波浪理論的基礎；其依循係數結構為1,1,2,3,5,8,13,21,34,55,89,144⋯

筆者建議讀者不需過於拘泥時間波轉折的預測，為避免過早買進或賣出。如果一個波段從高點起算到低點假設是21天，就會牽涉到未來高點與低點是否重疊計算？或是漲時從收盤收高那天起算等兩種演算法。筆者個人習慣採重疊計算方式，只是這種計算方式要留意，從起漲點起算的話，落於時間週期的轉捩點將不會落於上述的點位中。

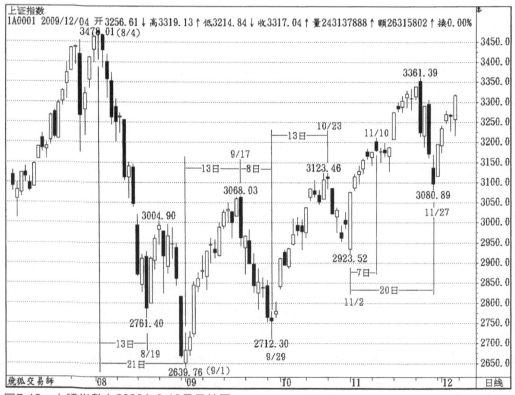

圖7-19　上證指數在2009年8-12月日線圖

　　從圖7-19上證2009年8月高點3478拉回整理的走勢中，可以發現第一個低點落於8/19的2761是13日前後的時間轉折點，緊接著反彈三天後再度下跌到2639正好是第21天轉折點。當然我們不是要強調每逢5、8、13、21都很重要，關注的應該是大循環週期的21日2639的轉折點。從圖可見自2639以後的高低點完全符合《費氏係數》。

　　從10/23的3123高點之後便脫離先前的規則，暗示波動將會加劇或方向將要改變的暗示。自2923的低點其小週期7天剛好來到11/10，並見到3211高點理應拉回，結果震盪三天後再度突破新高，而11/24的3361高點也沒有在係數中出現，因此暗示21天週期有可能落在相對低點，即11/30（週一）的前後一日。暗示《費氏係數》的應用除了高低點轉折外，也可能發生在兩個低點或兩個高點的對稱上，如果要更精密的計算，建議可以深入研究《江恩理論》。

操盤要訣十：強勢股選股要訣

　　股價自觸底後反轉向上，同族群中，最強勢的個股其6日RSI指標值最高。但個股第一次RSI接觸80以上時會遭逢壓力，再拉回整理時，較強勢的個股其RSI值也維持較高水位，即跌破50多空關卡先止跌，甚至維持在50之上。

　　從圖7-20大陸在十一長假過後，原物料買氣迅速增溫，推升亞洲五大泛用樹脂現貨價全面走揚，外資將台塑集團四檔股票全部調評買進。台塑有四檔塑化相關股，分別是台塑、台化、南亞、台塑化，我們在猶豫究竟要買進哪一檔時，可以盤中觀察台塑率先拉升，且10/14當天的漲幅達5.54%，高於其他三檔。當然也帶動塑化族群同步翻揚，主流族群裡的領導股便是台塑，RSI一定維持在相對50之上的強勢整理，股價拉回整理三天，便在10/25再度攻擊，RSI再度突破80確認軋空。後市等待大盤突破有利於族群輪動上漲的氣氛後，該股在12/1再度發動均線糾集後起攻。指標這次突破80後便不再拉回整理，而出現飆漲的走勢。

圖7-20　1301tw台塑在2010年10-12月日線圖

操盤要訣十一：族群結構選股要訣

止跌翻揚時，先選**最強勢族群**，再找族群中最強的前3支熱門個股，可依(a)成交量、(b)漲幅排行、(c)盤中領頭羊。買進主流族群中的**領導股**，並依下列原則：

(1)強勢股三日內必漲，三日不漲準備換股操作，避免因籌碼不安定而回檔。

(2)當日長紅次日不漲，除非次日量縮為前一交易日0.7倍以下做震盪，或出現爆大量換手。

圖7-21是台股2011年春節2/6紅盤開高9220隨即拉回，四日內跌破季線接著在3月初反覆震盪，不幸遭逢日本關東地區大地震，全世界股市為之震驚紛紛重挫。台股在弱勢的國際股市帶動下，3/15跌到年線在8070點

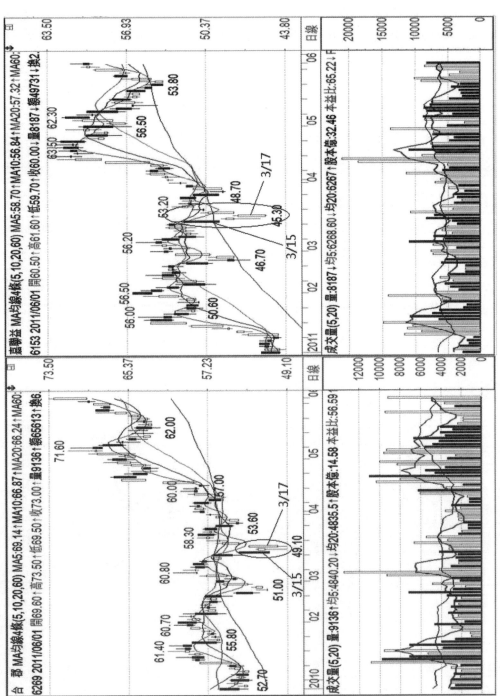

圖7-21　合郡6269tw與嘉聯益6153tw在2011年3月日線比較圖

低點。第二天在金融股與電子權值股開高激勵下，大盤開高止穩，觀察盤面電子普遍仍持續弱勢。觀察盤中軟板（FPC）股出現反彈，台郡率先突破平盤，當時熱門的軟板股有三檔是：台郡、嘉聯益、旭軟。大盤觸底後，第三天因信心不足又開低震盪，即使到了終場仍下跌42點。台郡盤中再度翻紅終場上漲0.98元（+1.73%），觀察嘉聯益下跌1.0元（-2.05%）。因此可以認定此波族群反彈是由台郡帶動。後市觀察至6/1為止，台郡不但領先大盤創新高，甚至大漲48%，漲幅也高於嘉聯益的32%漲幅。

操盤要訣十二：強勢股買點技巧

多頭走勢個股拉回不破本波段1/3為**強勢股**，拉回不破1/5為**超強勢股**。應於日出K線或**盤下轉盤**時逢低介入。

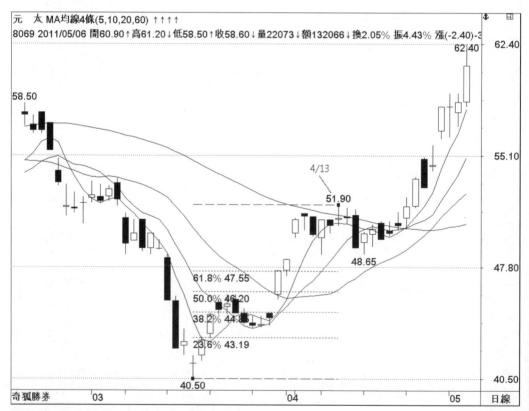

圖7-22　元太8069tw於2011年3-5月日線圖

　　強勢股的判定原理請見多空力道解說。圖7-22是元太在2011年年初自隨著大盤滑落後，終於在3/15在40.5落底，開始多頭反攻。當大盤反彈突破均線來到8929，元太也上漲到51.9。大盤隨後出現回檔至月線以下整理，當大盤拉回到8592止跌時，元太僅僅拉回至48.65。此波拉回的幅度不到1/3，故視為強勢股的表態，即回檔為弱勢回檔的走勢，因此當股價再度出現日出長陽棒線時，便容易連續長紅再度急攻創新高，也領先大盤創波段新高。

操盤要訣十三：過關洗盤

　　股價越過前波高點，拉回止跌時買進。止跌的成交量會出現急速萎縮，約為昨日1/2以下，代表創新高後解套賣壓消失。次日理應出現量急縮的走勢，其次兩日跳空開高攻擊，即可確認量縮日為墊檔換手之洗盤。

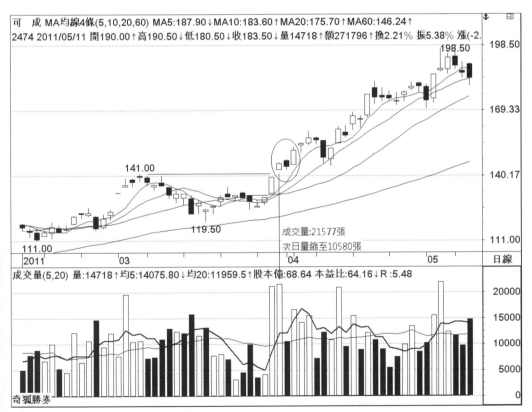

圖7-23　可成2474tw於2011年3-5月日線圖

攻擊當日前哨戰呈現價量齊揚突破前高的氣魄，中場戰量縮震盪；此模式為**關卡凹洞量洗盤**製造假象，之後再增量衝高！3根K棒呈現**紅黑紅**或**紅-十字-紅**的格局。主控盤模式不宜以**價量背離**誤解。有時候突破新高長陽棒線的次日是一筆開高後收開盤附近的高檔避雷針線，為即時盤態之**盤上吊高盤**，當次日跳空開高便可確認當日為主力洗盤模式。

操盤要訣十四：軋空盤

讀者可留意券資比超過15%以上的個股應列入追蹤，25%以上便有進入**軋空**的機會。超強股跳空後三日內不回補缺口，就不會回補。高檔回檔三日，亦即見高後拉回，日落K棒的次日低點不破，找買點，當日收盤拉高時確認。

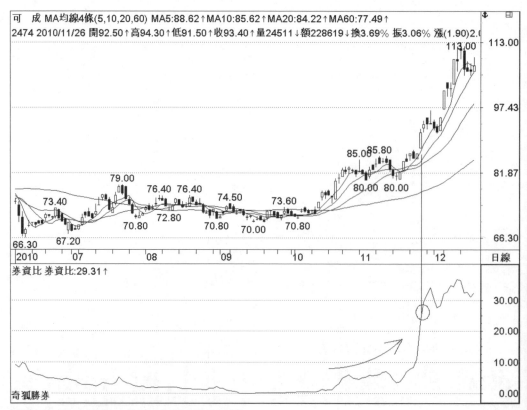

圖7-24　可成2474tw於2010年11月日線圖

　　軋空必須配合題材炒作，如：董監事改選、業外轉投資挹注、產業出現大轉機、或公司被合併等題材。軋空是主力軋融券放空者稱之，由於急漲後融券者急於停損回補，回補力道便相當於多方買進的力量。（券資比：融券餘額/融資餘額）。軋空股第一波滿足區為起漲點的2.55倍，當出現日線轉弱，應逢高賣出。第二波滿足點為起漲點的3.55倍時，出現日線轉弱應逢高賣出。

　　圖7-25為力捷集團股2331精英1998年9月，因產業缺乏前景股價一路大跌至14.4時，由於股價過低遭有心人士相中，以極低成本在底部區大量收購。鑫明集團在大陸深耕多年，藉此機會持有大量精英持股，當持有股數高於原股東時，便達成於臺灣借殼上市之目的。雖然軋空是主力軋融券戶的放空融券單的專有名詞，不過近年來當股價出現突破壓力該回不回，並連續爆量急漲的走勢時，亦以**軋空盤態**稱之。

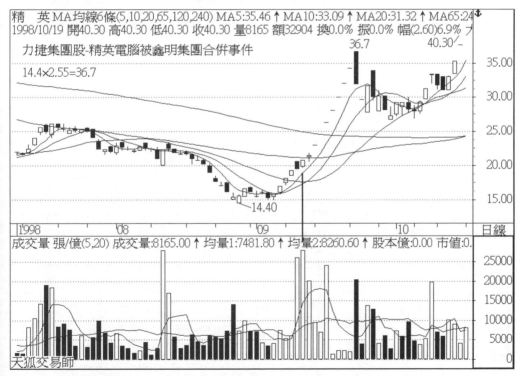

圖7-25　精英電子2331於1998年9月日K線圖

底部的討論

本書討論過空頭中的股票要止跌翻多,必須經過幾個過程;突破急殺後的殺多高做極短線止跌,或發動底部N字攻擊讓短線由盤跌轉盤堅,甚至想辦法突破末跌高致趨勢轉多,也可以突破下殺過程的潮汐攻擊點等。

一個熊市(空頭市場)將股價一步一步擠壓跌向谷底,直到這個熊市由主要趨勢大規模的下跌過程,因為急跌時出現反彈修正,這個修正是主要趨勢下跌過程中穿插著上漲的次級趨勢;形成下跌攻擊5浪跟反彈3浪、5與3浪是主要趨勢中的下跌推動浪及上漲的修正浪,因此主要趨勢裡的五個中浪都是次等趨勢。相對的,攻擊中浪由1個或5個或其延伸小浪完成,

圖7-26 大立光3008tw於2010年10月13日K線圖

反彈中浪由1個或3個或其延伸完成，反彈只是**浪中浪內**的一個反彈調整小浪，它只是修正整個浪潮中最後一個中浪的幅度，這些小浪都是小趨勢，如此直到主要趨勢達到股價谷底並開始正反轉；這便是波浪的型態。

當這些條件尚未發生時，我們又如何在第一時間猜測底部呢？筆者整理操盤重點並編成口訣如下：

(1)底部重長紅──長紅K線做止跌之表態盤，

(2)大量做止跌──大量低檔承接盤，

(3)空方見推升──五波攻擊盤。

所謂底部重長紅告訴我們當空頭的股價一路跌到波谷時，只要見到底部帶相對大量的長陽棒線，往往就是止跌的契機。它可以是1根長陽的子母K棒，也可以是打地樁的長陽棒線，當我們遇到底部型態這樣的走勢，設好停損條件下是可以搶進。

當大盤持續盤跌探底，在無法判斷拉回的支撐時，即時盤態的走勢亦可提供我們一種思考的模式，可參考〈開盤判多空〉章節的解說。從圖7-27上證指數的日K線圖觀察。2009年10月中旬當指數突破底部的頸線3068後在3123.46見到高點轉折拉回。從日線我們要判斷回檔的支撐，只能從前波的走勢分析，3068拉回到2712這段的折線走勢可分成3068.03-2871.65止跌，接著2871.65開始反彈到2982.9，再從2982.9壓回到2783.11，其中母子K棒反彈2864.07後破底來到2712.3。

因此這個波段關鍵的壓力在9/22這裡的高點2892.9。當10/14出現跳空陽K棒先化解這裡的壓力，次筆K棒隨即遇到壓力連續拉回兩天。在2931.92守住跳空缺口並形成低頓點，次筆K棒跳空長陽造成空頭抵抗失敗；因此低頓點2931.9將是觀察支撐的重要參考區。其次依2712.3上漲到3123.46這段拉回常態回檔的位置也是在2917附近。當指數拉回到這附近時，我們便要密切關注大盤走勢來到這附近時的即時走勢。

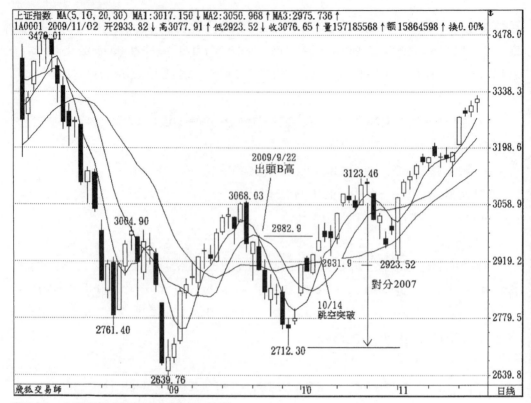

圖7-27　上證指數2009年11月2日K線圖

　　從圖7-28上證指數的5分鐘K線與收盤折線圖對照觀察11月2日當日的即時走勢。先留意10/30日5分鐘開高後壓回到10:00這筆轉折向上的低頓點2984.04，之後上攻到3026.75。11/2這日開盤直接向下跳空，剛剛好滿足2941.19這裡的翹翹板幅度。

　　開盤是弱勢的一低破低盤，從5分鐘K棒可見是1根下影線極長的陽棒線，並且為增量的相對大量K棒，接著大盤拉回做第二隻腳後隨即推升。大量低點並未跌破且小量創新高，9:55發動N字攻擊，空頭抵抗無效並且讓指數呈現5小波的推動浪後並回補平盤的下降缺口。當盤下底部出現五波以上的推動浪時，便稱為**空方推升盤**。

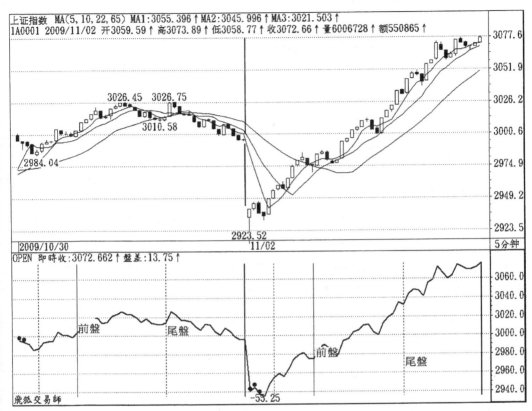

圖7-28　上證指數2009年11月2日五分鐘K線圖

　　空頭格局，或逢重大利空，上證指數（加權指數）如出現跳空高開，並呈現五波以上的漲勢。或開低盤震盪後，在盤下低檔區開始出現五波推升盤，即代表有止跌意圖。

後　記

　　預測底部有什麼K線是我們可以留意關注的型態？原則上，依K線理論，容易見到的便是一過三價——寶塔翻白，代表超短線空轉多訊號。其次K棒出現開低打地磚、實揚底、最低點子母突破或母子突破。底部震盪後離黑格局，或是倒吊線後次日高開，甚至常見的多頭吞噬、撥雲見日、晨星轉折、長白玉柱、三川…等K線轉多訊號不勝枚舉，有興趣的讀者可從一般的K線戰法書籍中獲得相關的操盤知識，在此不再贅述。

　　因此當我們能夠理解趨勢的多空方向便能縱觀全局、依據極短線的主控K棒盤態與多空力道原理便能掌握技術分析的經要；最後，只有在買賣價位即時走勢當下的研判與決定。筆者將前幾章各領域的操作原則在本章整合，架構成點、盤、局的選股邏輯。我們亦將類似的觀念推衍至以月線為趨勢、待週線出現作多或作空的訊號，於日線上決定買賣時機與價位的選擇，這是同等操盤觀念。

　　如果股價或指數上到相對的高檔，到達我們強調的六大壓力區時便需留意獲利了結時機，如：反彈到下壓的均線（月線或季線）、前方中期的下降缺口、前方破底前的頸線或多頭創新高，其次股價進入N字盤態的滿足區、指標進入馬其諾防線、時間波轉折都視為將進入壓力區。進入壓力區後，指數的行進只有**突破壓力＋空頭抵抗**，或是**突破＋該回不回**兩種走勢。少部分的個股是當日突破，甚至盤中直攻到漲停，但中盤過後漲停打開隨即拉回，尾盤以開盤價附近報收。

　　因此在選股買賣之前，首要考量的是目前我們對大盤多空趨勢的定位；繼之，對大盤目前所處的位置的解讀，例如：是在盤堅、軋空或震盪之中，決定我們要選擇的類股與個股，甚至考量隔日是否進入支撐或壓力區，決定是要盤下低買還是開盤隨即追進。相信多一分準備必定多一分保握，選股操作無法避免必須全局考量。

當筆者打算重新啟筆編寫，至本書正式發行前夕，共約歷時八年，利用公餘時間擬定架構、編寫修改、增補範例等總算完成，考量到頁數過多，於是刪減部分章節，內容僅及原講義2/3內容；於是將本書內容著重於探討趨勢盤態、多空力道及指數強弱判斷。未來續冊的內容將針對個股控盤原理討論與分析。

　　個股探討走勢預測與分析什麼？主力在操作一檔股票時，歷經選定目標、與公司派談判、選定內圍、週邊的資金等籌畫階段，便開始於底部區承接進場，初升段突破前方盤整區壓力做出價漲量增的型態吸引投資人。之後，增量拉升，與週邊主力輪番進貨拉抬，當股價漲幅已高後，散戶的籌碼將會構成未來主力持續拉抬股價的負擔，主力便必須利用中期震盪整理走勢，讓缺乏信心的投資人獲利了結出場。即是大家熟悉的**洗盤**一詞！

　　整理完畢再度發動攻擊，散戶自然依循價量結構再度買進，股價上漲至前波高點時，主力為了讓投資人誤以為突破新高後主力逢高出貨，便必須以大家常見的出貨K線型態遂行主力洗盤目的，這些被誤判成出貨的K線型態，諸如：在前高面前的長黑爆量、留下上影線很長的避雷針K棒，甚至大量長紅後，隨即出現量縮長黑等走勢。我們來看一個大聯大(3702tw)的例子。

　　圖1是台股大聯大3702tw在2009年12月的走勢圖，該股在10/14拉出本波最高點49.6後，即進行中段回檔整理。11/2觸及季線在43.08作底，次日11/4以向上跳空**N字突破**前方的陽母子K棒的高點，不但形成**母子過**的型態，且留下虛擬低點45.2，此波反彈到2/3在48.5附近後，又再度拉回作第

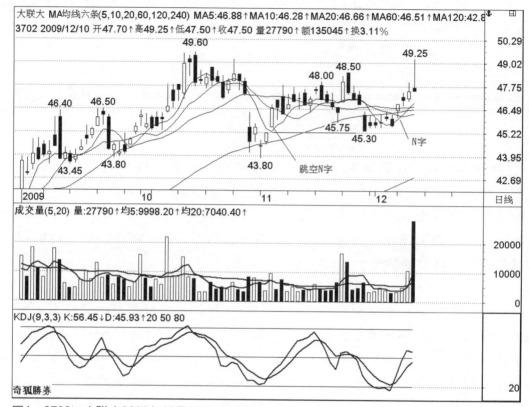

圖1　3702tw大聯大2009年12月10日K線圖

二隻腳。11/27出現二度跌破季線的45.3低點（所幸守住45.2虛擬低點）。
於12/7再發動N字攻擊，這時散戶看到突破便開始進場，形成連續幾天價
漲量增的型態，到了12/10當日在接近前波高點附近，出現1根爆大量長黑
K棒的避雷針線，如果你是研究技術分析的投資者此時是否會認為主力在
前高逢壓力附近拉高出貨？

　　即時走勢圖圖2是開盤量增兩段拉升的主力盤模式，眼尖的投資人看
到盤中10:05來到當日高點49.25，觀察是否有盤中高檔爆量不漲且下殺，
用來分辨主力是否出貨？到了11:05時股價出現下墜盤，收盤幾乎以當日
最低點報收，因此更加確認主力當日是拉高出貨。

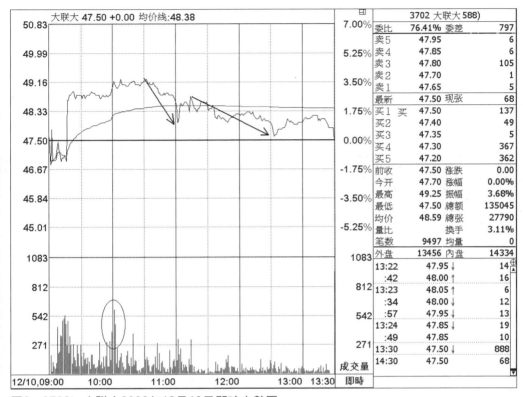

圖2　3702tw大聯大2009年12月10日即時走勢圖

　　事實上，在**主控盤**的手法，這是開盤先以兩段或三段拉升至高點（強悍的主力甚至將股價封漲停），並且在中盤過後爆量下殺，若是漲停股則會出現單筆爆量隨即打開漲停價，並以兩段式控盤點，快速且險惡的角度拉回，這種控盤法稱為**盤上吊高盤**！

　　由於主力故意殺尾盤，使當日收盤與開盤價相當接近，因此K棒的型態就形成1根下十字線，從技術分析的角度來看，無疑是高檔爆量的避雷針K棒，傳統的解讀自然以主力出貨看待。這種盤態容易發生在股本不大的轉機股或主力控盤股身上。當然大型績優股也會見到這種線型。至於主力究竟有沒有出貨？事實上，主力在開盤時以大量拉升要用到不少進貨成本，在盤中相對高位時(甚至是漲停價)有5-10%的獲利為何不出？只不過在拉回的過程中，當股價回到開盤價附近時，主力只要做好防守盤，能以主力設定好的價位作收就可以。

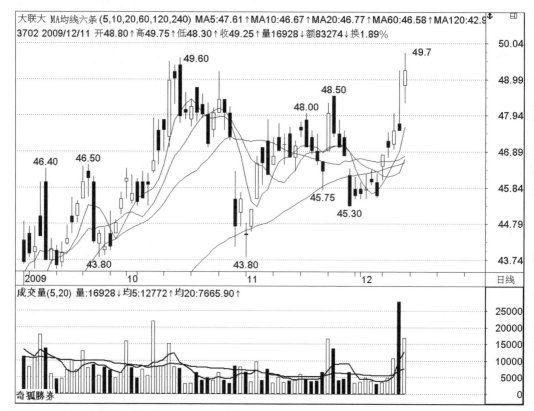

大联大 MA均线六条 (5,10,20,60,120,240) MA5:47.61↑MA10:46.67↑MA20:46.77↑MA60:46.58↑MA120:42.9
3702 2009/12/11 开48.80↑高49.75↑低48.30↑收49.25↑量16928↓额83274↓换1.89%

成交量(5,20) 量:16928↓均5:12772↑均20:7665.90↑

奇狐勝券

圖3　3702tw大聯大2009年12月11日K線圖

　　觀察次日果然再度開高走高，在主控盤稱為**開盤叫價**，於是以1根中紅K棒創波段新高，主控盤稱為**關前爆量洗盤**、創新高成量軋空的盤態。

　　這種盤態也會在大型股身上發生，但是盤態不稱為**洗盤**，因為主力對發行量較大的大型股控盤能力較弱，當大型股有這種走勢時，往往是震盪換手緩步盤堅的墊盤走勢。

　　期望讀者在本書的K線盤態、趨勢盤態、多空力道等相關理論理解後能洞悉主力心態，並在這些技術分析的進階技巧建立後，能夠增進操盤實力。筆者也期待能在下一本書，以本書為基礎，再詳盡說明個股的控盤技巧。閱讀本書如有相關問題，讀者可多多利用能雙向溝通的討論網站http://mf.twstock.net。

新書預告

黃韋中老師　強力推薦

大億財金05　　　　　　　**料勢如神**　　　　　　林頌為 著

金融市場的至理名言：「一定要順勢操作！」但是如何掌握趨勢呢？只有修足基本功。本書深入淺出的教導順勢操作方法、艾略特波浪理論、成交量及指標多空訊號的研判等。說明如何辨認趨勢、K線、走勢型態，更讓讀者所學的技術分析能夠有效判讀市場的趨向，在關鍵點位抓到最佳的買賣時機，並對市場交易的風險做一有效的控管。

並且在書中以綜合實例讓讀者能夠將自己所長的技術綜合應用在實際金融市場的操作，同時更讓你了解如何在進場操作之前，先針對走勢的大，小格局及各種多空訊號做出完整的盤勢規劃，合理推測趨勢的各種可能走法，利用技術分析所學挑選出最有可能的組合，再輔以K線與指標的多空訊號及測量法則決定進出場的時機，利用這樣有系統的交易策略除可降低操作的風險，同時也能減低人為因素與周圍環境的主客觀影響，以達到穩定獲利的目標！

新書預告：大億財金06　股市的邏輯
股市起起落落一切都有脈落可依循，只看投資人下的功夫！